平面几何
范例多解探究（上篇）

沈文选　杨清桃　著

哈尔滨工业大学出版社
HARBIN INSTITUTE OF TECHNOLOGY PRESS

内 容 简 介

本书介绍了平面几何中近六十个著名定理的多种证明. 有些定理的证法有十余种(如勾股定理证法有 17 种,蝴蝶定理证法有 16 种,欧拉线定理证法有 11 种等),每一道范例都呈现出了各种精彩的证法和引入注目的技巧.

全书内容适合初、高中学生,尤其是数学竞赛选手和初、高中数学教师及中学数学奥林匹克教练员使用,也可作为高等师范院校数学教育专业及教师进修或培训班的数学教育方向开设的"竞赛数学"或"初等数学研究"等课程的教学参考书.

图书在版编目(CIP)数据

平面几何范例多解探究. 上篇/沈文选,杨清桃著. —哈尔滨:哈尔滨工业大学出版社,2018.11(2024.3 重印)
ISBN 978-7-5603-7282-2

Ⅰ.①平… Ⅱ.①沈… ②杨… Ⅲ.①几何课 – 中学 – 教学参考资料 Ⅳ.G634.633

中国版本图书馆 CIP 数据核字(2018)第 033812 号

策划编辑	刘培杰 张永芹
责任编辑	张永芹 张永文
封面设计	孙茵艾
出版发行	哈尔滨工业大学出版社
社　　址	哈尔滨市南岗区复华四道街 10 号　邮编 150006
传　　真	0451 – 86414749
网　　址	http://hitpress.hit.edu.cn
印　　刷	哈尔滨博奇印刷有限公司
开　　本	787mm×960mm　1/16　印张 16.75　字数 289 千字
版　　次	2018 年 11 月第 1 版　2024 年 3 月第 2 次印刷
书　　号	ISBN 978-7-5603-7282-2
定　　价	48.00 元

(如因印装质量问题影响阅读,我社负责调换)

前 言

谁看不起欧氏几何,谁就好比是从国外回来看不起自己的家乡.

——H. G. 费德

平面几何,在数学里占有举足轻重的地位. 在历史上,《几何原本》的问世奠定了数学科学的基础,平面几何中提出的问题诱发出了一个又一个重要的数学概念和有力的数学方法;在现代,计算机科学的迅猛发展,几何定理机器证明的突破性进展,以及现代脑心理学的重大研究成果——"人脑左右半球功能上的区别"获得诺贝尔奖,使几何学研究又趋于复兴活跃. 几何学的方法和代数的、分析的、组合的方法相辅相成,扩展着人类对数与形的认识.

几何,不仅仅是对我们所生活的空间进行了解、描述或解释的一种工具,而且是我们为认识绝对真理而进行的直观可视性教育的合适学科,是训练思维、开发智力不可缺少的学习内容. 青少年中的数学爱好者,大多数首先是平面几何爱好者. 平面几何对他们来说,同时提供了生动直观的图像和严谨的逻辑结构,这有利于发掘青少年的大脑左右两个半球的潜力,促使学习效率增强,智力发展完善,为今后从事各类创造活动打下了坚实的基础,其他学科内容是无法替代的. 正因为如此,在数学智力竞赛中,在数学奥林匹克竞赛中,平面几何的内容占据着十分显著的位置. 平面几何题以优美和精巧的构思吸引着广大数学爱好者,以丰富的知识、技巧、思想给我们的研究留下思考和开拓的广阔余地.

如果我们把数学比作巍峨的宫殿,那么平面几何恰似这宫殿门前的五彩缤纷的花坛,它吸引着人们更多地去了解数学科学,研究数学科学.

数学难学,平面几何难学,这也是很多人感受到了的问题,这里面有客观因素,也有主观因素,有认识问题,也有方法问题. 学习不得法也许是其中的一个重要的根源. 要学好平面几何,就要学会求解平面几何问题. 如果把求解平面几何问题比作打仗,那么解题者的"兵力"就是平面几何基本图形的性质,解题者的"兵器"就是求解平面几何问题的基本方法,解题者的"兵法"就是求解各类典型问题的基本思路. 如果说,"兵器"装备精良,懂得诸子"兵法","兵力"部署优势是夺取战斗胜利的根本保证,那么,掌握求解平面几何问题的基本方法,熟悉各类典型问题的基本思路,善用基本图形的性质,就是解决平面几何问题的基础.

基于上述考虑,我积多年的研究成果,并把我陆续发表在各级报纸杂志上的文章进行删增、整理、汇编,并参阅了多年来各类报纸杂志上关于平面几何解题研究的文章,于 1999 年完成了书的初稿,于 2005 年由哈尔滨工业大学出版社以《平面几何证明方法全书》的书名出版,出版后受到广大读者的好评,并获得第八届全国高校出版社优秀图书奖.

这次修订把《平面几何证明方法全书》中的第一篇和第二篇增写了两章,并补充了大量的例题、习题后以《平面几何证明方法思路》的书名呈现给读者.《平面几何证明方法全书》中的第三篇进行了大幅度的扩充重写,便是《平面几何图形特性新析》.另外新增写了《平面几何范例多解探究》,收集整理了近 300 道平面几何问题的多解. 这不包括全国高中联赛、全国女子赛、东南赛、西部赛、北方赛,冬令营和国家代表队选拔考试题以及国际数学奥林匹克题(这一百多道题将在《走向国际数学奥林匹克竞赛的试题诠释》中介绍)中的平面几何题. 这样便形成了平面几何证题方法丛书中的三本书.

衷心感谢刘培杰数学工作室,感谢刘培杰老师、张永芹老师、张永文老师等诸位老师,是他们的大力支持,精心编辑,使本书以这样的面目展现在读者面前!

衷心感谢我的同事邓汉元教授,我的朋友赵雄辉、欧阳新龙、黄仁寿,我的研究生们:羊明亮、吴仁芳、谢圣英、彭熹、谢立红、陈丽芳、谢美丽、陈淼君、孔璐璐、邹宇、谢罗庚、彭云飞等对我写作工作的大力协助,还要感谢我的家人对我的写作的大力支持!

限于作者的水平,书中的疏漏之处在所难免,敬请读者批评指正.

沈文选

2017 年冬于长沙岳麓山下

目 录

第1章　勾股定理 ………………………………………………… （3）
第2章　勾股定理的逆定理 ……………………………………… （9）
第3章　三角形的内角和定理 …………………………………… （15）
第4章　三角形的外角和定理 …………………………………… （17）
第5章　三角形的余弦定理、正弦定理 ………………………… （19）
第6章　直角三角形的性质定理 ………………………………… （24）
第7章　三角形内角平分线的性质定理 ………………………… （29）
第8章　三角形内角平分线的判定定理 ………………………… （34）
第9章　斯库顿定理 ……………………………………………… （36）
第10章　等角线的斯坦纳定理 …………………………………… （39）
第11章　三角形两边及夹角平分线全等判定定理 ……………… （42）
第12章　梅涅劳斯定理 …………………………………………… （45）
第13章　塞瓦定理 ………………………………………………… （48）
第14章　三角形的重心定理及性质定理 ………………………… （51）
第15章　三角形内心定理 ………………………………………… （57）
第16章　三角形垂心定理 ………………………………………… （62）
第17章　三角形高线定理 ………………………………………… （65）
第18章　海伦公式 ………………………………………………… （68）
第19章　三角形三边成等差定理 ………………………………… （72）
第20章　三角形三边倒数成等差定理 …………………………… （75）
第21章　三角形内共轭中线定理 ………………………………… （78）
第22章　三角形外共轭中线定理 ………………………………… （81）
第23章　三角形斯坦纳－莱默斯定理 …………………………… （84）
第24章　共边比例定理 …………………………………………… （92）
第25章　斯特瓦尔特定理 ………………………………………… （93）
第26章　平行四边形判定定理 …………………………………… （95）
第27章　梯形面积公式 …………………………………………… （97）
第28章　梯形对角线的中位线定理 ……………………………… （101）

第 29 章	梯形的四点共线定理	(104)
第 30 章	梯形性质定理	(106)
第 31 章	定差幂线定理	(109)
第 32 章	阿基米德折弦定理	(112)
第 33 章	托勒密定理	(115)
第 34 章	卡诺定理	(120)
第 35 章	西姆松线性质定理	(126)
第 36 章	三角形欧拉线定理	(129)
第 37 章	蝴蝶定理	(136)
第 38 章	完全四边形的密克尔定理	(146)
第 39 章	米库勒定理	(147)
第 40 章	完全四边形对角线调和分割定理	(149)
第 41 章	完全四边形对角线平行定理	(152)
第 42 章	牛顿线定理	(155)
第 43 章	对边相等的四边形性质定理	(163)
第 44 章	贝利契纳德公式	(173)
第 45 章	九点圆定理	(176)
第 46 章	婆罗摩及多定理	(180)
第 47 章	三角形内切点与旁切点线段长公式	(183)
第 48 章	曼海姆定理	(186)
第 49 章	曼海姆定理的推广	(192)
第 50 章	帕斯卡定理	(195)
第 51 章	三角形的莱莫恩线定理	(200)
第 52 章	帕普斯定理	(202)
第 53 章	布利安香定理	(203)
第 54 章	牛顿定理	(206)
第 55 章	勃罗卡定理	(211)
第 56 章	莫利定理	(213)
第 57 章	费尔巴哈定理	(218)
第 58 章	半圆的外切三角形的性质定理	(224)
第 59 章	五角星及正五边形的画法	(228)
第 60 章	三角形共轭中线的作图	(233)

> 一个有意义的题目的求解,为解此题所花的努力和由此得到的见解,可以打开通向一门新的科学,甚至通向一个科学新纪元的门户.
>
> ——波利亚(Pólya)
>
> 你要求解的问题可能不大,但如果它能引起你的好奇心,如果它能使你的创造才能得以展现,而且,如果你是用自己的方法去解决它们,那么,你就会体验到这种紧张心情,并享受到发现的喜悦.在易塑的青少年时期,这样的体验会使你养成善于思考的习惯,并在你心中留下深刻的印象,甚至会影响到你一生的性格.
>
> ——波利亚

平面几何之所以历来被认为是培养人的逻辑思维能力、陶冶人的情操、培养人的良好性格特性的一门学科,是因为平面几何的魅力.平面几何为我们探究一题多解提供了平台,一道平面几何问题的各种精彩解法,往往都是经历了一段段苦苦求索的过程,是不断改进、优化思路而得到的.

"一题多解"展示了解题者的思考及智慧.这也促使我们从更高的层面、更宽的视野、更理性的眼光来思考数学解题训练方式.

首先,"一题多解"表面呈现多个解题方法.深层意义上,可对各种解法进行差异比较,追根溯源,可以引发解题者不断深入思考,从而对数学知识的来龙去脉看得更清、把握得更准,并通过各种解法的比较,更为广义地建构数学方法体系.这是因为,如果认知结构中各个方法孤立,缺乏比较,不可能建立好的数学方法结构,不可能建立好的数学理解.只有使原有的间断的、琐碎的解题经验成为一个多角度的有机的方法体系的整体,成为融会贯通"数学方法"的网络,才有可能形成数学解题智慧.

其次,"一题多解"扮演着"促进解题方法的深化、广化的角色"."一题多解"体现着问题变式处理,因为任何数学方法都需要借助问题变式,才能使方法理解得以向深度和广度拓展,才获得"深、广、透"的数学方法结构体系.

再次,"一题多解"对解题者来说,能感受到数学解题的乐趣,能体验攻坚克难后的喜悦,能够进入数学创新的境界.

第 1 章 勾 股 定 理

勾股定理 直角三角形两直角边 a,b 的平方和等于斜边 c 的平方,即 $a^2+b^2=c^2$.

根据有关资料介绍,1940 年鲁米斯(Loomis)搜集整理的一本书中给出了 370 种不同证法,我国的李志昌出版了一本《勾股定理 190 例证》,可惜的是笔者经多方寻找,始终未见到这两本书. 出于自己的爱好,笔者经过几十年的收集,也汇聚了 200 余种证法并把这些证法编写在作者的著作《数学眼光透视》(哈尔滨工业大学出版社,2017,第 2 版)中. 在此,我们介绍几个有趣的证法:

证法 1(商高证法) 如图 1.1 所示,用四个全等的直角三角形拼成正方形. 显然图 1.1 中外框四边形 $ABCD$ 是边长为 $a+b$ 的正方形,内框是边长为 c 的小正方形 $PRQK$. 因而大正方形的面积等于四个全等的直角三角形的面积加上一个小正方形的面积. 即

$$(a+b)^2 = 4 \cdot \frac{1}{2}ab + c^2$$

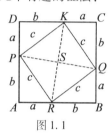

图 1.1

故 $a^2+b^2=c^2$.

证法 2(加菲尔德证法) 如图 1.2 所示,作一个直角梯形,使其上、下底分别为 a,b,直角梯形的直角边腰长为 $b+a$. 而此直角梯形又可看成是两个全等的直角三角形和一个腰长为直角三角形斜边的等腰直角三角形构成. 即

$$\frac{1}{2}(a+b)(a+b) = 2 \cdot \frac{1}{2}ab + \frac{1}{2}c^2$$

故 $a^2+b^2=c^2$.

证法 3(张景中证法) 如图 1.3 所示,作两个斜边相等的直角三角形(其中一个为一般直角三角形,一个为等腰直角三角形)拼成凸四边形 $ARSP$. 作 $ST \perp AP$ 于点 T,作 $SL \perp$ 直线 AR 于点 L. 由 $SP = SR$ 有 $\text{Rt}\triangle STP \cong \text{Rt}\triangle SLR$.

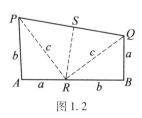

图 1.2

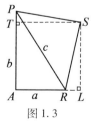

图 1.3

则
$$PT = RL$$
从而
$$AL = AR + RL = AP - PT = \frac{1}{2}(a+b)$$
于是
$$S_{四边形ALST} = S_{\triangle ARP} + S_{\triangle PRS}$$
即
$$\frac{1}{4}(a+b)^2 = \frac{1}{2}ab + \frac{1}{4}c^2$$
故 $a^2 + b^2 = c^2$.

注:由证法1到证法2,再到证法3可称为再生证明,后一种证法是取其前一种证法图中的一半来证.

证法2是用两个全等的直角三角形拼图,运用面积法而证.用两个全等的直角三角形拼图还有下述证法:

证法4 如图1.4所示,将两个全等的直角三角形拼成凹四边形 $AEDB$,使 $AE = AC + CE = b + a$,$AB = DE = c$. 由 $\angle BAC$ 与 $\angle CED$ 互余,知 $AM \perp DE$. 于是,由
$$\frac{1}{2}AB \cdot DM + \frac{1}{2}AB \cdot ME = S_{凹四边形AEDB} = \frac{1}{2}AB \cdot DE = \frac{1}{2}c^2$$

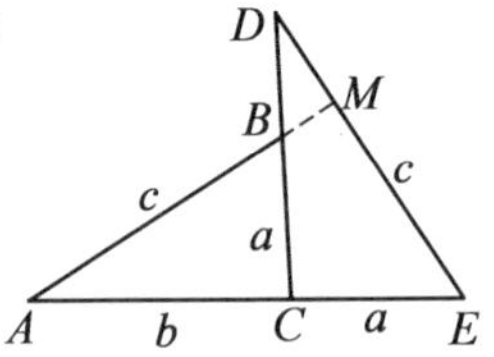

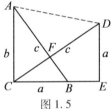

图 1.4

有
$$\frac{1}{2}a^2 + \frac{1}{2}b^2 = \frac{1}{2}c^2$$
故 $a^2 + b^2 = c^2$.

证法5 如图1.5所示,将两个全等的直角三角形重叠一部分的直角梯形 $ACED$,使上、下底分别为 a,b,直角边腰长为 b. 由 $S_{直角梯形ACED} = 2S_{\triangle ACB} - S_{\triangle CBF} + S_{\triangle AFD}$,有
$$\frac{1}{2}(a+b)b = 2 \cdot \frac{1}{2}ab - \frac{1}{2} \cdot \frac{ab}{c} \cdot \frac{a^2}{c} + \frac{1}{2}\left(c - \frac{ab}{c}\right)\left(c - \frac{a^2}{c}\right)$$
故 $a^2 + b^2 = c^2$.

图 1.5

证法6~8 将两个全等的直角三角形分别摆放成如图1.6(a)~(c)所示.

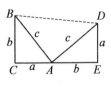

(a)

(b)

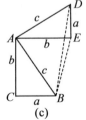

(c)

图 1.6

事实上,均考虑四边形 $ADBC$ 的面积:

(1)如图 1.6(a)所示,有
$$S_{四边形ADBC} = S_{\triangle ABC} + S_{\triangle ABD} = \frac{1}{2}ab + \frac{1}{2}c^2$$

又
$$S_{四边形ADBC} = S_{梯形BCED} - S_{\triangle AED} = \frac{1}{2}(a+b)^2 - \frac{1}{2}ab$$

由
$$\frac{1}{2}ab + \frac{1}{2}c^2 = \frac{1}{2}(a+b)^2 - \frac{1}{2}ab$$

所以 $a^2 + b^2 = c^2$.

(2)如图 1.6(b)所示,有
$$S_{四边形ADCB} = S_{\triangle ADC} + S_{\triangle ACB} = \frac{1}{2}b^2 + \frac{1}{2}ab$$

又
$$S_{四边形ADCB} = S_{\triangle ADB} + S_{\triangle DCB} = \frac{1}{2}c^2 + \frac{1}{2}a(b-a)$$

由
$$\frac{1}{2}b^2 + \frac{1}{2}ab = \frac{1}{2}c^2 + \frac{1}{2}a(b-a)$$

所以 $a^2 + b^2 = c^2$.

(3)如图 1.6(c)所示,有
$$S_{四边形ACBD} = S_{\triangle ACB} + S_{\triangle ABD} = \frac{1}{2}ab + \frac{1}{2}c^2$$

又
$$S_{四边形ACBD} = S_{\triangle ACB} + S_{\triangle ABE} + S_{\triangle AED} - S_{\triangle BDE}$$
$$= \frac{1}{2}ab + \frac{1}{2}b^2 + \frac{1}{2}ab - \frac{1}{2}a(b-a)$$

由上亦有 $a^2 + b^2 = c^2$.

证法 9(欧几里得证法) 如图 1.7 所示,在 Rt$\triangle ABC$ 中,$\angle C = 90°$,四边形 $ADEB, BKJC, CGFA$ 分别是三边上的正方形,$CI \perp AB$,垂足为点 H,交 DE 于点 I. 不难证明 $S_{正方形ACGF} = S_{矩形ADIH}$,$S_{正方形BKJC} = S_{矩形IEBH}$. 联结 BF, CD.

由 $\triangle ABF \cong \triangle ADC$,有 $S_{\triangle ABF} = S_{\triangle ADC}$.

由 $S_{正方形ACGF} = 2S_{\triangle ABF}$,$S_{矩形ADIH} = 2S_{\triangle ADC}$,有

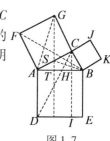

图 1.7

$$S_{\text{正方形}ACGF} = S_{\text{矩形}ADIH}$$

同理可得 $S_{\text{正方形}BKJC} = S_{\text{矩形}IEBH}$.

两式相加,即得 $AC^2 + CB^2 = AB^2$.

亦即 $a^2 + b^2 = c^2$.

证法 10 如图 1.7 所示,过点 G 作 $GT \perp AB$ 于点 T,交 AC 于点 S,则可推证 $Rt\triangle ABC \cong Rt\triangle GSC$,从而 $GS = AB = AT + TB$.

注意到 $GI \perp AB$,则

$$S_{\triangle ASG} = \frac{1}{2}GS \cdot AT, S_{\triangle BSG} = \frac{1}{2}GS \cdot BT$$

上述两式相加

$$S_{\text{四边形}ASBG} = \frac{1}{2}GS(AT+BT) = \frac{1}{2}GS \cdot AB = \frac{1}{2}S_{\text{正方形}ADEB} = \frac{1}{2}AB^2$$

又由 $\triangle ABC \cong \triangle GSC$,知

$$BC = SC, S_{\triangle BSC} = \frac{1}{2}BC^2$$

从而

$$S_{\text{四边形}ASBG} = S_{\triangle ASG} + S_{\triangle BSG} = S_{\triangle AGC} - S_{\triangle GSC} + S_{\triangle BSG}$$

$$= \frac{1}{2}AC^2 - S_{\triangle GSC} + S_{\triangle ABC} + S_{\triangle BSC}$$

$$= \frac{1}{2}AC^2 + \frac{1}{2}BC^2$$

从而

$$AC^2 + BC^2 = AB^2$$

亦即 $a^2 + b^2 = c^2$.

若将上述证明中的图形,把三个正方形去掉两个半,只剩下凹四边形 $ABGS$ (或由两个相似的直角三角形重叠一部分拼成). 如图 1.8 所示,得如下证法:

证法 11 如图 1.8 所示,不妨设在 $Rt\triangle ABC$ 中,$BC \leqslant AC$,延长 BC 至点 G,使 $CG = AC$,在 AC 上取点 S,使 $CS = BC$,则 $Rt\triangle ABC \cong Rt\triangle GSC$,则 $GS = AB$. 联结 AG, BS,则

$$S_{\text{凹四边形}ASBG} = S_{\triangle ASG} + S_{\triangle BSG} = \frac{1}{2}GS \cdot AB = \frac{1}{2}AB^2$$

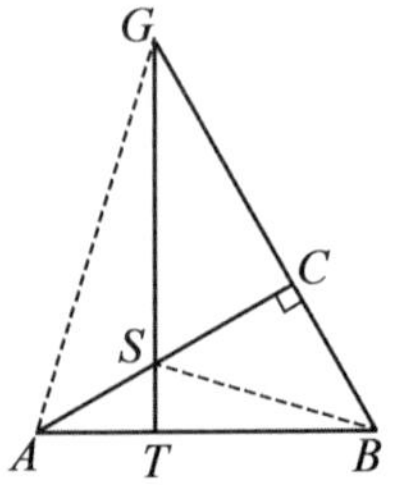

又

$$S_{\text{凹四边形}ASBG} = S_{\triangle ACG} + S_{\triangle BCS} = \frac{1}{2}AC^2 + \frac{1}{2}BC^2$$

所以

$$\frac{1}{2}AC^2 + \frac{1}{2}BC^2 = \frac{1}{2}AB^2$$

图 1.8

故 $a^2 + b^2 = c^2$.

上述证法是利用两个全等直角三角形、凹四边形用面积法来证的. 这种证法与证法 4 类似.

证法 12 如图 1.9 所示,自顶点 C 作 $CD \perp AB$ 于点 D,则有 $\triangle ABC$, $\triangle ACD$, $\triangle BCD$ 均相似,根据相似三角形面积与对应边之比成正比(相似比为 k),设 $k > 0$,有

$$S_{\triangle BCD} = kBC^2, S_{\triangle ACD} = kAC^2, S_{\triangle ABC} = kAB^2$$

由 $S_{\triangle ACD} + S_{\triangle BCD} = S_{\triangle ABC}$,知

$$BC^2 + AC^2 = AB^2$$

即 $a^2 + b^2 = c^2$.

利用直角三角形相似还有如下证法:

证法 13 如图 1.9 所示,在 $\text{Rt}\triangle ABC$ 中,自直角顶点 C 作 $CD \perp AB$ 于点 D,由 $\text{Rt}\triangle ABC \backsim \text{Rt}\triangle ACD$,有

$$AC^2 = AD \cdot AB$$

由 $\text{Rt}\triangle ABC \backsim \text{Rt}\triangle BCD$,有 $BC^2 = DB \cdot AD$. 于是

$$AC^2 + BC^2 = AD \cdot AB + DB \cdot AB$$
$$= AB(AD + DB) = AB^2$$

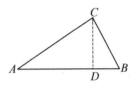

图 1.9

即 $a^2 + b^2 = c^2$.

证法 14 如图 1.10 所示,过点 B 作 BD 与 BA 垂直,交 AC 的延长线于点 D. 易知 $\text{Rt}\triangle ABD \backsim \text{Rt}\triangle ACB$,有

$$AB^2 = AC \cdot AD \qquad ①$$

同理有

$$BC^2 = AC \cdot CD \qquad ②$$

由①-②,得

$$AB^2 - BC^2 = AC(AD - CD) = AC \cdot AC = AC^2$$

故

$$AC^2 + BC^2 = AB^2$$

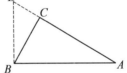

图 1.10

即 $a^2 + b^2 = c^2$.

证法 15 如图 1.11 所示,在 AB 的延长线上取一点 D,使 $DB = BC$. 过点 D 作 AD 的垂线,交 AC 的延长线于点 E. 有 $\text{Rt}\triangle ABC \backsim \text{Rt}\triangle AED$,且 $EC = ED$. 得

$$\frac{DE}{BC} = \frac{AD}{AC}$$

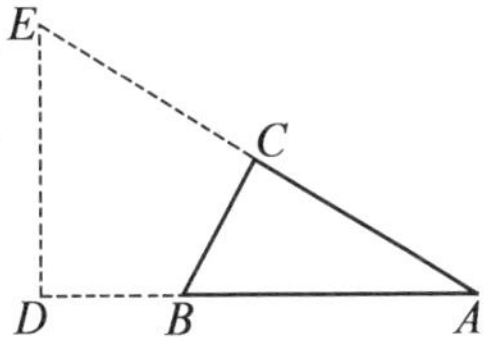

则

$$DE = \frac{BC \cdot AD}{AC} = EC$$

图 1.11

于是

$$AE = EC + AC = \frac{AC^2 + BC \cdot AD}{AC}$$

又 $$\frac{BC}{ED}=\frac{AB}{AE}$$

所以 $$\frac{AC}{AD}=\frac{AB\cdot AC}{AC^2+BC(AB+BD)}$$

从而 $$AB\cdot AD=AC^2+AB\cdot BC+BC\cdot BD$$

即 $$AB(AD-BC)=AC^2+BC^2$$

则 $$AB^2=AC^2+BC^2$$

亦即 $a^2+b^2=c^2$.

证法 16 如图 1.12 所示,在 AB 上取一点 D,使 $BD=BC$,过点 D 作 AB 的垂线,交 AC 于点 E,有 $Rt\triangle ABC \backsim Rt\triangle AED$,且 $EC=ED$. 得

$$\frac{AE}{AB}=\frac{AD}{AC}$$

则 $$AE=\frac{AB(AB-BC)}{AC}$$

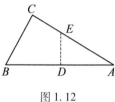

图 1.12

又 $$DE=CE=AC-AE=\frac{AC^2-AB^2+AB\cdot BC}{AC}$$

再由 $\frac{DE}{BC}=\frac{AE}{AB}$,得

$$\frac{AC^2-AB^2+AB\cdot BC}{AC\cdot BC}=\frac{AB-BC}{AC}$$

则 $$AC^2-AB^2+AB\cdot BC=AB\cdot BC-BC^2$$

即 $$AC^2+BC^2=AB^2$$

亦即 $a^2+b^2=c^2$.

证法 17 如图 1.13 所示,在 BA 边上取一点 E,在 BA 的延长线上取一点 D,使 $EA=AD=AC$,则 $\triangle ECD$ 为直角三角形. 有

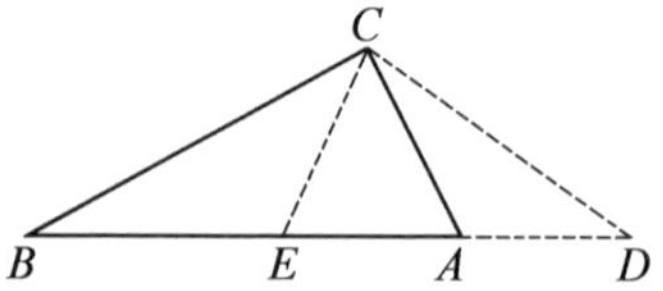

$$\angle D=\angle ACD, \angle BCE=90°-\angle ECA=\angle ACD$$

得 $$\angle BCE=\angle D$$

则 $$\triangle BCE \backsim \triangle DBC$$

于是

$$BC^2=BE\cdot BD=(AB-AC)(AB+AC)=AB^2-AC^2$$

故 $a^2+b^2=c^2$.

图 1.13

第 2 章 勾股定理的逆定理

勾股定理的逆定理 如果一个三角形两边的平方和等于第三边的平方,那么这个三角形是直角三角形,且第三边所对的角为直角.

证法 1 如图 2.1(a)所示,在 $\triangle ABC$ 中,$BC=a$,$CA=b$,$AB=c$(以下证法的三角形三边的长度同证法 1). 若 $a^2+b^2=c^2$,则 $\angle C=90°$.

如图 2.1(b)所示,作 $\triangle A'B'C'$,使 $\angle C'=90°$,$B'C'=a$,$C'A'=b$. 那么
$$A'B'^2 = a^2+b^2$$
因为
$$a^2+b^2=c^2$$
所以
$$A'B'=c \quad (A'B'>0)$$
在 $\triangle ABC$ 和 $\triangle A'B'C'$ 中,又
$$BC=a=B'C',CA=b=C'A',AB=c=A'B'$$
所以
$$\triangle ABC \cong \triangle A'B'C'$$
从而 $\angle C=\angle C'=90°$.

证法 2 如图 2.2 所示,由点 C 引 AB 的垂线,点 E 为垂足. 取 AB 边的中点 D,联结 CD. 分别在 $\text{Rt}\triangle CAE$,$\text{Rt}\triangle CEB$ 中使用勾股定理,则

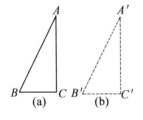
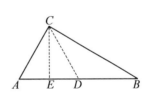

图 2.1　　　　　　　图 2.2

$$\begin{aligned} b^2 &= AE^2+CE^2 = \left(\frac{c}{2}-DE\right)^2+CE^2 \\ &= \frac{c^2}{4}-c\cdot DE+DE^2+CE^2 \\ &= \frac{c^2}{4}-c\cdot DE+CD^2 \end{aligned} \quad \text{①}$$

$$a^2=\frac{c^2}{4}+c\cdot DE+CD^2 \quad \text{②}$$

式①,②两边分别相加,得

$$a^2 + b^2 = \frac{c^2}{2} + 2CD^2$$

即
$$c^2 = \frac{c^2}{2} + 2CD^2$$

则
$$c^2 = 4CD^2$$

即
$$CD = \frac{c}{2}$$

从而
$$CD = AD = BD$$

故 $\angle C = 90°$.

证法3 如图2.3所示,用反证法,假设 $\angle C \neq 90°$.

(1) 若 $\angle C < 90°$,过点 B 作 AC 的垂线,点 F 为垂足. 有
$$AB^2 = AF^2 + FB^2, BC^2 = FB^2 + FC^2$$

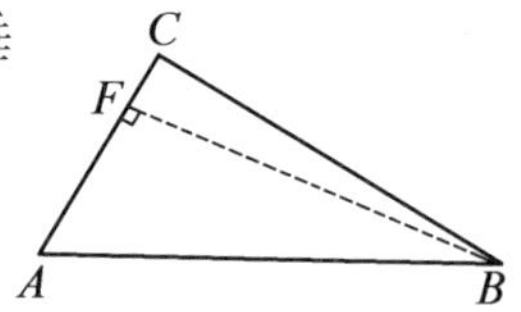

则
$$AB^2 - BC^2 = AF^2 - FC^2$$

即
$$c^2 - a^2 = b^2$$

图 2.3

从而
$$b^2 = AF^2 - CF^2 = (AF - FC) \cdot b$$

即
$$b = AF - FC$$

但
$$b = AF + FC$$

因此上述两式相矛盾,则(1)不成立.

(2) 若 $\angle C > 90°$,如图2.4所示,过点 B 作 AC 的垂线,点 E 为垂足. 同(1)可得 $b = AE + CE$. 但 $b = AE - CE$, 产生矛盾. 从而(2)不成立.

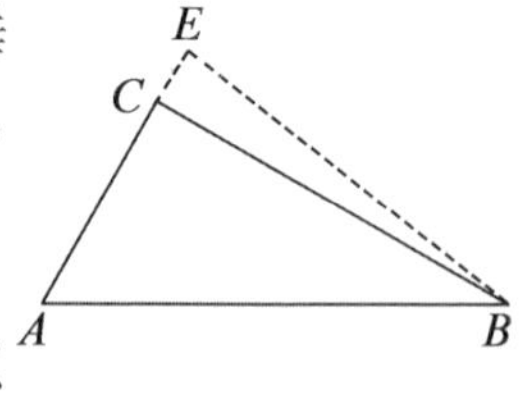

故 $\angle C = 90°$.

证法4 如图2.5所示,由点 C 引 AB 边的垂线,点 D 为垂足. 由

$$a^2 = CD^2 + DB^2 \quad ③$$
$$b^2 = CD^2 + AD^2 \quad ④$$
$$a^2 + b^2 = c^2 = (AD + DB)^2 = AD^2 + DB^2 + 2AD \cdot DB \quad ⑤$$

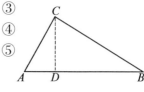

图 2.4

③+④-⑤,得
$$2CD^2 = 2AD \cdot DB$$

即
$$CD^2 = AD \cdot DB$$

图 2.5

或 $$\frac{AD}{CD}=\frac{CD}{DB}$$

而 $\angle ADC = \angle CDB = 90°$,于是 $\triangle ADC \backsim \triangle CDB$.

则 $$\angle A = \angle DCB, \angle B = \angle ACD$$

$$\angle A + \angle B = \angle DCB + \angle ACD = \angle C = \frac{180°}{2} = 90°$$

即 $\angle C = 90°$.

证法 5 如图 2.6 所示(同证法 1),以 AB 为直径作半圆,又以点 B 为圆心、BC 为半径画弧交半圆于点 D,联结 AD, BD,则 $\angle D = 90°$,且 $AD^2 = AB^2 - DB^2$,但 $AC^2 = AB^2 - BC^2$, $BC^2 = DB^2$,故 $AD^2 = AC^2$,即 $AD = AC$.

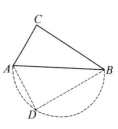

在 $\triangle ABC$ 与 $\triangle ABD$ 中,由 $AC = AD, BC = BD, AB = AB$,可知
$$\triangle ABC \cong \triangle ABD$$

图 2.6

故 $\angle C = \angle D = 90°$.

证法 6 如图 2.5 所示,由点 C 引 AB 的垂线,点 D 为垂足.有
$$a^2 - b^2 = (CD^2 + DB^2) - (CD^2 + AD^2)$$
$$= DB^2 - AD^2 = (DB + AD)(DB - AD)$$
$$= c \cdot (DB - AD) \quad ⑥$$

又 $$a^2 + b^2 = c^2 \quad ⑦$$

所以⑥+⑦,得
$$2a^2 = c^2 + c(DB - AD) = c(c + DB - AD) = 2c \cdot DB$$

即 $$a^2 = c \cdot DB$$

则 $$\frac{DB}{a} = \frac{a}{c}$$

又 $\angle B$ 为公用角,所以 $\triangle ADB \backsim \triangle ACB$. 故 $\angle ACB = \angle ADB = 90°$.

证法 7 如图 2.7 所示,设 CD 为 $\triangle ABC$ 的中线,有
$$CD = \frac{1}{2}\sqrt{2a^2 + 2b^2 - c^2}$$

而 $$a^2 + b^2 = c^2$$

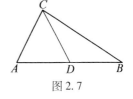

得 $$CD = \frac{1}{2}c$$

图 2.7

即 $$DA = DB = DC$$

第 2 章 勾股定理的逆定理

故 $\angle C = 90°$.

证法 8 如图 2.8 所示,在 △ABC 的中线 CD 的延长线上取一点 E,使 DE = CD. 可知四边形 AEBC 是平行四边形. 有
$$CE^2 + AB^2 = 2(AC^2 + BC^2)$$
则
$$CE^2 + c^2 = 2c^2$$
即
$$CE = c$$
从而四边形 AEBC 为矩形,故 $\angle ACB = 90°$.

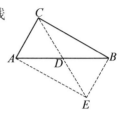

图 2.8

证法 9 如图 2.9 所示,分别在 AC,BC 的延长线上取点 D,E,使 CD = AC,CE = BC. 可知四边形 ABDE 为平行四边形.
有
$$AD^2 + EB^2 = 2(AB^2 + BD^2)$$
整理得 BC = c.

从而四边形 ABDE 为菱形,于是 $AD \perp BE$,故 $\angle ACB = 90°$.

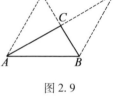

图 2.9

证法 10 如图 2.10 所示(用反证法),设 $\angle C \neq 90°$.

(1) 若 $\angle C < 90°$,以 AB 为直径作圆,则点 C 在圆外. 由点 C 引 AB 的垂线,点 D 为垂足,CD 交半圆于点 E,有 $\angle AEB = 90°$,则
$$AE^2 + EB^2 = AB^2$$
因为
$$AC > AE, CB > EB$$
所以
$$AC^2 + BC^2 > AE^2 + BE^2 = AB^2$$
这与 $AC^2 + BC^2 = AB^2$ 相矛盾. 故(1)不对.

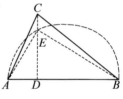

图 2.10

同法可知(2)若 $\angle C > 90°$ 也不成立.
故 $\angle ACB = 90°$.

证法 11 如图 2.11 所示,以点 B 为圆心,以 BA 为半径作圆,交 AC 的延长线于点 F,交直线 BC 于 D,E 两点. 有
$$c^2 - a^2 = (c+a)(c-a) =$$
$$BC \cdot CD = AC \cdot CF = b \cdot CE$$
又
$$c^2 - a^2 = b^2$$
所以
$$b^2 = b \cdot CF$$
得
$$b = CF$$

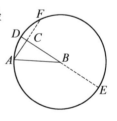

图 2.11

即 DE 为平分弦 AF 的直径. 则
$$DE \perp AF$$
即 $\angle ACB = 90°$.

证法 12 如图 2.12 所示,以点 A 为圆心、AC 为半径作圆交直线 AB 于 D,E 两点. 有
$$c^2 - b^2 = (c+b)(c-b) = BE \cdot BD = BC^2$$
但
$$c^2 - b^2 = a^2$$
则
$$BC^2 = a^2$$
即
$$BC = a$$
可见 BC 与圆 A 相切.
即 $\angle C = 90°$.

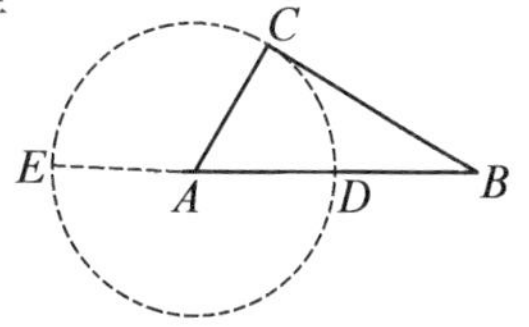

图 2.12

证法 13 如图 2.13 所示,在 AC 的延长线上取一点 D,使 $\angle ABD = \angle ACB$. 易知 $\triangle CAB \backsim \triangle BAD$,有
$$c^2 = b \cdot AD = b(b + CD) = b^2 + b \cdot CD$$
则
$$b \cdot CD = c^2 - b^2 = a^2$$
或
$$\frac{b}{a} = \frac{a}{CD}$$
又 $\angle D = \angle ABC, \dfrac{c}{BD} = \dfrac{b}{a}$,所以
$$\frac{a}{CD} = \frac{c}{BD}$$
或
$$\frac{a}{c} = \frac{CD}{BD}$$
得
$$\triangle ABC \backsim \triangle BDC$$
于是
$$\angle A = \angle CBD$$
故
$$\angle ACB = \angle D + \angle CBD = \angle ABC + \angle A = \frac{1}{2} \times 180° = 90°$$

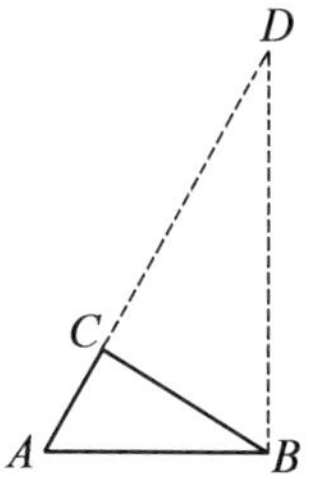

证法 14 如图 2.14 所示,设 $\angle B$ 的平分线交 AC 于点 D,在 AB 上取一点 E,使 $EB = CB$. 有
$$\triangle DBE \cong \triangle DBC$$
则
$$\angle C = \angle DEB$$

图 2.13

又 $\dfrac{AD}{DC} = \dfrac{c}{a}$,有
$$\dfrac{AD}{AC} = \dfrac{c}{a+c}$$

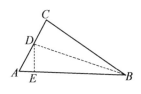

图 2.14

所以
$$AD = \dfrac{bc}{a+c}, AD \cdot AC = \dfrac{b^2 c}{a+c}$$

由 $(c-a)(c+a) = c^2 - a^2 = b^2$,有
$$\dfrac{b^2}{a+c} = c - a$$

即
$$\dfrac{b^2 c}{a+c} = c(c-a)$$

又 $AE \cdot AB = c(c-a)$,所以
$$AD \cdot AC = AE \cdot AB$$

从而 E, B, C, D 四点共圆,有
$$\angle C + \angle DEB = 180°$$

故 $\angle C = 90°$.

第3章 三角形的内角和定理

三角形的内角和定理 三角形的三个内角的和等于180°,即在△ABC 中,∠A + ∠B + ∠C = 180°.

证法1 如图3.1所示,作 BC 的延长线 CD,在△ABC 的外部,以 CA 为一边、CE 为一边作∠1 = ∠A,于是 CE∥BA.

从而∠B = ∠2.

又因为∠1 + ∠2 + ∠ACB = 180°,所以
$$\angle A + \angle B + \angle ACB = 180°$$

证法2 如图3.2所示,过点 A 作 BC 的平行线 DE. 由 DE∥BC,有

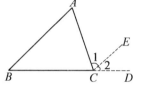

图 3.1

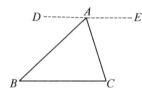

图 3.2

$$\angle B = \angle DAB, \angle C = \angle EAC$$
而
$$\angle DAB + \angle BAC + \angle CAE = 180°$$
则
$$\angle BAC + \angle B + \angle C = 180°$$

证法3 如图3.3所示,过点 B 作 CA 的平行线 DB,由 DB∥AC,有
$$\angle DBA = \angle A$$
且
$$\angle DBA + \angle ABC + \angle C = 180°$$
则
$$\angle A + \angle ABC + \angle C = 180°$$

证法4 如图3.4所示,在 BC 上取一点 D,过点 D 分别作 AB,AC 边的平行线交 AC,AB 于 E,F 两点,易知四边形 AFDE 为平行四边形. 有

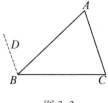

图 3.3

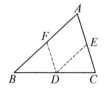

图 3.4

$$\angle FDE = \angle A, \angle EDC = \angle B, \angle FDB = \angle C$$

因为
$$\angle EDC + \angle FDE + \angle FDB = 180°$$

所以 $\angle A + \angle B + \angle C = 180°$

证法 5 如图 3.5 所示,在 BC 边上取一点 D,联结 AD,分别过点 B,C 作 DA 的平行线 BE,CF,有

$$\angle EBA = \angle BAD, \angle ACF = \angle DAC, \angle EBC + \angle BCF = 180°$$

即 $\angle EBA + \angle ABC + \angle BCA + \angle ACF = 180°$

亦即 $\angle BAC + \angle ABC + \angle BCA = 180°$

证法 6 如图 3.6 所示,设 l 为 $\triangle ABC$ 外一直线,分别过点 A,B,C 作 l 的垂线,点 D,E,F 为垂足,有 $BE \parallel AD \parallel CF$. 得

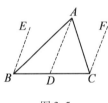

图 3.5

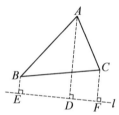

图 3.6

$$\angle EBA + \angle BAD = 180° \quad ①$$
$$\angle DAC + \angle ACF = 180° \quad ②$$
$$\angle EBC + \angle BCF = 180° \quad ③$$

① + ② - ③,得

$$\angle EBA + \angle BAD + \angle DAC + \angle ACF - \angle EBC - \angle BCF = 180°$$

即
$$(\angle EBA - \angle EBC) + (\angle BAD + \angle DAC) + (\angle ACF - \angle BCF) = 180°$$

亦即 $\angle ABC + \angle BAC + \angle ACB = 180°$

第4章　三角形的外角和定理

三角形外角和定理　三角形所有外角的和为360°.

如图4.1所示,已知$\angle BAF$,$\angle CBD$,$\angle ECA$是$\triangle ABC$的三个外角,则

$$\angle BAF+\angle CBD+\angle ACE=360^\circ$$

思路1　利用平角定义及三角形内角和定理进行证明.

证法1　如图4.1,因为

$$\angle BAF+\angle 1=180^\circ, \angle CBD+\angle 2=180^\circ, \angle ACE+\angle 3=180^\circ$$

所以

$$\angle BAF+\angle 1+\angle CBD+\angle 2+\angle ACE+\angle 3=3\times 180^\circ$$

从而

$$\angle BAF+\angle CBD+\angle ACE=3\times 180^\circ-(\angle 1+\angle 2+\angle 3)$$

又

$$\angle 1+\angle 2+\angle 3=180^\circ$$

所以

$$\angle BAF+\angle CBD+\angle ACE=3\times 180^\circ-180^\circ=360^\circ$$

图4.1

思路2　证$\angle BAF+\angle CBD+\angle ACE$等于两个平角.

证法2　如图4.2所示,作CB的延长线BH,作$BG /\!/ CA$.则

$$\angle BAF=\angle DBG, \angle ACE=\angle GBC$$

从而

$$\begin{aligned}\angle BAF+\angle CBD+\angle ACE&=\angle DBG+\angle CBD+\angle GBC\\&=\angle DBH+\angle HBG+\angle CBD+\angle GBC\\&=(\angle DBH+\angle CBD)+(\angle HBG+\angle GBC)\\&=180^\circ+180^\circ=360^\circ\end{aligned}$$

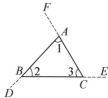

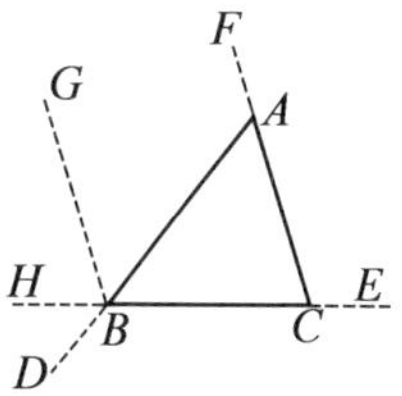

图4.2

思路3　证$\angle BAF+\angle CBD+\angle ACE$等于一周角.

证法3　如图4.3所示,过点B作$BG /\!/ CA$,则

$$\angle BAF=\angle DBG, \angle ACE=\angle GBC$$

从而

$$\angle BAF+\angle CBD+\angle ACE=\angle DBG+\angle CBD+\angle GBC=360^\circ$$

思路4　利用平行线的同旁内角互补进行证明.

证法4　在CA的延长线上取点G,过点G作$GH /\!/ AB$,交CB的延长线于点H,如图4.4所示.

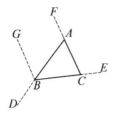
图 4.3

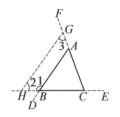
图 4.4

则
$$\angle 1 + \angle 2 = 180°, \angle 3 + \angle BAF = 180°$$
从而
$$\angle BAF + \angle 1 + \angle 2 + \angle 3 = 360°$$
又 $\angle 1 = \angle CBD, \angle 2 + \angle 3 = \angle ACE$
所以 $\angle BAF + \angle CBD + \angle ACE = 360°$

思路 5 证 $\angle BAF + \angle CBD + \angle ACE$ 等于四边形的内角和.

证法 5 如图 4.4 所示,分别在 CB, CA 的延长线上取点 H, G,联结 HG. 因
$$\angle BAF + \angle 1 + \angle 2 + \angle 3 = 360°$$
$$\angle 1 = \angle CBD, \angle 2 + \angle 3 = \angle ACE$$
所以 $\angle BAF + \angle CBD + \angle ACE = 360°$

注:此定理可推广到凸多边形:凸多边形所有外角和为 $360°$.

第5章　三角形的余弦定理、正弦定理

三角形的余弦定理　设 a,b,c 分别表示 $\triangle ABC$ 的三个内角 A,B,C 所对的边,则

$$c^2 = a^2 + b^2 - 2ab\cos C$$
$$b^2 = c^2 + a^2 - 2ca\cos B$$
$$a^2 = b^2 + c^2 - 2bc\cos A$$

下面,我们仅证第一式,其余两式可类似地证明.

证法1　如图 5.1 所示,作 $BD \perp AC$ 于点 D. 由勾股定理,有

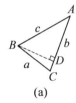
(a)

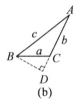
(b)

图 5.1

$$\begin{aligned}
c^2 &= AB^2 = BD^2 + AD^2 = (BC^2 - CD^2) + AD^2 \\
&= BC^2 + (CD^2 + AD^2 \mp 2CD \cdot AD) - 2CD^2 \pm 2CD \cdot AD \\
&= BC^2 + AC^2 - 2CD(CD \pm AD) = BC^2 + AC^2 \mp 2CD \cdot AC \\
&= BC^2 + AC^2 - 2BC \cdot AC \cdot \cos C = a^2 + b^2 - 2ab \cdot \cos C
\end{aligned}$$ ①

注:式① $AB^2 = BC^2 + AC^2 \mp 2CD \cdot AC = BC^2 + AC^2 - 2\overrightarrow{CD} \cdot \overrightarrow{CA}$ 称为广勾股定理,是勾股定理的一种推广. 它的变形就是余弦定理.

证法2　由正弦定理有 $\dfrac{a}{\sin A} = \dfrac{b}{\sin B} = \dfrac{c}{\sin C} = k$,则

$$\begin{aligned}
a^2 + b^2 - 2ab\cos C &= k^2 \sin^2 A + k^2 \sin^2 B - 2k^2 \cdot \sin A \cdot \sin B \cdot \cos C \\
&= k^2 \left(\frac{1-\cos 2A}{2} + \frac{1-\cos 2B}{2} - 2\sin A \cdot \sin B \cdot \sin C \right) \\
&= k^2 [1 - \cos(A+B) \cdot \cos(A-B) - 2\sin A \cdot \sin B \cdot \cos C] \\
&= k^2 [1 + \cos C \cdot \cos(A+B)] \\
&= k^2 (1 - \cos^2 C) = k^2 \cdot \sin^2 C = c^2
\end{aligned}$$

注:在上述证法中可得到

$$\sin^2 A + \sin^2 B - 2\sin A \cdot \sin B \cdot \cos C = \sin^2 C$$ ②

证法 3 如图 5.2 所示,在 $\triangle ABC$ 中不妨设 $\angle C \geqslant 90°$ (对于锐角 C 可同样讨论).

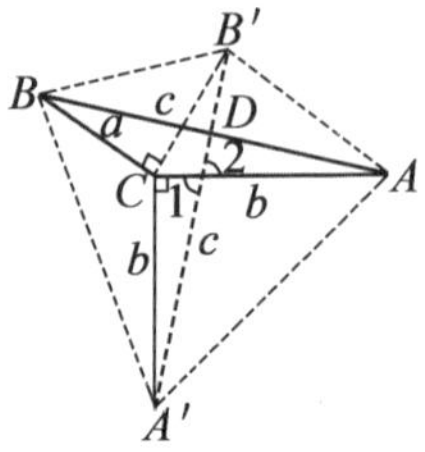

将 $\triangle ABC$ 绕顶点 C 顺时针方向旋转 $90°$ 得到 $\triangle A'B'C$,注意到 $\angle BCB' = 90°$,$\angle ACA' = 90°$,$\angle A' = \angle A$,$\angle 1 = \angle 2$,则 AB 与 $A'B'$ 相交成 $90°$,交点设为点 D,且 $A'B' = AB = c$. 于是

$$S_{\triangle BA'B'} + S_{\triangle AB'A'} = S_{四边形 A'AB'B} = S_{\triangle BCB'} + S_{\triangle ACA'} + S_{\triangle BCA'} + S_{\triangle ACB'}$$

图 5.2

即

$$\frac{1}{2}c \cdot BD + \frac{1}{2}c \cdot AD = \frac{1}{2}a^2 + \frac{1}{2}b^2 + \frac{1}{2}ab \cdot \sin[180° - (C - 90°)] + \frac{1}{2}ab \cdot \sin(C - 90°)$$

从而有 $c^2 = a^2 + b^2 - 2ab \cdot \sin C$.

当 $\angle C < 90°$ 时,将 $\triangle ABC$ 绕点 C 顺时针方向旋转 $90°$ 到 $\triangle A'B'C$ 的位置,如图 5.3 所示. 注意到 $\angle 1 = \angle 2$,$\angle A = \angle A'$,知直线 $AB \perp A'B'$ 于点 D. 由

$$S_{\triangle BA'B'} + S_{\triangle AA'B'} = S_{\triangle BCB'} + S_{\triangle ACA'} - S_{\triangle BCA'} - S_{\triangle ACB'}$$

即

$$\frac{1}{2}c \cdot BD + \frac{1}{2}c \cdot AD = \frac{1}{2}a^2 + \frac{1}{2}b^2 - \frac{1}{2}ab \cdot \sin(90° + C) - \frac{1}{2}ab \cdot \sin(90° - C)$$

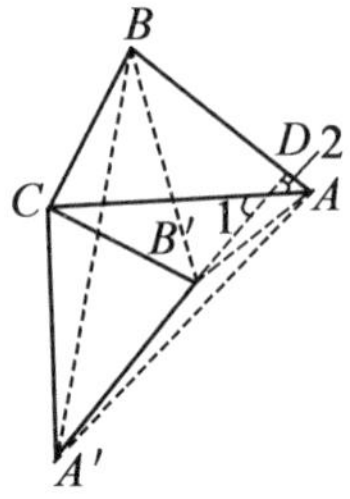

图 5.3

从而有 $c^2 = a^2 + b^2 - 2ab \cdot \cos C$.

证法 4 在 $\triangle ABC$ 中,设 $\angle C$ 为钝角,如图 5.4 所示.

此时 $\angle C > 90° > \angle A + \angle B$,作 $\angle 1 = \angle B$,$\angle 2 = \angle A$ 交 AB 于点 D,E. 从而 $\triangle ADC \sim \triangle ACB \sim \triangle CEB$. 于是

$$S_{\triangle ADC} : S_{\triangle CEB} : S_{\triangle ACB} = b^2 : a^2 : c^2$$

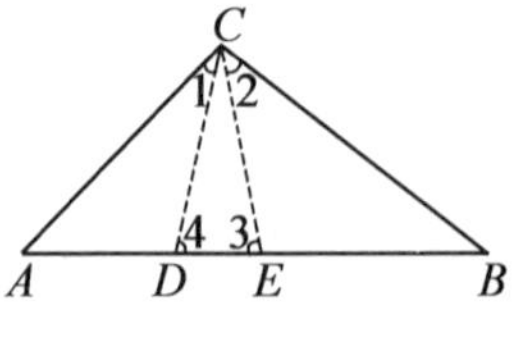

又

$$\angle 3 = \angle 2 + \angle B = \angle A + \angle B = 180° - \angle C$$

图 5.4

同理 $\angle 4 = 180° - \angle C$,知 $\triangle CDE$ 为等腰三角形.

又 $\triangle CED$ 的 $\angle 3$ 与 $\triangle ABC$ 的 $\angle C$ 互补,所以

$$\frac{S_{\triangle DEC}}{S_{\triangle ACB}} = \frac{CE \cdot ED}{a \cdot b} = \frac{2CE^2 \cdot \cos(180° - C)}{ab} = -\frac{2CE^2 \cdot \cos C}{ab}$$

由 $\triangle CEB \backsim \triangle ACB$，知 $\dfrac{CE}{b} = \dfrac{a}{c}$，即 $CE = \dfrac{ab}{c}$.

从而
$$\dfrac{S_{\triangle CED}}{S_{\triangle ACB}} = \dfrac{-2a^2b^2 \cdot \cos C}{abc^2} = \dfrac{-2ab \cdot \cos C}{c^2}$$

于是 $\quad S_{\triangle ADC} : S_{\triangle CDE} : S_{\triangle CEB} : S_{\triangle ACB} = b^2 : (-2ab \cdot \cos C) : a^2 : b^2$

而 $\quad S_{\triangle ADC} + S_{\triangle CDE} + S_{\triangle CEB} = S_{\triangle ABC}$

故 $\quad c^2 = b^2 - 2ab \cdot \cos C + a^2 = a^2 + b^2 - 2ab \cdot \cos C$ ③

同样可证，当 $\angle C$ 为锐角时上式也成立.

证法 5 由三角形射影定理，知
$$a = b \cdot \cos C + c \cdot \cos B \qquad ④$$
$$b = a \cdot \cos C + c \cdot \cos A \qquad ⑤$$
$$c = a \cdot \cos B + b \cdot \cos A \qquad ⑥$$

则 $a \cdot ④ + b \cdot ⑤ - c \cdot ⑥$，得
$$a^2 + b^2 - c^2 = 2ab \cdot \cos C$$

故 $\quad c^2 = a^2 + b^2 - 2ab \cdot \cos C$

证法 6 如图 5.5 所示，作 $CD \perp AB$ 于点 D，则
$$AD = b\cos A, BD = \pm a\cos B, b\sin A = CD = a\sin B$$

于是 $\quad c^2 = AB^2 = (AD \pm BD)^2$
$$= b^2\cos^2 A + a^2\cos^2 B \pm 2ab\cos A\cos B$$
$$= b^2 + a^2 - 2a^2\sin^2 B \pm 2ab\cos A\cos B$$
$$= a^2 + b^2 - 2ab\sin A\sin B \pm 2ab\cos A\cos B$$
$$= a^2 + b^2 - 2ab\cos C$$

(a)

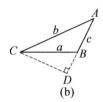
(b)

图 5.5

注意到解析几何中的两点间的距离公式，有如下证法：

证法 7 如图 5.6 所示，以点 C 为圆心，分别以 $CB = a$，$CA = b$ 为半径作两个同心圆，则点 B 坐标为 $B(a\cos \alpha, a\sin \alpha)$ 或 $B(a, 0)$，点 A 坐标为

$A(b\cos(\alpha+C), b\sin(\alpha+C))$，或 $A(b\cos C, b\sin C)$. 由两点间的距离公式，即求得

$$c^2 = AB^2 = a^2 + b^2 - 2ab\cos C$$

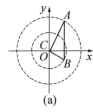
(a)

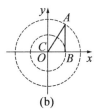
(b)

图 5.6

证法 8 如图 5.7 所示，设 $\overrightarrow{CB} = \boldsymbol{a}, \overrightarrow{CA} = \boldsymbol{b}, \overrightarrow{AB} = \boldsymbol{c}$，那么 $\boldsymbol{c} = \boldsymbol{a} - \boldsymbol{b}$. 于是

$$c^2 = \boldsymbol{c} \cdot \boldsymbol{c} = (\boldsymbol{a}-\boldsymbol{b})(\boldsymbol{a}-\boldsymbol{b})$$
$$= \boldsymbol{a} \cdot \boldsymbol{a} + \boldsymbol{b} \cdot \boldsymbol{b} - 2\boldsymbol{a} \cdot \boldsymbol{b} = a^2 + b^2 - 2ab\cos C$$

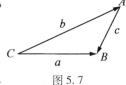

图 5.7

注：上述证法各有特色，但证法 8 最简单，这也是高中数学课本的证法.

证法 9 如图 5.8 所示，在 $\triangle ABC$ 中，不妨设 $BC > BA > AC$，即 $a > c > b$.

以点 A 为圆心，$AC = b$ 为半径作圆，交 BA 及其延长线于点 F, E，交 BC 于点 G，则有割线定理，有 $\dfrac{BC}{BE} = \dfrac{BF}{BG}$，即

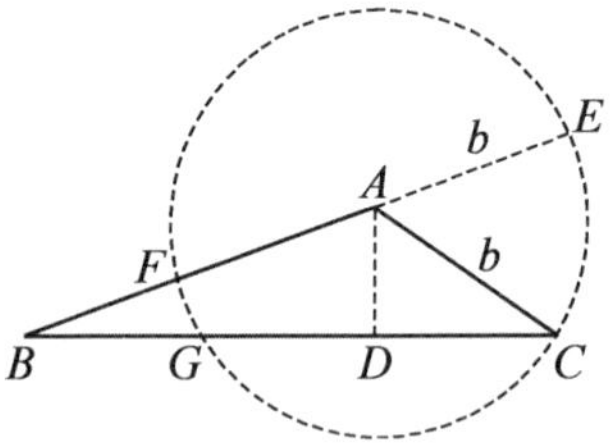

$$\frac{BC}{BA+AC} = \frac{BA-AC}{BD-DC}$$

注意到 $BD - DC = a - 2b\cos C$.

从而 $\dfrac{a}{c+b} = \dfrac{c-b}{a-2b\cos C}$.

故 $c^2 = a^2 + b^2 - 2ab\cos C$.

三角形正弦定理 设 a, b, c 分别表示 $\triangle ABC$ 的三个内角 A, B, C 所对的边，R 为 $\triangle ABC$ 的外接圆半径，则

$$\frac{a}{\sin A} = \frac{b}{\sin B} = \frac{c}{\sin C} = 2R.$$

证法 1 如图 5.9 所示，作 $\triangle ABC$ 的外接圆圆 O，联结 OB, OC，取 BC 的中点 M，联结 OM，则 $OM \perp BC$. 在

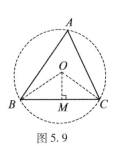

图 5.8

图 5.9

Rt△OBM中，$OB=R$，$BM=\dfrac{1}{2}a$，则
$$a=BC=2OM=2\cdot OB\cdot \sin\angle BOM$$
$$=2R\sin\angle BAC$$

从而$\dfrac{a}{\sin A}=2R$.

同理，可得其余两式.

证法2 如图5.10所示，作△ABC的外接圆圆O，过点C作圆O的直径CA'，则$A'C=2R$，且$\angle A'BC=90°$. 于是，在Rt△$A'BC$中，有
$$a=BC=A'C\cdot \sin A'=2R\cdot \sin A'$$

而$A'=A$. 故$\dfrac{a}{\sin A}=2R$.

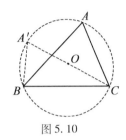

图5.10

同理，可得其余两式.

证法3 如图5.11所示，在△ABC中，不妨设$CB>CA$. 以BC为半径，分别以点A，B为圆心作两段弧交AB于G，H两点，交AC的延长线于点D，过点D，C分别作垂线，垂足为E，F，则在Rt△ADE和Rt△BCF中，有

$$\sin A=\dfrac{DE}{AD},\sin B=\dfrac{CF}{BC}$$

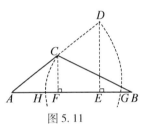

图5.11

从而
$$\dfrac{\sin B}{\sin A}=\dfrac{CF}{DE}=\dfrac{AC}{AD}=\dfrac{AC}{BC}=\dfrac{b}{a}$$

同理$\dfrac{\sin B}{\sin C}=\dfrac{b}{c}$，即证.

注：也可由三角形面积公式$S=\dfrac{1}{2}ab\cdot \sin C=\dfrac{1}{2}bc\cdot \sin A=\dfrac{1}{2}ac\cdot \sin B$推导.

第6章 直角三角形的性质定理

直角三角形的性质定理1 在直角三角形中,含30°的角所对的边等于斜边长的一半,即在 $\angle C = 90°$ 的 Rt$\triangle ABC$ 中,若 $\angle A = 30°$,则 $BC = \dfrac{1}{2}AB$.

证法1 如图6.1所示,延长 BC 到点 D,使 $BD = AB$,联结 AD,易知 $AD = AB$,$\angle BAD = 60°$,则 $\triangle ABD$ 为等边三角形. 故 $BC = CD = \dfrac{1}{2}BD = \dfrac{1}{2}AB$,即 $BC = \dfrac{1}{2}AB$.

证法2 如图6.2所示,取 AB 的中点 D,联结 DC.

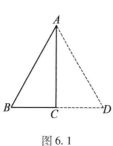

图6.1

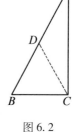

图6.2

有 $CD = \dfrac{1}{2}AB = AD = DB$,则

$$\angle DCA = \angle A = 30°, \angle BDC = \angle DCA + \angle A = 60°$$

从而 $\triangle DBC$ 为等边三角形.

故 $BC = DB = \dfrac{1}{2}AB$.

证法3 如图6.2所示,在 AB 上取一点 D,使 $BD = BC$. 因为 $\angle B = 60°$,所以 $\triangle BDC$ 为等边三角形.

从而

$$\angle DCB = 60°, \angle ACD = 90° - \angle DCB = 30° = \angle A$$

故 $$DC = DA$$

即 $$BC = BD = DA = \dfrac{1}{2}AB$$

证法4 如图6.3所示,设 BD 为 $\angle ABC$ 的平分线,由点 D 作 AB 的垂线,

点 E 为垂足. 易知点 C,E 关于 BD 对称,点 B,A 关于 DE 对称,则
$$AE = EB = BC$$
即 $BC = \dfrac{1}{2}AB$.

证法 5 如图 6.4 所示,作 $\triangle ABC$ 的外接圆圆 O.

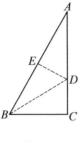

图 6.3

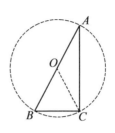

图 6.4

因为 $\angle C = 90°$,所以 AB 为圆 O 的直径,联结 OC,有
$$OB = OC, \angle BOC = 2\angle A = 60°$$
从而知 $\triangle OBC$ 为等边三角形.

故 $BC = OB = OA = \dfrac{1}{2}AB$.

证法 6 如图 6.5 所示,分别过点 B,A 作 BC,AC 的垂线交于点 D. 易知四边形 $ADBC$ 为矩形,有
$$AB = CD, AO = OB, DO = OC$$
则 $OB = OC$.

又 $\angle ABC = 90° - \angle A = 60°$,所以可知 $\triangle OBC$ 为等边三角形.

故 $BC = BO = \dfrac{1}{2}AB$.

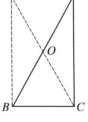

图 6.5

直角三角形的性质定理 2 三角形为直角三角形的充要条件之一,是三角形一边上的高线是垂足分这边成两条线段的比例中项.

如图 6.6 所示,在 $\triangle ABC$ 中,$AD \perp BC$ 于点 D,则 $\triangle ABC$ 为直角三角形的充要条件是 $\dfrac{AD}{BD} = \dfrac{DC}{AD}$ 或 $AD^2 = BD \cdot DC$.

其必要性由 $Rt\triangle ABD \backsim Rt\triangle CAD$,即 $\dfrac{AD}{BD} = \dfrac{CD}{AD}$.

下面证其充分性.

证法 1 如图 6.6 所示. 由已知, 有 $\dfrac{AD}{BD}=\dfrac{DC}{AD}$.

又 $\angle ADB=\angle CDA=90°$, 所以 $\triangle ADB \backsim \triangle CDA$.

从而 $\angle BAD=\angle C$.

又由 $\angle BAD+\angle B=90°$, 所以 $\angle B+\angle C=90°$.

从而 $\angle BAC=90°$.

故知 $\triangle ABC$ 是直角三角形.

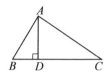

图 6.6

证法 2 由已知, 得
$$\begin{aligned} AB^2+AC^2 &= AD^2+BD^2+AD^2+DC^2 \\ &= BD^2+2BD\cdot DC+DC^2 \\ &= (BD+DC)^2=BC^2 \end{aligned}$$

故 $\angle BAC=90°$.

证法 3 由已知, 得
$$AB^2=BD^2+AD^2=BD^2+BD\cdot DC=BD\cdot BC$$

则 $\dfrac{AB}{BD}=\dfrac{BC}{AB}$.

又因为 $\angle B$ 公用, 所以 $\triangle ABC \backsim \triangle DBA$.

故 $\triangle ABC$ 是直角三角形.

证法 4 由已知, 得
$$\begin{aligned} AB^2\cdot AC^2 &= (AD^2+BD^2)(AD^2+DC^2) \\ &= AD^2\cdot BD\cdot BC+AD^2(BD^2+DC^2)+ \\ &\quad AD^2\cdot BD\cdot DC=BC^2\cdot AD^2 \end{aligned}$$

则
$$AB\cdot AC=BC\cdot AD$$

从而
$$S_{\triangle ABC}=\dfrac{1}{2}AB\cdot AC\cdot \sin\angle BAC=\dfrac{1}{2}BC\cdot AD$$

即
$$\sin\angle BAC=1$$

故 $\angle BAC=90°$.

证法 5 如图 6.7 所示, 取 BC 的中点 E, 联结 AE.

由已知, 可得
$$\begin{aligned} AE^2 &= AD^2+DE^2=BD\cdot DC+DE^2 \\ &= (BE-DE)(EC+DE)+DE^2 \end{aligned}$$

$$= BE^2 - DE^2 + DE^2 = BE^2.$$

从而 $AE = BE = EC$.

故 $\angle BAC = 90°$.

以上是点 E 不与点 D 重合的情形,当点 E 与点 D 重合时,也极易证明,这里从略.

证法 6 过点 D 作 $DE \perp AC$,垂足为点 E,如图 6.8 所示. 注意到直角三角形的射影定理,有

$$\frac{BD}{DC} = \frac{BD \cdot DC}{DC \cdot DC} = \frac{AD^2}{DC^2} = \frac{AE}{EC}$$

从而 $AB /\!/ DE$.

故 $\angle BAC = 90°$.

证法 7 以 BC 为直径在点 A 的异侧作半圆 O,延长 AD 交半圆 O 于点 E. 联结 BE, EC,如图 6.9 所示.

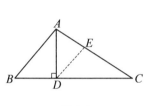

图 6.8

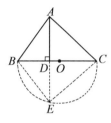

图 6.9

则 $\angle BEC = 90°$.

由已知及射影定理,得

$$AD^2 = BD \cdot DC = DE^2$$

则 $DE = AD$.

又由 $\mathrm{Rt}\triangle BAD \cong \mathrm{Rt}\triangle BED$,所以

$$AB = EB, AC = EC$$

从而 $\triangle ABC \cong \triangle EBC$.

故 $\triangle ABC$ 是直角三角形.

证法 8 过点 B 作 AC 边上的高 BE,假设 BE 交 AD 或其延长线于点 H,则点 H 是 $\triangle ABC$ 的垂心,再作 $EF \perp BC$,垂足为 F,如图 6.10 所示.

因为 $AD /\!/ EF$,所以

$$\frac{HD}{EF} = \frac{BD}{BF}, \frac{AD}{EF} = \frac{DC}{FC}$$

而由已知 $AD^2 = BD \cdot DC$ 和 $EF^2 = BF \cdot FC$，得
$$\frac{AD^2}{EF^2} = \frac{BD}{BF} \cdot \frac{DC}{FC} = \frac{HD \cdot AD}{EF^2}$$

从而 $AD = HD$.

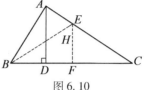

图 6.10

故知点 A 与点 H 重合，点 A 是垂心，$AB \perp AC$，即 $\triangle ABC$ 为直角三角形.

直角三角形的性质定理 3 三角形为直角三角形的充要条件之一是一顶点处的角平分线平分其高线与中线所成的夹角.

如图 6.11 所示，在 $\triangle ABC$ 中，$CH \perp AB$ 于点 H，点 M 为 AB 的中点，CT 平分 $\angle ACB$，则题设条件与结论为
$$\angle C = 90° \Leftrightarrow CT \text{ 平分 } \angle HCM$$

必要性：由 CM 所在的弦为圆的直径，知 CH, CM 为等角线，从而有 CT 平分 $\angle HCM$.

下面证其充分性.

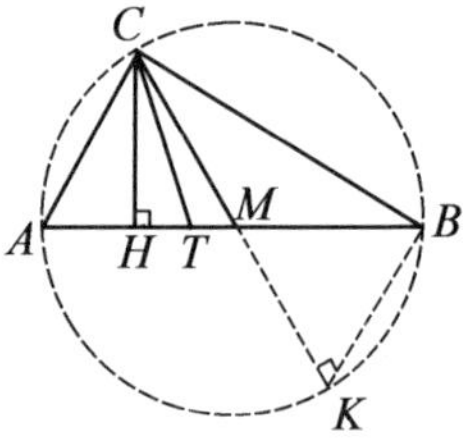

证法 1 如图 6.11 所示，当 $\angle HCT = \angle TCM$ 时，由 $\angle ACT = \angle BCT$，有 $\angle ACH = \angle BCM$.

图 6.11

作 $BK \perp CB$ 交 CM 的延长线于点 K，则
$$\angle CKB = 90° - \angle BCM = 90° - \angle ACH = \angle CAH = \angle CAB$$

于是，知 A, K, B, C 四点共圆，且 CK 为其直径.

又易知 CM 与 AB 不垂直，且 CK 平分 AB，即知 AB 也为该圆直径.

故知 $\angle ACB = 90°$.

证法 2 如图 6.11 所示，当 $\angle HCT = \angle TCM$ 时，由 $\angle ACT = \angle BCT$，有
$$\angle ACH = \angle BCM$$

延长 CM 与 $\triangle ABC$ 的外接圆交于点 K，联结 BK，则
$$\angle CKB = \angle CAB = \angle CAH$$

从而 $\triangle CKB \backsim \triangle CAH$.

所以 $\angle CBK = \angle CHA = 90°$，即知 CK 为圆的直径.

注意到 CK 平分 AB，即知 $CM \perp AB$ 或者点 M 是圆心，二者必居其一，当 $CM \perp AB$ 时，有 $CA = CB$，即知 CM 与 CH 重合，这不符合题意. 所以点 M 是圆心，即知 AB 也为直径.

故知 $\angle ACB = 90°$.

第7章 三角形内角平分线的性质定理

三角形内角平分线的性质定理 已知在 $\triangle ABC$ 中，AD 平分 $\angle BAC$，则
$$\frac{BD}{DC} = \frac{AB}{AC}$$

证法1 如图7.1所示，由 AD 平分 $\angle BAC$ 知 $\angle 1 = \angle 2$. 过点 C 作 $CE /\!/ DA$，交 BA 的延长线于点 E，则 $\angle 1 = \angle E$，$\angle 2 = \angle 3$，知 $\angle E = \angle 3$.

从而 $AE = AC$.

于是由 $CE /\!/ DA$，有
$$\frac{BD}{DC} = \frac{BA}{AE} = \frac{AB}{AC}$$

证法2 如图7.2所示，由 AD 平分 $\angle BAC$，知 $\angle 1 = \angle 2$. 过点 B 作 $BE /\!/ DA$，交 CA 的延长线于点 E，则 $\angle 1 = \angle 4$，$\angle 2 = \angle E$，知 $\angle E = \angle 4$.

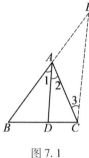
图 7.1

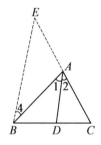
图 7.2

从而 $AE = AB$.

于是，由 $BE /\!/ DA$，有
$$\frac{BD}{DC} = \frac{EA}{AC} = \frac{AB}{AC}$$

类似于证法1，2，还有如下证法：

证法3 如图7.3所示，过点 D 作 $DE /\!/ AC$，交 AB 于点 E. 下略.

证法4 如图7.4所示，过点 D 作 $DE /\!/ AB$，交 AC 于点 E. 下略.

证法5 如图7.5所示，过点 C 作 $CE /\!/ AB$，交 AD 的延长线于点 E. 下略.

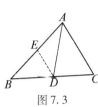
图 7.3

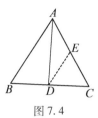
图 7.4

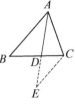
图 7.5

证法 6　如图 7.6 所示,过点 B 作 $BE \parallel AC$,交 AD 的延长线于点 E. 下略.

证法 7　如图 7.7 所示,假定 $AB > AC$,在 AB 上截取 $AM = AC$,联结 CM 交 AD 于点 N,又过点 M 作 $ME \parallel AD$. 于是,由 $\angle 1 = \angle 2$,可知点 N 为 MC 的中点,从而点 D 为 EC 的中点. 又由 $ME \parallel AD$ 可得 $\dfrac{BA}{BD} = \dfrac{MA}{ED} = \dfrac{AC}{DC}$,从而 $\dfrac{AB}{AC} = \dfrac{BD}{DC}$.

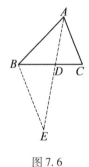
图 7.6

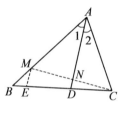
图 7.7

证法 8　如图 7.8 所示,作 BC 边上的高 AG,再作 $DE \perp AB$,$DF \perp AC$,垂足分别为点 E, F,则有 $DE = DF$. 于是

$$\dfrac{S_{\triangle ABD}}{S_{\triangle ADC}} = \dfrac{\dfrac{1}{2}AB \cdot DE}{\dfrac{1}{2}AC \cdot DF} = \dfrac{AB}{AC}$$

$$\dfrac{S_{\triangle ABD}}{S_{\triangle ADC}} = \dfrac{\dfrac{1}{2}BD \cdot AG}{\dfrac{1}{2}DC \cdot AG} = \dfrac{BD}{DC}$$

故 $\dfrac{AB}{AC} = \dfrac{BD}{DC}$.

证法 9　如图 7.9 所示,分别由点 C, B 作 $CF \perp AD$ 于点 F,作 $BE \perp AD$ 于点 E.

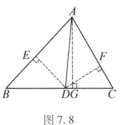

图 7.8   图 7.9

由 ∠1 = ∠2,则 Rt△CAF ∽ Rt△BAE,有
$$\frac{AB}{AC} = \frac{BE}{CF} \qquad ①$$
又 CF∥EB,所以
$$\frac{BE}{CF} = \frac{BD}{DC} \qquad ②$$
由式①,②,知
$$\frac{AB}{AC} = \frac{BD}{DC}$$

证法 10 如图 7.10 所示,以点 C 为圆心,以 CD 为半径作圆交 AD 或其延长线于点 E,则 ∠AEC = ∠ADB.
又 ∠1 = ∠2,所以 △ACE ∽ △ABD.从而
$$\frac{AC}{AB} = \frac{CE}{BD} = \frac{CD}{BD}$$

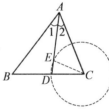

图 7.10

即
$$\frac{AB}{AC} = \frac{BD}{DC}$$

证法 11 如图 7.11 所示,作 △ABC 的外接圆,延长 AD 交外接圆于点 E,联结 BE,则
$$\triangle ADC \sim \triangle BDE \sim \triangle AEB$$
从而
$$\frac{AC}{CD} = \frac{BE}{ED} = \frac{AB}{BD}$$
故
$$\frac{AB}{AC} = \frac{BD}{DC}$$

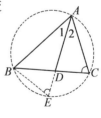

图 7.11

证法 12 如图 7.12 所示,应用正弦定理,在 △ADC 中,有
$$\frac{AC}{\sin \angle 4} = \frac{CD}{\sin \angle 2}$$
在 △ABD 中,有

$$\frac{AB}{\sin \angle 3} = \frac{BD}{\sin \angle 1}$$

而 $\angle 1 = \angle 2$,$\angle 3$ 与 $\angle 4$ 互补,则

$$\frac{AB}{BD} = \frac{\sin \angle 3}{\sin \angle 1} = \frac{\sin \angle 4}{\sin \angle 2} = \frac{AC}{CD}$$

故

$$\frac{AB}{AC} = \frac{BD}{DC}$$

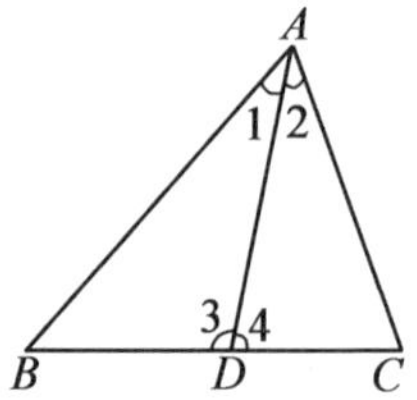

图 7.12

证法 13 如图 7.12 所示,由 AD 平分 $\angle BAC$,则点 D 到 AB 及 AC 等距,有

$$DC \cdot \sin C = DB \cdot \sin B$$

注意到正弦定理,有

$$\frac{DC}{DB} = \frac{\sin B}{\sin C} = \frac{AC}{AB}$$

故

$$\frac{AB}{AC} = \frac{BD}{DC}$$

证法 14 如图 7.13 所示,设点 E 为 CD 边的上一点,作 $\angle DEF = \angle 2$,即 $\angle 3 = \angle 2$.

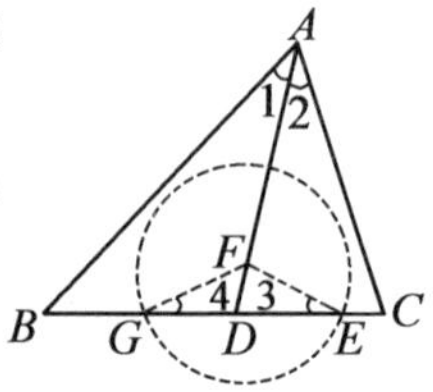

以点 F 为圆心,以 FE 为半径作圆交 DB 或其延长线于点 G,联结 FG,则 $FG = FE$,有 $\angle 4 = \angle FGE = \angle 3$. 从而

$$\angle 1 = \angle 2 = \angle 3 = \angle 4$$

即知

$$\triangle DAC \sim \triangle DEF, \triangle DAB \sim \triangle DGF$$

从而

$$\frac{AC}{FE} = \frac{DC}{DF}, \frac{AB}{FG} = \frac{BD}{DF}$$

而

$$EF = FG$$

故

$$\frac{AB}{AC} = \frac{BD}{DC}$$

图 7.13

注:此证法中的图,还有 E,C,A,F 及 A,B,G,F 分别四点共圆,从而有 $DE \cdot DC = DF \cdot DA = DG \cdot DB$.

证法 15 如图 7.14 所示,以点 A 为原点,AD 所在的直线为 x 轴正向,建立平面直角坐标系. 设 $AC = b, AB = c$,则点 C,B 的坐标为 $C(b\cos \alpha, b\sin \alpha), B(c\cos \alpha, -c\sin \alpha)$.

因为 B,D,C 三点在一条直线上,所以

$$\lambda = \frac{BD}{DC} = \frac{0 - (-c\sin \alpha)}{b\sin \alpha - 0} = \frac{c}{b} = \frac{AB}{AC}$$

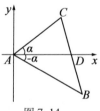

图 7.14

即 $$\frac{AB}{AC}=\frac{BD}{DC}$$

注:此例还可以利用三角形全等来证. 例如:

(1) 设 $AB>AC$,在 AB 上取点 E,使 $AE=AC$,在 AD 上取点 F,使 $CF=CD$,则 $\triangle AED \cong \triangle ADC$,有 $DE=DC$. 又可证 $\triangle AEF \cong \triangle AFC$,有 $EF=FC$. 知四边形 $EFCD$ 为菱形,有 $\frac{BD}{EF}=\frac{AB}{AE}$. 注意 $EF=DC$,$AE=AC$,则 $\frac{AB}{AC}=\frac{BD}{DC}$.

(2) 设 $AB>AC$,在 AB 上取 $AE=AC$,过点 E 引 AD 的平行线交 BD 于点 H,则 $\frac{AE}{AB}=\frac{HD}{BD}$,即 $\frac{AC}{AB}=\frac{HD}{BD}$. 易证 $\triangle AED \cong \triangle ADC$,有 $DE=DC,HD=DE,HD=DC$,从而 $\frac{AB}{AC}=\frac{BD}{DC}$.

第8章 三角形内角平分线的判定定理

三角形内角平分线的判定定理 已知在 $\triangle ABC$ 中，点 D 为 BC 边上的一点，且 $\dfrac{BD}{DC}=\dfrac{AB}{AC}$，则 AD 平分 $\angle BAC$.

证法1 过点 C 作 AD 的平行线，交 BA 的延长线于点 E，如图8.1所示，则

$$\left.\begin{array}{l}\dfrac{BD}{DC}=\dfrac{AB}{AE}\\ \dfrac{BD}{DC}=\dfrac{AB}{AC}\end{array}\right\}\Rightarrow AE=AC\Rightarrow\begin{array}{l}\angle 3=\angle E\\ CE/\!/DA\end{array}\Rightarrow\left\{\begin{array}{l}\angle 1=\angle E\\ \angle 2=\angle 3\end{array}\right.\Rightarrow\angle 1=\angle 2$$

即 AD 平分 $\angle BAC$.

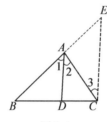

图8.1

证法2 延长 BA 至点 E，使 $AE=AC$，联结 CE，如图8.1所示，则 $\angle 3=\angle E$.

$$\dfrac{BD}{DC}=\dfrac{AB}{AC}\Rightarrow\dfrac{BD}{DC}=\dfrac{AB}{AE}\Rightarrow AD/\!/CE\Rightarrow\left\{\begin{array}{l}\angle 1=\angle E\\ \angle 2=\angle 3\\ \angle 3=\angle E\end{array}\right.\Rightarrow\angle 1=\angle 2$$

故 AD 平分 $\angle BAC$.

证法3 如图8.2所示，假设 AD 不平分 $\angle BAC$，不妨设 $\angle BAD>\angle CAD$，作 $\angle BAC$ 的平分线 AD'，那么点 D',D 是不同的两个点.

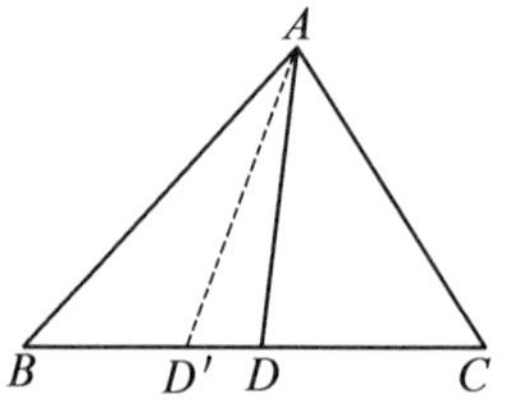

$$\angle BAD'=\angle CAD'\Rightarrow\dfrac{BD'}{D'C}=\dfrac{AB}{AC}$$
$$\dfrac{BD}{DC}=\dfrac{AB}{AC}$$
$$\Rightarrow\dfrac{BD'}{D'C}=\dfrac{BD}{DC}$$

图8.2

$$\Rightarrow\dfrac{BD'}{BC}=\dfrac{BD}{BC}\Rightarrow BD'=BD$$

而点 D' 在 BC 上，所以点 D',D 必重合，这与前面所述产生矛盾.

证法 4 如图 8.3 所示,过点 D 作 $DE//CA$,$DF//AB$,分别交 AB 于点 E,交 AC 于点 F,则四边形 $AEDF$ 是平行四边形.

$$\frac{BD}{DC}=\frac{AB}{AC}, DE//AC \Rightarrow \begin{cases}\dfrac{BD}{DC}=\dfrac{BE}{AE}\\ \dfrac{DE}{AC}=\dfrac{BE}{AB}\end{cases} \begin{matrix}DE=AE\\ \Rightarrow \square AEDF\end{matrix}$$

$$\Rightarrow 四边形 AEDF 是菱形$$

故 AD 平分 $\angle BAC$.

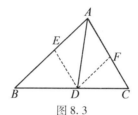

图 8.3

证法 5 过点 B 作 AC 的平行线交 AD 的延长线于点 E,如图 8.4 所示.

$$BE//AC \Rightarrow \triangle BDE \backsim \triangle CAD \Rightarrow \begin{matrix}\dfrac{BD}{DC}=\dfrac{BE}{AC}\\ \dfrac{BD}{DC}=\dfrac{AB}{AC}\end{matrix}$$

$$\Rightarrow AB=BE \Rightarrow \begin{matrix}\angle 1=\angle E\\ BE//AC \Rightarrow \angle 2=\angle E\end{matrix}$$

$$\Rightarrow \angle 1=\angle 2$$

故 AD 平分 $\angle BAC$.

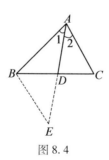

图 8.4

第9章 斯库顿定理

斯库顿定理 若 AD 是 $\triangle ABC$ 的角平分线,则 $AD^2 = AB \cdot AC - BD \cdot DC$.

证法 1 如图 9.1 所示,设 AD 交 $\triangle ABC$ 的外接圆于点 E,联结 BE,有 $\triangle ABE \backsim \triangle ADC$. 得

$$\frac{AB}{AD} = \frac{AE}{AC}$$

有
$$AB \cdot AC = AD \cdot AE = AD(AD + DE)$$
$$= AD^2 + AD \cdot DE = AD^2 + BD \cdot DC$$

即
$$AD^2 = AB \cdot AC - BD \cdot DC$$

对称地,联结 CE,由 $\triangle ABD \backsim \triangle AEC$ 可得.

注:在 AD 的延长线上取一点 E,使 $\angle EBD = \angle DAC$,则可不涉及 $\triangle ABC$ 的外接圆,证法一样.

证法 2 如图 9.2 所示,不失一般性,设 $AB > AC$. 在 AB 上取一点 F,使 $AF = AC$,作 $\triangle BDF$ 的外接圆,交 AD 的延长线于点 E,联结 BE.

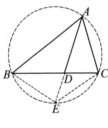

图 9.1

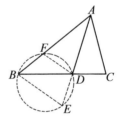

图 9.2

易知
$$\triangle AFD \cong \triangle ACD$$

有
$$\angle C = \angle AFD, \angle AFD = \angle E$$

从而 $\angle C = \angle E$,可知 A,B,E,C 四点共圆.

于是
$$AB \cdot AF = AD \cdot AE = AD(AD + DE)$$
$$= AD^2 + AD \cdot DE = AD^2 + BD \cdot DC$$

得
$$AD^2 = AB \cdot AC - BD \cdot DC$$

证法 3 如图 9.3 所示,在 AC 边上取一点 E,使
$$\angle ADE = \angle B$$

易知△ABD∽△ADE,有
$$AD^2 = AB \cdot AE$$ ①

又可知∠DEC = ∠ADE + $\frac{1}{2}$∠A = ∠ADC,得
$$△ADC ∽ △DEC$$

有 $$\frac{AC}{DC} = \frac{DC}{EC}$$

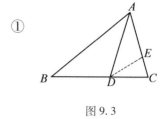

图9.3

又$\frac{AC}{DC} = \frac{AB}{BD}$,所以
$$\frac{AB}{BD} = \frac{DC}{EC} \text{ 或 } AB \cdot EC = DC \cdot BD$$ ②

由式①,②得
$$AD^2 + BD \cdot DC = AB \cdot AE + AB \cdot EC = AB \cdot AC$$
即
$$AD^2 = AB \cdot AC - BD \cdot DC$$

证法4 如图9.4所示,在BC的延长线上取一点E,使∠E = ∠DAC. 有
$$AD^2 = DC \cdot DE$$

又在AD上取一点F,使CD = CF,可知△AFC∽△EAB,得

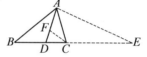

图9.4

$$\frac{AC}{BE} = \frac{FC}{AB}$$

从而 $AB \cdot AC = BE \cdot FC = (BD + DE)FC = (BD + DE)DC$
$$= CD \cdot BD + CD \cdot DE = CD \cdot BD + AD^2$$
即
$$AD^2 = AB \cdot AC - BD \cdot CD$$

证法5 如图9.5所示,在AB上取一点E,使
$$∠ADE = ∠C$$
有 $$AD^2 = AE \cdot AC$$
作△BDE的外接圆交AD的延长线于点F,有
$$∠BFD = ∠AED = ∠ADC = ∠BDF$$

从而 $$BF = BD$$

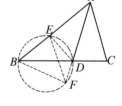

图9.5

因为
$$∠BDE = ∠ADB - ∠ADE = ∠ADB - ∠C = ∠DAC$$
$$∠BFE = ∠BDE$$
则 $$∠BFE = ∠DAC$$

又
$$\angle BEF = \angle BDF = \angle ADC$$
所以
$$\triangle BEF \backsim \triangle CDA$$
从而
$$AC \cdot BE = CD \cdot BF = CD \cdot BD$$
即
$$CD \cdot BD = AC \cdot BE = AC(AB - AE)$$
$$= AB \cdot AC - AC \cdot AE = AB \cdot AC - AD^2$$
故
$$AD^2 = AB \cdot AC - BD \cdot DC$$

证法 6 如图 9.6 所示,在直线 CB 上取一点 E,使 $\angle EAC = \angle ADC$,易知 $\angle AEC = \angle BAD$,有
$$\triangle ABD \backsim \triangle EAD \qquad ③$$
在 AD 的延长线上取一点 F,使 $BF = BD$,有
$$\angle F = \angle BDF = \angle ADC$$
易知 $\angle ABF = \angle C$,可知
$$\triangle ABF \backsim \triangle ECA \qquad ④$$

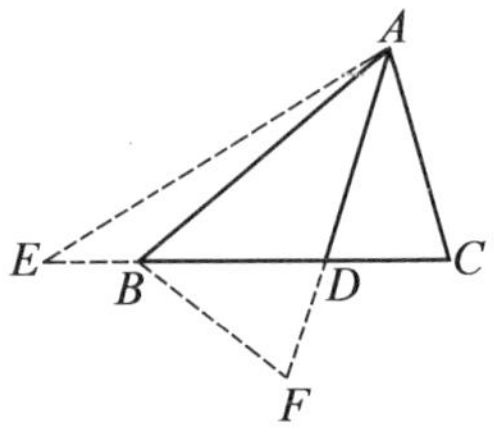

图 9.6

由式③有
$$AD^2 = BD \cdot DE$$
由式④有
$$AB \cdot AC = CE \cdot BF$$
从而
$$AB \cdot AC - AD^2 = CE \cdot BF - BD \cdot DE = (DE + CD) \cdot BD - BD \cdot DE$$
$$= ED \cdot BD + CD \cdot BD - BD \cdot DE = CD \cdot BD$$
故
$$AD^2 = AB \cdot AC - BD \cdot DC$$

注:斯库顿定理是斯特瓦尔特定理 $AD^2 = AB^2 \cdot \dfrac{DC}{BC} + AC^2 \cdot \dfrac{BD}{BC} - BD \cdot DC$ 的特殊情形.

第10章　等角线的斯坦纳定理

等角线的斯坦纳(Steiner)定理　设点 A_1, A_2 是 $\triangle ABC$ 的 BC 边上(异于端点)的两点,令 $\angle BAA_1 = \alpha, \angle A_1AA_2 = \beta, \angle A_2AC = \gamma$,则 $\alpha = \gamma$ 的充要条件是

$$\frac{AB^2}{AC^2} = \frac{BA_1 \cdot BA_2}{CA_1 \cdot CA_2} \qquad ①$$

或

$$\frac{\sin \alpha}{\sin \gamma} = \frac{\sin(\beta + \gamma)}{\sin(\alpha + \beta)} \qquad ②$$

证法1　如图 10.1 所示,应用三角形正弦定理,有

$$\frac{AB}{BA_1} = \frac{\sin \angle AA_1B}{\sin \alpha}, \frac{AB}{BA_2} = \frac{\sin \angle AA_2B}{\sin(\alpha + \beta)}$$

$$\frac{AC}{A_1C} = \frac{\sin \angle AA_1C}{\sin(\beta + \gamma)}, \frac{AC}{A_2C} = \frac{\sin \angle AA_2C}{\sin \gamma}$$

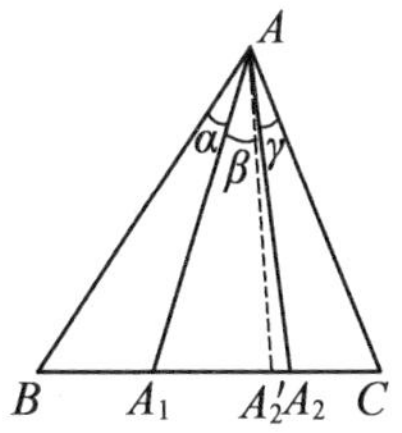

注意到 $\angle AA_1B$ 与 $\angle AA_1C$ 互补,$\angle AA_2B$ 与 $\angle AA_2C$ 互补.则

$$\frac{AB^2}{BA_1 \cdot BA_2} = \frac{AB}{BA_1} \cdot \frac{AB}{BA_2} = \frac{\sin \angle AA_1B}{\sin \alpha} \cdot \frac{\sin \angle AA_2B}{\sin(\alpha + \beta)}$$

$$\frac{AC^2}{A_1C \cdot A_2C} = \frac{AC}{A_1C} \cdot \frac{AC}{A_2C} = \frac{\sin \angle AA_1C}{\sin(\beta + \gamma)} \cdot \frac{\sin \angle AA_2C}{\sin \gamma} \qquad ③$$

图 10.1

必要性:当 $\alpha = \gamma$ 时,则由式③得

$$\frac{AB^2}{AC^2} = \frac{BA_1 \cdot BA_2}{CA_1 \cdot CA_2} \text{ 或 } \frac{\sin \alpha}{\sin \gamma} = \frac{\sin(\beta + \gamma)}{\sin(\alpha + \beta)}$$

充分性:当 $\frac{AB^2}{AC^2} = \frac{BA_1 \cdot BA_2}{CA_1 \cdot CA_2}$ 时,在 BC 边上取点 A_2',使 $\angle A_2'AC = \gamma$.

此时,由式③,有

$$\frac{AB^2}{AC^2} = \frac{BA_1 \cdot BA_2'}{CA_2 \cdot CA_2'}$$

于是,有

$$\frac{BA_2}{A_2C} = \frac{BA_2'}{A_2'C}$$

亦有

$$\frac{BA_2}{BA_2 + A_2C} = \frac{BA_2'}{BA_2' + A_2'C}$$

即知点 A_2 与点 A_2' 重合,故 $\alpha = \gamma$.

或当 $\dfrac{\sin \alpha}{\sin \gamma} = \dfrac{\sin(\beta+\gamma)}{\sin(\alpha+\beta)}$ 时,有

$$\sin \alpha \cdot \sin(\alpha+\beta) = \sin \gamma \cdot \sin(\beta+\gamma)$$

令 $\alpha + \beta + \gamma = \theta$,则 $0° < \theta < 180°$.由三角函数积化和差与和差化积公式,有

$$\cos(\alpha+\theta-\gamma) - \cos(\alpha-\theta+\gamma) = \cos(\gamma+\theta-\alpha) - \cos(\gamma-\theta+\alpha)$$

亦即 $\sin\theta\sin(\alpha-\gamma) = 0$

于是 $\sin(\alpha-\gamma) = 0$

而 $0° < \alpha,\gamma < 90°$,故 $\alpha = \gamma$.

证法 2 如图 10.2 所示,作 $\triangle AA_1A_2$ 的外接圆,分别交 AB,AC 于点 D,E,则由割线定理,有

$$AB \cdot AD = BA_1 \cdot BA_2, \quad AC \cdot CE = CA_1 \cdot CA_2$$

即

$$\dfrac{AB \cdot BD}{AC \cdot CE} = \dfrac{BA_1 \cdot BA_2}{CA_1 \cdot CA_2} \qquad ④$$

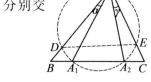

图 10.2

联结 DE,则

$$\alpha = \gamma \Leftrightarrow \widehat{A_1D} = \widehat{A_2E} \Leftrightarrow DE \mathbin{/\mkern-6mu/} BC \Leftrightarrow \dfrac{BD}{AB} = \dfrac{CE}{AC} \Leftrightarrow \dfrac{AB}{AC} = \dfrac{BD}{CE}$$

$$\Leftrightarrow \dfrac{AB^2}{AC^2} = \dfrac{AB \cdot BD}{AC \cdot CE} \overset{④}{\Leftrightarrow} \dfrac{AB^2}{AC^2} = \dfrac{BA_1 \cdot BA_2}{CA_1 \cdot CA_2}$$

证法 3 必要性:如图 10.3 所示,分别由点 A_1,A_2 作 AB 的平行线交 AC 于 P,Q 两点.

由 $\triangle APA_1 \backsim \triangle A_2QA$,有

$$\dfrac{AP}{QA_2} = \dfrac{PA_1}{AQ} \text{ 或 } AP \cdot AQ = PA_1 \cdot QA_2$$

由 $\dfrac{AB}{QC} = \dfrac{PA_1}{PC} = \dfrac{QA_2}{QC}$,有

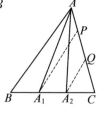

图 10.3

$$\dfrac{AB^2}{AC^2} = \dfrac{PA_1 \cdot QA_2}{PC \cdot QC} = \dfrac{AP \cdot AQ}{PC \cdot QC} \qquad ⑤$$

由 $\dfrac{BA_1}{A_1C} = \dfrac{AP}{PC}, \dfrac{BA_2}{A_2C} = \dfrac{AQ}{QC}$,有

$$\dfrac{BA_1 \cdot BA_2}{A_1C \cdot A_2C} = \dfrac{AP \cdot AQ}{PC \cdot QC} \qquad ⑥$$

式⑤,⑥对比,有

$$\frac{BA_1 \cdot BA_2}{CA_1 \cdot CA_2} = \frac{AB^2}{AC^2}$$

充分性:同证法 1(略).

证法 4 必要性:如图 10.4 所示,过点 B 作直线与 AC 平行交直线 AA_1 于点 N,交直线 AA_2 于点 M.

由 $\triangle BA_2M \backsim \triangle CA_2A$ 有

$$\frac{BM}{AC} = \frac{BA_2}{A_2C} \qquad ⑦$$

由 $\triangle ABN \backsim \triangle MBA$,有

$$\frac{AB}{BM} = \frac{BN}{AB}$$

即

$$BM = \frac{AB^2}{BN} \qquad ⑧$$

由 $\triangle BNA_1 \backsim \triangle CAA_1$,有

$$\frac{BA_1}{A_1C} = \frac{BN}{AC}$$

即

$$BN = \frac{BA_1 \cdot AC}{A_1C} \qquad ⑨$$

将式⑦,⑧代入式⑨得

$$\frac{AB^2}{AC^2} = \frac{BA_1 \cdot BA_2}{CA_1 \cdot CA_2}$$

充分性:同证法 1(略).

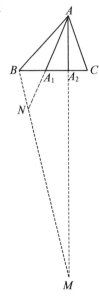

图 10.4

第 11 章　三角形两边及夹角平分线全等判定定理

三角形两边及夹角平分线全等判定定理　两个三角形两边及夹角平分线对应相等,则两三角形全等.

证法 1　如图 11.1 所示,设 $AB = A'B', AC = A'C'$,角平分线 $AD = A'D'$.

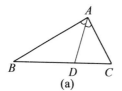 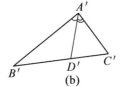

图 11.1

由斯库顿定理,有

$$AD^2 = AB \cdot AC - BD \cdot DC$$
$$A'D'^2 = A'B' \cdot A'C' - B'D' \cdot D'C'$$

从而
$$BD \cdot DC = B'D' \cdot D'C'$$

又因
$$\frac{BD}{DC} = \frac{AB}{AC}$$

所以
$$BD \cdot DC = \frac{AB}{AC} \cdot CD^2$$

同理
$$B'D' \cdot D'C' = \frac{A'B'}{A'C'} \cdot C'D'^2$$

则
$$CD^2 = C'D'^2$$

从而
$$CD = C'D'$$

同理
$$BD = B'D'$$

故
$$BC = B'C'$$

于是
$$\triangle ABC \cong \triangle A'B'C'$$

证法 2　根据三角形的角平分线长公式,有

$$\frac{2}{b+c}\sqrt{bcs(s-a)} = \frac{2}{b'+c'}\sqrt{b'c's'(s'-a')}$$

由
$$b = b', c = c'$$

有
$$s(s-a) = s'(s'-a')$$

即
$$(b+c+a)(b+c-a) = (b'+c'+a')(b'+c'-a')$$

从而
$$(b+c)^2 - a^2 = (b'+c')^2 - a'^2$$

即 $$a^2 = a'^2$$
故 $$a = a'$$
从而 $\triangle ABC \cong \triangle A'B'C'$.

证法3 作 $DE // BA, D'E' // B'A'$，如图 11.2 所示，则
$$AE = ED, A'E' = E'D'$$

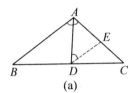
(a)

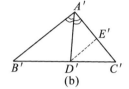
(b)

图 11.2

因为
$$\frac{DE}{AB} = \frac{DC}{BD + DC} = \frac{AC}{AB + AC}$$

所以
$$DE = \frac{AB \cdot AC}{AB + AC}$$

同理
$$D'E' = \frac{A'B' \cdot A'C'}{A'B' + A'C'}$$

从而 $$DE = D'E'$$
即 $$AE = ED = E'D' = A'E'$$
又 $$AD = A'D'$$
所以 $$\triangle EAD \cong \triangle E'A'D'$$
于是 $$\angle DAE = \angle D'A'E'$$
即 $$\frac{\angle A}{2} = \frac{\angle A'}{2}$$
则 $$\angle A = \angle A'.$$
故 $$\triangle ABC \cong \triangle A'B'C' \quad (SAS)$$

证法4 如图 11.3 所示，作 $CE // AB, C'E' // A'B'$.

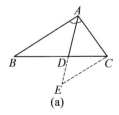
(a)

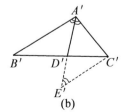
(b)

图 11.3

第 11 章 三角形两边及夹角平分线全等判定定理

则 $$\frac{DE}{AD} = \frac{CE}{AB} = \frac{AC}{AB} = \frac{A'C'}{A'B'} = \frac{C'E'}{A'B'} = \frac{D'E'}{A'D'}$$

又 $AD = A'D'$

所以 $DE = D'E'$

从而 $\triangle ACE \cong \triangle A'C'E'$ （SSS）

即 $\angle EAC = \angle E'A'C'$

于是 $\angle A = \angle A'$

故 $\triangle ABC \cong \triangle A'B'C'$

证法 5 如图 11.4 所示，作 $CE \parallel AD$，$C'E' \parallel A'D'$.

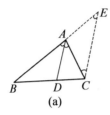
(a)

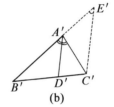
(b)

图 11.4

则 $$\frac{AD}{EC} = \frac{AB}{BE} = \frac{AB}{AB + AE} = \frac{A'B'}{A'B' + A'E'} = \frac{A'B'}{B'E'} = \frac{A'D'}{E'C'}$$

又 $AD = A'D'$

所以 $EC = E'C'$

于是 $\triangle ACE \cong \triangle A'C'E'$

则 $\angle AEC = \angle A'E'C'$

即 $\dfrac{1}{2}\angle A = \dfrac{1}{2}\angle A'$

从而 $\angle A = \angle A'$

故 $\triangle ABC \cong \triangle A'B'C'$ （SAS）

第 12 章 梅涅劳斯定理

梅涅劳斯(Menelaus)定理 设点 A',B',C' 分别是 $\triangle ABC$ 的三边 BC,CA, AB 或其延长线上的点,若 A',B',C' 三点共线,则 $\dfrac{BA'}{A'C}\cdot\dfrac{CB'}{B'A}\cdot\dfrac{AC'}{C'B}=1$.

证法 1 如图 12.1 所示,过点 A 作直线 $AD\parallel C'A'$ 交 BC 的延长线于点 D,则

$$\frac{CB'}{B'A}=\frac{CA'}{A'D},\frac{AC'}{C'B}=\frac{DA'}{A'D}$$

从而

$$\frac{BA'}{A'C}\cdot\frac{CB'}{B'A}\cdot\frac{AC'}{C'B}=\frac{BA'}{A'C}\cdot\frac{CA'}{A'D}\cdot\frac{DA'}{A'B}=1$$

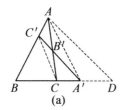
(a)

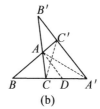
(b)

图 12.1

注:也可过点 B,C 作直线与直线 $A'B'C'$ 平行来证;或分别通过点 A,B,C 向直线 $A'B'C'$ 作垂线来证,还可通过点 A、或 B、或 C 作与对边平行的线交直线 $A'B'C'$ 来证.

证法 2 设 $\angle BC'A'=\alpha,\angle CB'A'=\beta,\angle B'A'B=\gamma$.

在 $\triangle BA'C'$ 中,由正弦定理,有

$$\frac{BA'}{C'B}=\frac{\sin\alpha}{\sin\gamma}$$

同理,有

$$\frac{CB'}{CA'}=\frac{\sin\gamma}{\sin\beta},\frac{AC'}{AB'}=\frac{\sin\beta}{\sin\alpha}$$

由上述三式,有

$$\frac{BA'}{A'C}\cdot\frac{CB'}{B'A}\cdot\frac{AC'}{C'B}=\frac{BA'}{C'B}\cdot\frac{CB'}{CA'}\cdot\frac{AC'}{AB'}=\frac{\sin\alpha}{\sin\gamma}\cdot\frac{\sin\gamma}{\sin\beta}\cdot\frac{\sin\beta}{\sin\alpha}=1$$

证法 3 由等高比例定理,有

$$\frac{BA'}{A'C}=\frac{S_{\triangle A'C'B}}{S_{\triangle A'C'C}},\frac{AC'}{C'B}=\frac{S_{\triangle AA'C'}}{S_{\triangle C'A'B}}$$

$$\frac{CB'}{B'A} = \frac{S_{\triangle CC'B'}}{S_{\triangle B'C'A}} = \frac{S_{\triangle CA'B'}}{S_{\triangle B'A'A}} = \frac{-S_{\triangle CC'B'} + S_{\triangle CA'B'}}{-S_{\triangle B'C'A} + S_{\triangle B'A'A}} = \frac{S_{\triangle C'A'C}}{S_{\triangle C'A'A}}$$

由上述三式,有

$$\frac{BA'}{A'C} \cdot \frac{CB'}{B'A} \cdot \frac{AC'}{C'B} = \frac{S_{\triangle A'C'B}}{S_{\triangle A'C'C}} \cdot \frac{S_{\triangle C'A'C}}{S_{\triangle C'A'A}} \cdot \frac{S_{\triangle AA'C'}}{S_{\triangle C'A'B}} = 1$$

证法 4 如图 12.2 所示,联结 BB'.

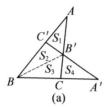 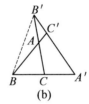

图 12.2

设 $S_{\triangle AB'C'} = S_1, S_{\triangle BB'C'} = S_2, S_{\triangle CB'B} = S_3, S_{\triangle CA'B'} = S_4$

则

$$\frac{BA'}{A'C} \cdot \frac{CB'}{B'A} \cdot \frac{AC'}{C'B} = \frac{S_3 + S_4}{S_4} \cdot \frac{CB'}{B'A} \cdot \frac{S_1}{S_2} = \frac{S_3 + S_4}{S_2} \cdot \frac{CB'}{B'A} \cdot \frac{S_1}{S_4}$$

$$= \frac{B'A'}{B'C'} \cdot \frac{CB'}{B'A} \cdot \frac{B'A \cdot B'C'}{CB' \cdot B'A'} = 1$$

注:也可联结 AA' 或 CC' 类似地证明.

证法 5 如图 12.2 所示,由共边比例定理,有

$$\frac{BA'}{A'C} \cdot \frac{CB'}{B'A} \cdot \frac{AC'}{C'B} = \frac{S_{\triangle A'B'B}}{S_{\triangle CA'B'}} \cdot \frac{S_{\triangle CA'B'}}{S_{\triangle A'AB'}} \cdot \frac{S_{\triangle A'AB'}}{S_{\triangle A'B'B}} = 1$$

证法 6 如图 12.2 所示,由共角比例定理,有

$$\frac{S_{\triangle AB'C'}}{S_{\triangle BC'A'}} = \frac{AC' \cdot C'B'}{C'B \cdot C'A'}, \frac{S_{\triangle BC'A'}}{S_{\triangle CA'B'}} = \frac{BA' \cdot A'C'}{CA' \cdot A'B'}, \frac{S_{\triangle CA'B'}}{S_{\triangle AB'C'}} = \frac{A'B' \cdot B'C}{B'A \cdot B'C'}$$

上述三式相乘,得

$$1 = \frac{AC' \cdot C'B'}{C'B \cdot C'A'} \cdot \frac{BA' \cdot A'C'}{CA' \cdot A'B'} \cdot \frac{A'B' \cdot B'C}{B'A \cdot B'C'} = \frac{BA'}{A'C} \cdot \frac{CB'}{B'A} \cdot \frac{AC'}{C'B}$$

即证.

证法 7 采用向量法. 设 $\overrightarrow{AC'} = \lambda \overrightarrow{C'B}, \overrightarrow{BA'} = \mu \overrightarrow{CA'}, \overrightarrow{CB'} = \gamma \overrightarrow{B'A}$,即需证

$$\lambda \mu \gamma = 1$$

因为

$$\overrightarrow{A'B'} = \overrightarrow{A'C} + \overrightarrow{CB'} = \frac{1}{\mu - 1} \overrightarrow{CB} + \frac{\gamma}{\gamma + 1} \overrightarrow{CA} = \frac{1}{\mu - 1} \overrightarrow{AB} - \left(\frac{1}{\mu - 1} + \frac{\gamma}{\gamma + 1} \right) \overrightarrow{AC}$$

$$\overrightarrow{B'C'} = \overrightarrow{AC'} - \overrightarrow{AB'} = \frac{\lambda}{\lambda+1}\overrightarrow{AB} - \frac{1}{\gamma+1}\overrightarrow{AC}$$

由 A', B', C' 三点共线,知 $\overrightarrow{A'B'}$ 与 $\overrightarrow{B'C'}$ 共线,所以

$$\frac{1}{\mu-1} \cdot \frac{1}{\gamma+1} = \frac{1}{\lambda+1}\left(\frac{1}{\mu-1} + \frac{\gamma}{\gamma+1}\right)$$

整理即得 $\lambda\mu\gamma = 1$. 即证.

证法 8 设 A, B, C 三点的直角坐标为 $(x_1, y_1), (x_2, y_2), (x_3, y_3)$. 令

$$\overrightarrow{AC'} = \lambda \overrightarrow{C'B}, \overrightarrow{BA'} = \mu \overrightarrow{A'C}, \overrightarrow{CB'} = \gamma \overrightarrow{B'A}$$

则

$$A'\left(\frac{x_2+\mu x_3}{1+\mu}, \frac{y_2+\mu y_3}{1+\mu}\right), B'\left(\frac{x_3+\gamma x_1}{1+\gamma}, \frac{y_3+\gamma y_1}{1+\gamma}\right), C'\left(\frac{x_1+\lambda x_2}{1+\lambda}, \frac{y_1+\lambda y_2}{1+\lambda}\right)$$

设直线 l 的方程为 $ax + by + c = 0$,代入 C' 的坐标,得

$$a\frac{x_1+\lambda x_2}{1+\lambda} + b\frac{y_1+\lambda y_2}{1+\lambda} + c = 0$$

解得

$$\lambda = -\frac{ax_1+by_1+c}{ax_2+by_2+c}$$

同理

$$\mu = -\frac{ax_2+by_2+c}{ax_3+by_3+c}, \gamma = -\frac{ax_3+by_3+c}{ax_1+by_1+c}$$

从而 $\lambda\mu\gamma = 1$.

注:(1)梅涅劳斯定理的向量证法还有其他 6 种,可参见作者另著《从 Stewart 定理的表示谈起——向量理论漫谈》(哈尔滨工业大学出版社,2016).

(2)梅涅劳斯定理的逆定理也是成立的:设点 A', B', C' 分别是 $\triangle ABC$ 的三边 BC, CA, AB 或其延长线上的点,若 $\frac{BA'}{A'C} \cdot \frac{CB'}{B'A} \cdot \frac{AC'}{C'B} = 1$,则 A', B', C' 三点共线.

这个结论可用证法 1:设直线 $A'B'$ 交 AB 于点 C_1,由梅涅劳斯定理,有 $\frac{BA'}{A'C} \cdot \frac{CB'}{B'A} \cdot \frac{AC_1}{C_1B} = 1$. 比较条件有 $\frac{AC_1}{C_1B} = \frac{AC'}{C'B}$. 由合比定理得点 C_1 与 C' 重合,得 A', B', C' 三点共线.

第13章 塞瓦定理

塞瓦(Ceva)定理 设点 A', B', C' 分别是 $\triangle ABC$ 的三边 BC, CA, AB 或其延长线上的点. 若 AA', BB', CC' 三线平行或共点,则 $\dfrac{BA'}{A'C} \cdot \dfrac{CB'}{B'A} \cdot \dfrac{AC'}{C'B} = 1$.

证法1 如图 13.1(b),(c) 所示,若 AA', BB', CC' 三线交于点 P,则过点 A 作 BC 的平行线,分别交直线 BB', CC' 于点 D, E,有

$$\frac{CB'}{B'A} = \frac{BC}{AD}, \frac{AC'}{C'B} = \frac{EA}{BC}$$

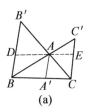
(a)

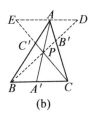
(b)

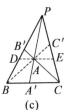
(c)

图 13.1

又由 $\dfrac{BA'}{AD} = \dfrac{A'P}{DA} = \dfrac{A'C}{EA}$,所以

$$\frac{BA'}{A'C} = \frac{AD}{EA}$$

从而
$$\frac{BA'}{A'C} \cdot \frac{CB'}{B'A} \cdot \frac{AC'}{C'B} = \frac{AD}{EA} \cdot \frac{BC}{AD} \cdot \frac{EA}{BC} = 1$$

若 AA', BB', CC' 三线平行,类似上述证法获证.

注:对于共点的情形,还可过点 A 分别作与 BB', CC' 平行的直线交 BC 来证. 下面的证法仅讨论 AA', BB', CC' 三线共点的情形.

证法2 分别对 $\triangle ABA'$ 及截线 $EC'C$,$\triangle ACA'$ 及截线 BPB' 应用梅涅劳斯定理,有

$$\frac{AC'}{C'B} \cdot \frac{BC}{CA'} \cdot \frac{A'P}{PA} = 1, \frac{AB'}{B'C} \cdot \frac{CB}{BA'} \cdot \frac{A'P}{PA} = 1$$

上述两式相除,即

$$\frac{BA'}{A'C} \cdot \frac{CB'}{B'A} \cdot \frac{AC'}{C'B} = 1$$

证法3 由共边比例定理,有

$$\frac{BA'}{A'C} \cdot \frac{CB'}{B'A} \cdot \frac{AC'}{C'B} = \frac{S_{\triangle PAB}}{S_{\triangle PAC}} \cdot \frac{S_{\triangle PBC}}{S_{\triangle PAB}} \cdot \frac{S_{\triangle PAC}}{S_{\triangle PBC}} = 1$$

证法 4 采用正弦定理,在 $\triangle BPA'$ 中,有

$$\frac{BA'}{\sin \angle BPA'} = \frac{BP}{\sin \angle BA'P}$$

在 $\triangle APB'$ 中,有

$$\frac{AB'}{\sin \angle APB'} = \frac{AP}{\sin(180° - \angle PB'C)}$$

从而

$$\frac{BA'}{AB'} = \frac{BP \cdot \sin \angle PB'C}{AP \cdot \sin \angle PA'B}$$

同理

$$\frac{CB'}{BC'} = \frac{PC \cdot \sin \angle PC'A}{PB \cdot \sin \angle PB'C}, \frac{AC'}{CA'} = \frac{AP \cdot \sin \angle PA'B}{CP \cdot \sin \angle PC'A}$$

由上述三式相乘,即得

$$\frac{BA'}{A'C} \cdot \frac{CB'}{B'A} \cdot \frac{AC'}{C'B} = 1$$

注:塞瓦定理还有 8 种向量证法可参见作者另著《从 Stewart 定理的表示谈起——向量理论漫谈》(哈尔滨工业大学出版社,2016).

证法 5 如图 13.2 所示,建立直角坐标系. 设各点坐标分别是点 $A(h,k)$,$B(b,0)$,$C(c,0)$,$A'(0,0)$.

设点 C' 分 AB 之比为 λ,则点 C' 的坐标是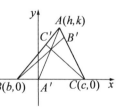
$\left(\frac{h+\lambda b}{1+\lambda}, \frac{k}{1+\lambda}\right)$,设点 B' 分 CA 之比为 μ,则点 B' 的坐标是 $\left(\frac{c+\mu h}{1+\mu}, \frac{\mu k}{1+\mu}\right)$,则 BB' 的方程为

图 13.2

$$(c + \mu h - b - \mu b)y = \mu kx - \mu kb$$

CC' 的方程为

$$(h + \lambda b - c - c\lambda)y = kx - ck$$

AA' 的方程为

$$hy = kx$$

此三线共点,故

$$\begin{vmatrix} c+\mu h-b-\mu b & \mu k & -\mu kb \\ h+\lambda b-c-c\lambda & k & -ck \\ h & k & 0 \end{vmatrix} = 0$$

化简得
$$b\lambda\mu = -c$$

即
$$\left|\frac{b}{c}\right| \cdot |\mu| \cdot |\lambda| = 1$$

即
$$\frac{BA'}{A'C} \cdot \frac{CB'}{B'A} \cdot \frac{AC'}{C'B} = 1$$

注:(1)直线 $a_1x+b_1y+c_1=0, a_2x+b_2y+c_2=0, a_3x+b_3y+c_3=0$ 共点的必要条件是 $\begin{vmatrix} a_1 & b_1 & c_1 \\ a_2 & b_2 & c_2 \\ a_3 & b_3 & c_3 \end{vmatrix} = 0.$

(2)塞瓦定理的逆定理也是成立的:设点 A', B', C' 分别是 $\triangle ABC$ 的三边 BC, CA, AB 或其延长线上的点,若 $\frac{BA'}{A'C} \cdot \frac{CB'}{B'A} \cdot \frac{AC'}{C'B} = 1$,则 AA', BB', CC' 三直线共点或平行.

共点结论的证明可采用同证法1:设 AA' 与 BB' 所在直线交于点 P,设 CP 与 AB 的交点为 C_1,由塞瓦定理,有 $\frac{BA'}{A'C} \cdot \frac{CB'}{B'A} \cdot \frac{AC_1}{C_1B} = 1$. 比较条件式,有 $\frac{AC_1}{C_1B} = \frac{AC'}{C'B}$,由合比定理得点 C_1 与 C 重合,从而知 AA', BB', CC' 三线共点.

平行的结论可类似地证明.

第14章 三角形的重心定理及性质定理

三角形重心定理　三角形的三条中线交于一点,此点即为三角形的重心.

证法1　如图 14.1 所示,设中线 BE,CF 交于点 G,联结 EF,则 $EF \underline{\underline{\parallel}} \frac{1}{2}BC$,由三角形相似,有

$$\frac{FG}{GC} = \frac{EG}{GB} = \frac{FE}{BC} = \frac{1}{2}$$

即点 G 分 CF 为 $2:1$,点 G 分 BE 为 $2:1$.

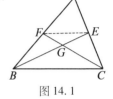

图 14.1

同理,BC 边上的中线也交 CF(或 BE)于 $2:1$ 的分点,但分 CF(或 BE)为 $2:1$ 的点是唯一的. 故三条中线交于点 G.

证法2　如图 14.2 所示,设中线 BE,CF 交于点 G,联结 AG 并延长交 BC 于点 D,在射线 GD 上截取 $GH = AG$,即点 G 为 AH 的中点,联结 BH,CH,则 $FG \parallel BH, GE \parallel HC$,从而四边形 $BHCG$ 为平行四边形. 由于平行四边形的对角线互相平分,则 $BD = DC$.

故 AD 为 BC 边上的中线. 于是,三条中线交于点 G.

证法3　如图 14.3 所示,设中线 BE,CF 交于点 G,延长 BE,CF 与过点 A 和 BC 平行的直线分别交于点 M,N,则由三角形全等,知 $AM = BC = AN$.

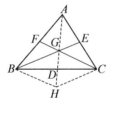

图 14.2

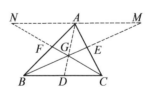

图 14.3

联结 AG 并延长交 BC 边于点 D,则

$$\frac{BD}{AM} = \frac{DG}{GA} = \frac{DC}{AN}$$

有

$$BD = DC$$

故 AD 为 BC 边上的中线. 于是,三条中线交于点 G.

证法4　如图 14.4 所示,设点 D 为 BC 边的中点,中线 BE,CF 交于点 G,取 BG,CG 的中点分别为点 H,I,联结 HI,HF,EF,EI,则

$EF \underline{\underline{\parallel}} \dfrac{1}{2}BC \underline{\underline{\parallel}} HI$ （或 $FH \underline{\underline{\parallel}} \dfrac{1}{2}AG \underline{\underline{\parallel}} EI$）

知四边形 $HIEF$ 为平行四边形.

从而

$$HG = GE, FG = GI, BG = 2GE, GC = 2FG$$

联结 HD，则 $HD \underline{\underline{\parallel}} \dfrac{1}{2}GC \underline{\underline{\parallel}} FG$，即知四边形 $GFHD$ 为平行四边形.

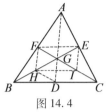

图 14.4

从而 $FH \underline{\underline{\parallel}} GD$. 又 $FH \underline{\underline{\parallel}} \dfrac{1}{2}AG$，所以 A,G,D 三点共线，且有 $DG = \dfrac{1}{2}AG$.

故 AD, BE, CF 三条中线共点于 G.

证法 5 设点 D, E, F 分别为 $\triangle ABC$ 的边 BC, CA, AB 的中点，从而有

$$\dfrac{AF}{FB} \cdot \dfrac{BD}{DC} \cdot \dfrac{CE}{EA} = 1$$

于是，由塞瓦定理的逆定理知三条中线 AD, BE, CF 共点.

三角形的重心性质定理 1 过三角形重心的直线截三角形两边所得下部分与所在边之比的和为 1.

如图 14.5 所示，过 $\triangle ABC$ 的重心 G，作直线 MN 分别交边 AB, AC 于 M, N 两点，则

$$\dfrac{BM}{AM} + \dfrac{CN}{AN} = 1$$

证法 1 如图 14.5 所示，设 AG 的延长线交 BC 于点 D，分别过 B, D 两点作 AC 的平行线交 NM 于点 E, F. 易知

$$EB + NC = 2FD = AN$$

则

$$\dfrac{BM}{AM} + \dfrac{CN}{AN} = \dfrac{BE}{AN} + \dfrac{CN}{AN} = \dfrac{BE + CN}{AN} = \dfrac{2FD}{AN} = \dfrac{AN}{AN} = 1$$

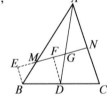

图 14.5

即

$$\dfrac{BM}{AM} + \dfrac{CN}{AN} = 1$$

注：类似地，分别过 B, C 两点作 AD 的平行线，如图 14.6 所示；分别过 D, C 两点作 BA 的平行线，如图 14.7 所示，证法一样.

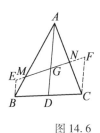
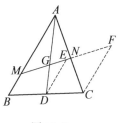

图 14.6　　　　　　　　　图 14.7

证法 2　如图 14.8 所示,设 AG 的延长线交 BC 于点 D,分别由 B,C 两点作 MN 的平行线交 AD 及延长线于点 E,F.

由 $BD = DC$,有

$$DE = DF, AG = 2DG$$

$$\frac{BM}{AM} + \frac{CN}{AN} = \frac{EC}{AG} + \frac{FG}{AG} = \frac{DG - DE + DG + DE}{AG} = \frac{2DG}{AG} = 1$$

即

$$\frac{BM}{AM} + \frac{CN}{AN} = 1$$

证法 3　如图 14.9 所示,设 NM 交 CB 的延长线于点 H,AG 的延长线交 BC 于点 D. 由点 D 分别引 AB,AC 的平行线交 MN 于点 E,F,则

$$MG = 2GE, GN = 2FG, HB + HC = 2HD$$

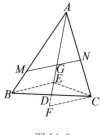
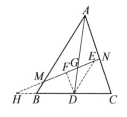

图 14.8　　　　　　　　　图 14.9

由

$$\frac{BM}{DE} = \frac{HM}{HE}, \frac{DE}{AM} = \frac{GE}{MG} = \frac{1}{2}$$

有

$$\frac{BM}{AM} = \frac{HM}{2HE} = \frac{HB}{2HD}$$

同理

$$\frac{CN}{AN} = \frac{HN}{2HF} = \frac{HC}{2HD}$$

故

$$\frac{BM}{AM} + \frac{CN}{AN} = \frac{HB + HC}{2HD} = 1$$

证法4　如图14.10所示,设BG交AC于点E,则

$$AE=EC,\frac{EN}{ND}=\frac{EG}{GB}=\frac{1}{2}$$

由点B作MN的平行线交AC于点D,有

$$\frac{BM}{AM}+\frac{CN}{AN}=\frac{DN}{NA}+\frac{CN}{NA}=\frac{2EN+CE-EN}{NA}=\frac{AE+EN}{AN}=\frac{AN}{AN}=1$$

即
$$\frac{BM}{AM}+\frac{CN}{AN}=1$$

证法5　如图14.11所示,过点A作NM的平行线交CB的延长线于点E,设NM交CB的延长线于点F.

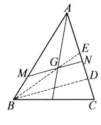

图14.10

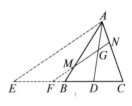

图14.11

$$\frac{BM}{AM}+\frac{CN}{AN}=\frac{FB}{EF}+\frac{FC}{EF}=\frac{FB+FC}{EF}=\frac{2FD}{EF}=\frac{2GD}{AG}=1$$

即
$$\frac{BM}{AM}+\frac{CN}{AN}=1$$

三角形的重心性质定理2　设点G是$\triangle ABC$的重心,则

$$3AG^2+BC^2=3BG^2+AC^2=3CG^2+AB^2$$

证法1　如图14.12所示,作

$$AD\perp BC,GE\perp BC$$

由$AM=3GM$,得

$$MD=3ME$$

图14.12

因为

$$\begin{aligned}AB^2-AC^2&=BD^2-DC^2=(BD+DC)(BD-DC)\\&=BC[(BM+MD)-(CM-MD)]\\&=BC\cdot 2MD=2BC\cdot MD\end{aligned}$$

又

$$BG^2-CG^2=BE^2-EC^2=(BE+EC)(BE-EC)$$

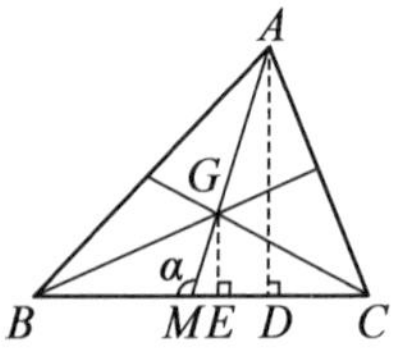

所以　　　　　　　　$= BC \cdot 2ME = 2BC \cdot ME$
$$\frac{AB^2 - AC^2}{BG^2 - CG^2} = \frac{2BC \cdot MD}{2BC \cdot ME} = 3$$
从而　　　　　　　　$AB^2 - AC^2 = 3BG^2 - 3CG^2$
即　　　　　　　　　$AB^2 + 3CG^2 = AC^2 + 3BG^2$
同理可证　　　　　　$AB^2 + 3CG^2 = BC^2 + 3AG^2$
故　　　　　　　　　$AB^2 + 3CG^2 = BC^2 + 3AG^2 = CA^2 + 3BG^2$

证法 2　如图 14.12 所示,设 $BM = CM = a, AM = m, \angle AMB = \alpha$,由余弦定理得
$$AB^2 = m^2 + a^2 - 2ma\cos\alpha$$
$$CG^2 = \frac{1}{9}m^2 + a^2 - 2 \cdot \left(\frac{1}{3}m\right)a\cos(180° - \alpha)$$
则　　　　　　　　$AB^2 + 3CG^2 = 4a^2 + \frac{4}{3}m^2$
$$= (2a)^2 + 3\left(\frac{2}{3}m\right)^2$$
$$= BC^2 + 3AG^2$$
同理可证　　　　　　$AC^2 + 3BG^2 = BC^2 + 3AG^2$

证法 3　如图 14.13 所示,延长 GM,使 $MG' = MG$,联结 $BG', G'C$,得 $\square GBG'C$,则
$$2BG^2 + 2CG^2 = BC^2 + (2GM)^2$$
即　　　　　　　　$2BG^2 + 2CG^2 = BC^2 + AG^2$
则　　　　　　　　$2(BG^2 + CG^2 + AG^2) = BC^2 + 3AG^2$
同理可证
$$2(CG^2 + AG^2 + BG^2) = CA^2 + 3BG^2 = AB^2 + 3CG^2$$

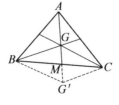

图 14.13

证法 4　建立直角坐标系,如图 14.14 所示.
设点 A 坐标为 (x_1, y_1),点 B 坐标为 (x_2, y_2),点 C 坐标为 (x_3, y_3),点 G 的

坐标为 $\left(\dfrac{x_1+x_2+x_3}{3}, \dfrac{y_1+y_2+y_3}{3}\right)$

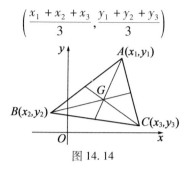

图 14.14

则

$$BG^2+3AG^2 = (x_2-x_3)^2+(y_2-y_3)^2+3\left(\dfrac{x_1+x_2+x_3}{3}-x_1\right)^2+$$

$$3\left(\dfrac{y_1+y_2+y_3}{3}-y_1\right)^2$$

$$=x_2^2+x_3^2+y_2^2+y_3^2-2x_2x_3-2y_2y_3+3\left(\dfrac{x_2+x_3-2x_1}{3}\right)^2+$$

$$3\left(\dfrac{y_2+y_3-2y_1}{2}\right)^2$$

$$=\dfrac{2}{3}\big[(x_1-x_2)^2+(x_2-x_3)^2+(x_3-x_1)^2+(y_1-y_2)^2+$$

$$(y_2-y_3)^2+(y_3-y_1)^2\big]$$

$$=\dfrac{2}{3}(AB^2+BC^2+CA^2) \quad (定值)$$

注：由证法 3,4 还可得 $AB^2+BC^2+CA^2=3(AG^2+BG^2+CG^2)$ 的推论.

第15章 三角形内心定理

三角形内心定理 点 I 为 $\triangle ABC$ 的内心的充要条件是
$$IA^2 \cdot BC + IB^2 \cdot CA + IC^2 \cdot AB = BC \cdot CA \cdot AB$$

证法1 我们可以证明如下结论:对 $\triangle ABC$ 所在平面上任意一点 I
$$IA^2 \cdot BC + IB^2 \cdot CA + IC^2 \cdot AB \geq AB \cdot BC \cdot CA$$

其中当且仅当点 I 为内心时等号成立.

设点 I 在复平面上所对应的复数为 z,点 A,B,C 在复平面上对应复数 a,b,c,则

$$\frac{IA^2}{AB \cdot AC} + \frac{IB^2}{BC \cdot BA} + \frac{IC^2}{CA \cdot CB} = \left|\frac{(z-a)^2}{(a-b)(a-c)}\right| + \left|\frac{(z-b)^2}{(b-c)(b-a)}\right| + \left|\frac{(z-c)^2}{(c-a)(c-b)}\right|$$

$$\geq \left|\frac{(z-a)^2}{(a-b)(a-c)} + \frac{(z-b)^2}{(b-c)(b-a)} + \frac{(z-c)^2}{(c-a)(c-b)}\right| = 1$$

故
$$IA^2 \cdot BC + IB^2 \cdot CA + IC^2 \cdot AB \geq BC \cdot CA \cdot AB$$

其中等号当且仅当

$$\arg\frac{(z-a)^2}{(a-b)(a-c)} = \arg\frac{(z-b)^2}{(b-c)(b-a)} = \arg\frac{(z-c)^2}{(c-a)(c-b)}$$

即
$$\angle IAB - \angle IAC = \angle IBC - \angle IBA = \angle ICA - \angle ICB$$

而
$$\angle IAB - \angle IAC = \angle IBC - \angle IBA \Leftrightarrow \angle IAB + \angle IBC = \angle IAC + \angle IBC$$

$$\Leftrightarrow \angle BIC = 90° + \frac{\angle A}{2}$$

故上式

$$\Leftrightarrow \angle BIC = 90° + \frac{\angle A}{2}, \angle CIA = 90° + \frac{\angle B}{2}, \angle AIB = 90° + \frac{\angle C}{2}$$

$$\Leftrightarrow 点 I 是 \triangle ABC 的内心$$

证法2 以点 I 为反演中心,反演幂为 1(即基圆半径为 1)作反演变换 $I(I,1)$. 对应点 $X \to X'$,则只须证:点 I' 为 $\triangle A'B'C'$ 的垂心,当且仅当

$$\sum \frac{I'B' \cdot I'C'}{A'B' \cdot A'C'} = 1$$

建立复平面,点 X 对应复数 x,注意到拉格朗日(Lagrange)插值公式

$$\sum \frac{(i-b)(i-c)}{(a-b)(a-c)} = 1$$

于是

$$\sum \frac{I'B' \cdot I'C'}{A'B' \cdot A'C'} = \sum \left| \frac{(i-b)(i-c)}{(a-b)(a-c)} \right| \geqslant \left| \sum \frac{(i-b)(i-c)}{(a-b)(a-c)} \right| = 1$$

当且仅当 $\arg \frac{i-a}{b-c} = \arg \frac{i-b}{c-a} = \arg \frac{i-c}{a-b}$ 时取得等号.

由于 $A'I'$ 与 $B'C'$, $B'I'$ 与 $A'C'$, $C'I'$ 与 $A'B'$ 成大小、方向相同的角 θ. 设点 H 为 $\triangle A'B'C'$ 的垂心,不妨设 $B'I'$ 在 $B'H$ 与点 C' 同方向的一侧,则 $A'I'$ 在 $A'H$ 与点 B' 同方向的一侧,$C'I'$ 在 $C'H$ 与点 A' 同方向的一侧,则点 H 在 $C'I'$, $A'I'$, $B'I'$ 所围成的图形内,于是点 H' 与点 I' 重合. 若点 H 与点 I 重合,则 $\theta = 90°$. 从而点 I' 与点 H 重合.

证法 3 必要性:过点 I 作 $\triangle ABC$ 三边的垂线,垂足分别为点 D, E, F.

$$IA^2 \cdot BC + IB^2 \cdot CA + IC^2 \cdot AB = BC \cdot CA \cdot AB$$

$$\Leftrightarrow \frac{IA^2}{AB \cdot AC} + \frac{IB^2}{BA \cdot BC} + \frac{IC^2}{CA \cdot CB} = 1 \qquad ①$$

$$\Leftrightarrow \sum IA^2 \cdot \sin A = 2S_{\triangle ABC}$$

$$\Leftrightarrow \sum IA \cdot \sin \frac{A}{2} \cdot IA \cdot \cos \frac{A}{2} = S_{\triangle ABC}$$

$$\Leftrightarrow \sum AF \cdot r = S_{\triangle ABC} \quad (r \text{ 为内切圆半径})$$

最后一式显然成立.

充分性:建立复平面,设 I 对应的复数为 z,点 A, B, C 对应复数 z_A, z_B, z_C. 由式①知

$$\sum \left| \frac{(z-z_A)^2}{(z_A - z_C)(z_A - z_B)} \right| = 1 \qquad ②$$

因为

$$\sum \frac{z_A^2}{(z_A - z_C)(z_A - z_B)} = 1$$

$$\sum \frac{z_A}{(z_A - z_C)(z_A - z_B)} = 0$$

$$\sum \frac{1}{(z_A - z_C)(z_A - z_B)} = 0$$

从而

$$\left| \sum \frac{(z-z_A)^2}{(z_A - z_C)(z_A - z_B)} \right| = 1$$

而由式②知

$$\left| \sum \frac{(z-z_A)^2}{(z_A - z_C)(z_A - z_B)} \right| \leqslant \sum \left| \frac{(z-z_A)^2}{(z_A - z_C)(z_A - z_B)} \right| = 1$$

要取等号. 由取等号的条件需 $\dfrac{(z-z_A)^2}{(z_A-z_C)(z_A-z_B)}$ 等三个复数方向一样.

设 AI 交 BC 于点 T，BC 边为复平面的实轴，则 $\dfrac{z-z_A}{(z_A-z_C)(z_A-z_B)}$ 的辐角为

$$2\angle ATC - \angle ABC - (\pi - \angle ACB)$$

可设 $\angle BAI = \angle IAC = \angle ACI = \angle BCI = \angle CBI = \angle ABI$.

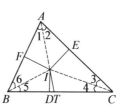

图 15.1

（点 I 在 $\triangle ABC$ 形内，考虑有向角即可），如图 15.1 所示，有

$$\angle 1 - \angle 2 = \angle 3 - \angle 4 = \angle 5 - \angle 6$$

则

$$\angle 1 + \angle 4 = \angle 3 + \angle 2$$

又

$$\angle 1 + \angle 4 + \angle 3 + \angle 2 = 180° - \angle B$$

所以 $\angle AIC = 180° - (\angle 2 + \angle 3) = 180° - \left(90° - \dfrac{\angle B}{2}\right) = 90° + \dfrac{\angle B}{2}$

同理 $\angle BIC = 90° + \dfrac{\angle A}{2}, \angle AIB = 90° + \dfrac{\angle C}{2}$

由此知点 I 为 $\triangle ABC$ 的内心.

证法 4 设 $\triangle ABC$ 的内切圆半径为 r，半周长为 l，即

$$l = \dfrac{1}{2}(a+b+c)$$

必要性

$$IA^2 \cdot BC + IB^2 \cdot CA + IC^2 \cdot AB = BC \cdot CA \cdot AB$$

$$\Leftrightarrow \sum a\left[(l-a)^2 + r^2\right] = abc$$

$$\Leftrightarrow r^2 \sum a + \sum a(l-a)^2 = abc$$

$$\Leftrightarrow r^2 \sum a + \dfrac{\sum a^3 + 6abc - \sum a^2(b+c)}{4} = abc$$

$$\Leftrightarrow 4r^2 \sum a + \sum a^3 + 2abc = \sum a^2(b+c) \qquad ③$$

由 $S_{\triangle ABC} = \dfrac{1}{2}r\sum a$，知

$$S_{\triangle ABC}^2 = \dfrac{1}{4}r^2\left(\sum a\right)^2$$

从而 $16l(l-a)(l-b)(l-c) = 4r^2\left(\sum a\right)^2$

而
$$2l = \sum a$$
于是
$$4r^2 \sum a = \pi(a+b-c) = \sum a^2(b+c) - \sum a^3 - 2abc$$

将上式代入式③,即证.

充分性. 先看一条引理:对于 $\triangle ABC$ 所在平面上任一点 P 及内心 I,有
$$\sum a \cdot PA^2 = \sum a \cdot IA^2 + IP^2 \cdot \sum a$$

事实上,建立平面直角坐标系. 设点 $A(x_A, y_A)$, $B(x_B, y_B)$, $C(x_C, y_C)$, $P(x_P, y_P)$, $I(0,0)$,则
$$\sum a x_A = \sum a y_A = 0$$
$$PA^2 = (x_P - x_A)^2 + (y_P - y_A)^2, IA^2 = x_A^2 + y_A^2$$

从而
$$\sum a(PA^2 - IA^2) = \sum a(x_P^2 + y_P^2 - 2x_P x_A - 2y_P y_A)$$
$$= (x_P^2 + y_P^2)\sum a - 2x_P \sum a x_A - 2y_P \sum a y_A$$
$$= IP^2 \cdot \sum a$$

由式③ 知
$$\sum aPA^2 = abc + IP^2 \sum a$$

及条件 $\sum a \cdot PA^2 = abc$,知 $IP^2 \cdot \sum a = 0$. 故 $IP=0$,即点 P 与点 I 重合,即点 I 为内心.

证法5 如图 15.2 所示,令 $BC=a, AC=b, AB=c$.

必要性. 设点 I 为 $\triangle ABC$ 的内心,延长 AI 交 BC 于点 M,则由斯特瓦尔特(Stewart)定理,知
$$AM^2 = bc - \frac{bca^2}{(b+c)^2} = \frac{bc(b+c-a)(b+c+a)}{(b+c)^2}$$

因为
$$\frac{AI}{AM} = \frac{b+a}{b+c+a}$$

则
$$AI^2 = \frac{bc(b+c-a)}{b+c+a}$$

同理
$$BI^2 = \frac{ca(c+a-b)}{c+a+b}, CI^2 = \frac{ab(a+b-c)}{a+b+c}$$

所以

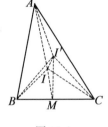

图 15.2

$$IA^2 \cdot a + IB^2 \cdot b + IC^2 \cdot c = \frac{abc(b+c-a+c+a-b+a+b-c)}{a+b+c} = abc$$

充分性. 设点 I' 适合
$$I'A^2 \cdot a + I'B^2 \cdot b + I'C^2 \cdot b = abc$$

注意到 $\dfrac{AI}{IM} = \dfrac{b+c}{a}$ 及斯特瓦尔特定理,有

$$II'^2 = \frac{(b+c)I'M^2}{a+b+c} + \frac{a \cdot I'A^2}{a+b+c} - \frac{(b+c) \cdot IM^2}{a+b+c} - \frac{a \cdot IA^2}{a+b+c}$$

$$= \frac{(b+c)(I'M^2 - IM^2)}{a+b+c} - \frac{a(I'A - IA^2)}{a+b+c} \qquad ④$$

因为
$$\frac{BM}{MC} = \frac{c}{b}$$

所以
$$I'M^2 = \frac{c \cdot I'C^2}{b+c} + \frac{b \cdot I'B^2}{b+c} - \frac{c \cdot MC^2}{b+c} - \frac{b \cdot MB^2}{b+c}$$

$$IM^2 = \frac{c \cdot IC^2}{b+c} + \frac{b \cdot IB^2}{b+c} - \frac{c \cdot MC^2}{b+c} - \frac{b \cdot MB^2}{b+c}$$

将上述两式代入式④,得
$$II'^2 = \frac{(a \cdot I'A^2 + b \cdot I'B^2 + c \cdot I'C^2) - (a \cdot IA^2 + b \cdot IB^2 + c \cdot IC^2)}{a+b+c}$$

$$= \frac{abc - abc}{a+b+c} = 0$$

这就证明了点 I' 为其内心.

注:此例的条件与结论可变为点 I 为 $\triangle ABC$ 的内心或旁心的充要条件是
$$\pm IA^2 \cdot BC \pm IB^2 \cdot CA \pm IC^2 \cdot AB = BC \cdot CA \cdot AB$$

其中全取"+"号用于内心情形;第一项取"+",其两项取"-",用于对应 A 的旁心,其余类推.

第16章 三角形垂心定理

三角形垂心定理 1 三角形的三条高交于一点,这点叫作三角形的垂心.

证法 1 如图 16.1 所示,AD,BE,CF 为 $\triangle ABC$ 三条高,过点 A,B,C 分别作对边的平行线相交成 $\triangle A'B'C'$,则得 $\square ABCB'$,$\square BCAC'$,因此有 $AB' = BC = C'A$,从而 AD 为 $B'C'$ 的中垂线;同理 BE,CF 也分别为 $A'C',A'B'$ 的中垂线,由外心定理,它们交于一点,命题得证.

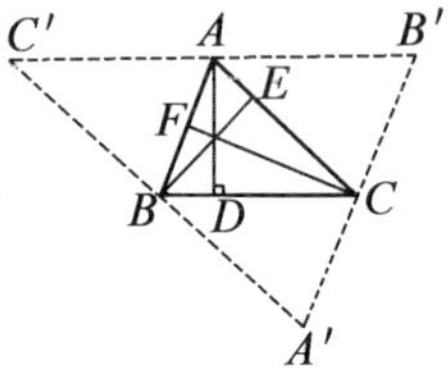

注:此证法为雷格蒙塔努斯(Regiomontanus,1436—1476)在《论三角形》一书中首创.

图 16.1

证法 2 如图 16.2 所示,作 $BE \perp AC,AD \perp BC$,垂足依次为点 E,D,交点为 H.

联结 CH 交 AB 于点 F. 由 A,B,D,E 和 C,D,H,E 分别四点共圆得
$$\angle 1 = \angle A, \angle 2 = \angle 3$$
已知 $\angle 1 + \angle 2 = \dfrac{\pi}{2}$,则
$$\angle 3 + \angle A = \dfrac{\pi}{2}$$
也就是说所作 $CH \perp AB$,命题得证.

证法 3 如图 16.3 所示,因为 $\alpha_1 = \gamma_2, \beta_1 = \alpha_2, \gamma_1 = \beta_2$,所以
$$\frac{\sin \alpha_1 \sin \beta_1 \sin \gamma_1}{\sin \alpha_2 \sin \beta_2 \sin \gamma_2} = 1$$

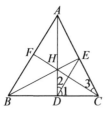

图 16.2

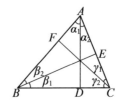

图 16.3

又 AC,BC 相交,所以其垂线 AD,BE 不平行,由塞瓦定理的角元公式,有 AD,BE,CF 三线共点.

三角形垂心定理 2 若点 H 非 $\triangle ABC$ 的顶点,则点 H 为三角形垂心的充要

条件是
$$\pm HB \cdot HC \cdot BC \pm HC \cdot HA \cdot CA \pm HA \cdot HB \cdot AB = BC \cdot CA \cdot AB$$
其中全取"+"用于锐角三角形情形;某一项取"+",余两项取"-"用于钝角三角形情形.

下面仅给出锐角三角形情形的证明:

证法 1 如图 16.4(a) 所示,作 $EH \underline{\underline{\parallel}} BC, FA \underline{\underline{\parallel}} EH$,则四边形 $BCHE$ 和四边形 $AHEF$ 均是平行四边形. 联结 BF, AE,则四边形 $BCAF$ 也是平行四边形,于是
$$AF = EH = BC, EF = AH, EB = HC, BF = CA$$

对四边形 $ABEF$ 和四边形 $AEBH$ 分别应用托勒密(Ptolemy)不等式,有
$$AB \cdot EF + AF \cdot BE \geqslant AE \cdot BF, BH \cdot AE + AH \cdot BE \geqslant EH \cdot AB$$
即
$$AB \cdot AH + BC \cdot CH \geqslant AE \cdot AC, BH \cdot AE + AH \cdot CH \geqslant BC \cdot AB \qquad ①$$

对式①中前一式两边同乘 HB 后,两边同加上 $HC \cdot HA \cdot AC$,然后注意到式①中的后一式,有
$$HB \cdot HB \cdot HA \cdot AB + HB \cdot HC \cdot BC + HC \cdot HA \cdot AC \geqslant HB \cdot AE \cdot AC + HC \cdot HA \cdot AC$$
即
$$HB(AB \cdot AH + BC \cdot HC) + HC \cdot HA \cdot AC \geqslant AC(HB \cdot AE + HC \cdot AH)$$
$$\geqslant AC \cdot AB \cdot BC$$
故
$$HA \cdot HB \cdot AB + HB \cdot HC \cdot BC + HC \cdot HA \cdot CA \geqslant BC \cdot CA \cdot AB \qquad ②$$

其中等号成立的充要条件是式①中两个不等式中的等号同时成立,即等号当且仅当四边形 $ABEF$ 及 $AEBH$ 都是圆内接四边形时成立,亦即五边形 $AFEBH$ 恰是圆内接五边形时等号成立. 由于四边形 $AFEH$ 为平行四边形,所以条件等价于四边形 $AFEH$ 为矩形(即 $AH \perp BC$)且 $\angle ABE = \angle AHE = 90°$,亦等价于 $AH \perp BC$ 且 $CH \perp AB$,所以所证式②等号成立的充要条件是点 H 为 $\triangle ABC$ 的垂心.

证法 2 如图 16.4(b) 所示,以点 H 为反演中心,k 为反演幂,将点 A, B, C 变换到点 A', B', C',则
$$HB = \frac{k}{HB'}, HC = \frac{k}{HC'}, HA = \frac{k}{HA'}$$
$$BC = \frac{k \cdot B'C'}{HB' \cdot HC'}, CA = \frac{k \cdot C'A'}{HC' \cdot HA'}, AB = \frac{k \cdot A'B'}{HA' \cdot HB'}$$

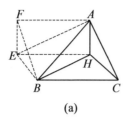 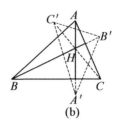

(a)   (b)

图 16.4

若 $HB \cdot HC \cdot BC + HC \cdot HA \cdot CA + HA \cdot HB \cdot AB = BC \cdot CA \cdot AB$ 成立时，则将上述 6 式代入化简得

$$HA'^2 \cdot B'C' + HB'^2 \cdot C'A' + HC'^2 \cdot A'B' = B'C' \cdot C'A' \cdot A'B'$$

由内心与旁心关系定理知，点 H 为 $\triangle A'B'C'$ 的内心，所以

$$\angle HA'B' = \angle HA'C'$$

而 $\angle HA'B' = \angle HBA$，$\angle HA'C' = \angle HCA$，所以

$$\angle HBA = \angle HCA$$

同理

$$\angle HBC = \angle HAC, \angle HCB = \angle HAB$$

由三角形垂心的判定方法知，点 H 为 $\triangle ABC$ 的垂心. 若点 H 为 $\triangle ABC$ 的垂心，则

$$\frac{HB \cdot HC}{AB \cdot AC} + \frac{HC \cdot HA}{BC \cdot BA} + \frac{HA \cdot HB}{CA \cdot CB} = \frac{S_{\triangle HBC}}{S_{\triangle ABC}} + \frac{S_{\triangle HCA}}{S_{\triangle ABC}} + \frac{S_{\triangle HAB}}{S_{\triangle ABC}} = 1$$

故 $HB \cdot HC \cdot BC + HC \cdot HA \cdot CA + HA \cdot HB \cdot AB = BC \cdot CA \cdot AB$ 成立.

第 17 章 三角形高线定理

三角形高线定理 三角形一边上的高与外接圆直径之积等于夹这条高的两边之积.

如图 17.1 所示,AD 是 $\triangle ABC$ 的高,AE 是 $\triangle ABC$ 的外接圆直径,求证
$$AB \cdot AC = AE \cdot AD$$

证法 1 如图 17.1 所示,联结 BE. 因为
$$\angle ADC = \angle ABE = 90°, \angle C = \angle E$$
所以
$$\triangle ADC \backsim \triangle ABE$$
从而
$$\frac{AC}{AE} = \frac{AD}{AB}$$
故
$$AB \cdot AC = AE \cdot AD$$

证法 2 如图 17.2 所示,联结 EC.

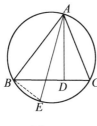

图 17.1

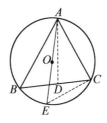

图 17.2

因为
$$\angle ACE = \angle ADB = 90°, \angle B = \angle E$$
所以
$$\triangle AEC \backsim \triangle ABD$$
得
$$\frac{AB}{AE} = \frac{AD}{AC}$$
故
$$AB \cdot AC = AE \cdot AD$$

证法 3 如图 17.3 所示,作圆 O 的直径 BF,联结 AF.
有 $\angle BAF = \angle ADC$,$\angle F = \angle C$,得 $\triangle ABF \backsim \triangle DAC$. 于是
$$\frac{AB}{AD} = \frac{BF}{AC} = \frac{AE}{AC}$$
故
$$AB \cdot AC = AE \cdot AD$$

证法 4 如图 17.4 所示,作圆 O 的直径 BF,联结 AF.

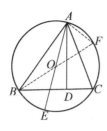
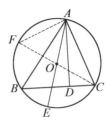

图 17.3　　　　　　　　图 17.4

有 $\angle FAC = \angle BDA$，$\angle F = \angle B$，于是 $\triangle FAC \backsim \triangle BDA$. 得
$$\frac{AC}{AD} = \frac{FC}{AB} = \frac{AE}{AB}$$

故
$$AB \cdot AC = AE \cdot AD$$

证法 5　如图 17.5 所示，过点 O 作 AB 的垂线，点 F 为垂足. 有
$$AF = \frac{1}{2}AB, AO = \frac{1}{2}AE$$

由 $\angle AOF = \frac{1}{2}\angle AOB = \angle C$，有 $\text{Rt}\triangle AFO \backsim \text{Rt}\triangle ADC$，得
$$\frac{AF}{AD} = \frac{AO}{AC}$$

所以
$$\frac{2AF}{AD} = \frac{2AO}{AC}$$

即
$$\frac{AB}{AD} = \frac{AE}{AC}$$

故
$$AB \cdot AC = AE \cdot AD$$

证法 6　如图 17.6 所示，设直线 AD 交圆 O 于点 F，联结 BF, BE.

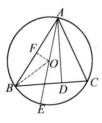
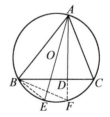

图 17.5　　　　　　　　图 17.6

易知 $\triangle ABE \backsim \triangle BDF$, $\triangle BDF \backsim \triangle ADC$, 得
$$\triangle ABE \backsim \triangle ADC$$
于是
$$\frac{AB}{AD} = \frac{AE}{AC}$$
故
$$AB \cdot AC = AE \cdot AD$$

(想一想,$\triangle BDF$ 有什么意义和必要吗?)

证法 7 如图 17.7 所示,延长 AD 交圆 O 于点 F,联结 EF,FC,有 $EF \perp AF$. 由 $BC \perp AD$,有 $EF \parallel GD$,得

$$\frac{AG}{AE} = \frac{AD}{AF}$$

从而
$$AD \cdot AE = AG \cdot AF \qquad ①$$

易知 $\triangle ABG \backsim \triangle AFC$,有
$$\frac{AB}{AF} = \frac{AG}{AC}$$

于是
$$AB \cdot AC = AG \cdot AF \qquad ②$$

由式①,②得
$$AB \cdot AC = AE \cdot AD$$

证法 8 如图 17.8 所示,延长 AD 交圆 O 于点 F,联结 BE.

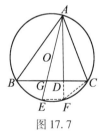

图 17.7

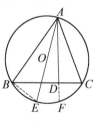

图 17.8

由 $\angle ABC + \angle BAD = 90°$,有 $\overset{\frown}{AC} + \overset{\frown}{BE} + \overset{\frown}{EF} = 180°$.

又 $\overset{\frown}{AC} + \overset{\frown}{FC} + \overset{\frown}{EF} = 180°$,所以 $\overset{\frown}{FC} = \overset{\frown}{BE}$,则
$$\angle BAE = \angle FAC$$

于是
$$\text{Rt}\triangle ABE \backsim \text{Rt}\triangle ADC$$

得
$$\frac{AB}{AD} = \frac{AE}{AC}$$

故
$$AB \cdot AC = AE \cdot AD$$

第 18 章 海伦公式

海伦(Heron)公式 边长为 a,b,c 的三角形的面积公式

$$S_\triangle = \sqrt{p(p-a)(p-b)(p-c)}$$

其中 $p = \dfrac{1}{2}(a+b+c)$.

证法 1 此证法源于海伦的《测量学》中卷 I 的命题 8,或《测量仪器》中的命题 30.

如图 18.1 所示,设 $\triangle ABC$ 的内切圆圆 $I(r)$ 切三边于点 D, E,F,易知 $AF = p-a, BD = p-b, CD = p-c$. 过点 I,B 各作 CI,BC 的垂线,设它们相交于点 P,且 IP 交 BC 于点 K,则

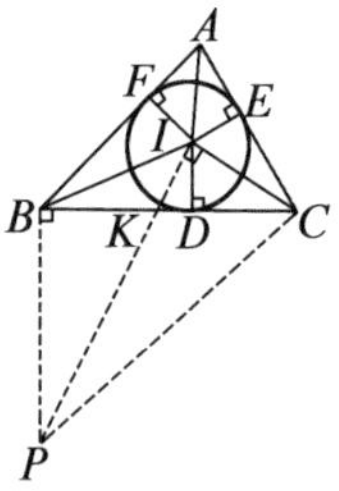

$$\frac{BP}{DI} = \frac{BK}{KD}$$

所以

$$\frac{BP+r}{r} = \frac{p-b}{KD}$$

而

$$KD \cdot DC = ID^2 = r^2$$

图 18.1

联结 PC,则 B,P,C,I 四点共圆,所以 $\angle BPC$ 与 $\angle BIC$ 互为补角. 易知 $\angle FIA$ 与 $\angle BIC$ 也互为补角,所以

$$\angle BPC = \angle FIA$$

故

$$\triangle BPC \backsim \triangle FIA$$

从而

$$\frac{a}{p-a} = \frac{BP}{r}, \quad \frac{p}{p-a} = \frac{BP+r}{r}$$

于是

$$\frac{p}{p-a} = \frac{p-b}{KD}, \quad \frac{p \cdot p}{p \cdot (p-a)} = \frac{(p-b)(p-c)}{KD \cdot DC} = \frac{(p-b)(p-c)}{r^2}$$

因此

$$r^2 p^2 = p(p-a)(p-b)(p-c)$$

即

$$S_\triangle = \sqrt{p(p-a)(p-b)(p-c)}$$

证法 2 该公式也可以通过适当的运算导出. 如图 18.2 所示,在 $\triangle ABC$ 中,AD 为 BC 边上的高,由

$$b^2 = a^2 + c^2 - 2a \cdot BD$$

有

$$BD = \frac{a^2 + c^2 - b^2}{2a}$$

而
$$AD^2 = c^2 - BD^2 = c^2 - \frac{(a^2+c^2-b^2)^2}{4a^2}$$
$$= \frac{1}{4a^2}[b^2-(a-c)^2][(a+c)^2-b^2]$$
$$= \frac{1}{4a^2}(b-a+c)(b+a-c) \cdot$$
$$(a+c+b)(a+c-b)$$
$$= \frac{4p(p-a)(p-b)(p-c)}{a^2}$$

则
$$AD = \frac{2}{a}\sqrt{p(p-a)(p-b)(p-c)}$$

故
$$S_\triangle = \sqrt{p(p-a)(p-b)(p-c)}$$

证法 3 由 $\cos C = \dfrac{a^2+b^2-c^2}{2ab}$,有
$$S_\triangle = \frac{1}{2}ab \cdot \sin C = \frac{1}{2}ab\sqrt{1-\cos^2 C}$$
$$= \frac{1}{2}ab\sqrt{1-\left(\frac{a^2+b^2-c^2}{2ab}\right)^2}$$

整理化简得
$$S_\triangle = \sqrt{p(p-a)(p-b)(p-c)}$$

证法 4 如图 18.3 所示,设点 O, O' 分别为 $\triangle ABC$ 的内心和旁心,r, R 是圆 O、圆 O' 的半径,点 D, E 是切点,易知 $AE = p, AD = p-a, DB = p-b, BE = p-c$,由于 $\angle OBO' = 90°$,则
$$\text{Rt}\triangle BOD \backsim \text{Rt}\triangle O'BE$$

则
$$\frac{OD}{BE} = \frac{BD}{EO'}$$

即
$$\frac{r}{p-c} = \frac{p-b}{R}$$

得
$$R = \frac{(p-b)(p-c)}{r}$$
①

又 $\triangle AOD \backsim \triangle AO'E$,所以

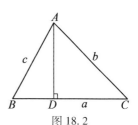

图 18.3

$$\frac{OD}{O'E} = \frac{AD}{AE}$$

即

$$\frac{r}{R} = \frac{p-a}{p} \qquad ②$$

由式①,②可得

$$S_\triangle = pr = (p-a) \cdot R = \frac{(p-a)(p-b)(p-c)}{r}$$

$$= \frac{p(p-a)(p-b)(p-c)}{S_\triangle}$$

故

$$S_\triangle = \sqrt{p(p-a)(p-b)(p-c)}$$

证法 5 如图 18.4 所示,圆 O 为 $\triangle ABC$ 的内切圆,则

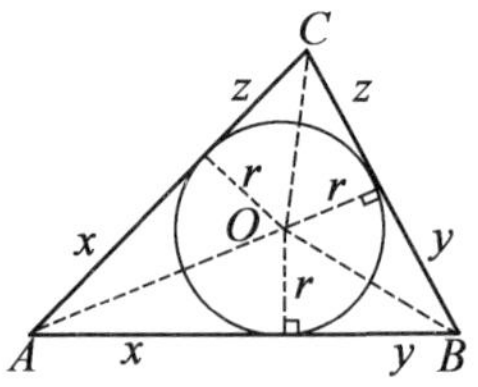

$$\tan\frac{A}{2} = \frac{r}{x},\ \tan\frac{B}{2} = \frac{r}{y},\ \tan\frac{C}{2} = \frac{r}{z}$$

因为

$$\left(\tan\frac{C}{2}\right)^{-1} = \cot\frac{C}{2} = \tan\left(90° - \frac{C}{2}\right)$$

$$= \tan\frac{A+B}{2} = \frac{\tan\frac{A}{2} + \tan\frac{B}{2}}{1 - \tan\frac{A}{2}\tan\frac{B}{2}}$$

图 18.4

所以

$$\tan\frac{A}{2}\tan\frac{B}{2} + \tan\frac{B}{2}\tan\frac{C}{2} + \tan\frac{C}{2}\tan\frac{A}{2} = 1$$

即

$$\frac{r}{x} \cdot \frac{r}{y} + \frac{r}{y} \cdot \frac{r}{z} + \frac{r}{z} \cdot \frac{r}{x} = 1$$

从而

$$r^2(x+y+z) = xyz$$

$$r^2 p = (p-a)(p-b)(p-c)$$

即

$$S_\triangle^2 = (rp)^2 = p(p-a)(p-b)(p-c)$$

故

$$S_\triangle = \sqrt{p(p-a)(p-b)(p-c)}$$

证法 6 如图 18.4 所示,由

$$\sin\frac{A}{2} = \frac{r}{\sqrt{x^2+r^2}},\ \cos\frac{A}{2} = \frac{x}{\sqrt{x^2+r^2}}$$

则

$$S_\triangle = \frac{1}{2}bc \cdot \sin A = \frac{1}{2}bc \cdot 2\sin\frac{A}{2}\cos\frac{A}{2}$$

$$= bc \cdot \frac{r}{\sqrt{x^2+r^2}} \cdot \frac{x}{\sqrt{x^2+r^2}}$$

$$= \frac{bc \cdot r \cdot x}{x^2 + r^2} = pr$$

即
$$pr^2 = (bc - px)x = [(x+z)(x+y) - (x+y+z)x]x = xyz$$

则
$$S_\triangle^2 = (rp)^2 = p(p-a)(p-b)(p-c)$$

故
$$S_\triangle = \sqrt{p(p-a)(p-b)(p-c)}$$

当然,本公式还有行列式证法、复数证法和其他证法.

第 19 章　三角形三边成等差定理

三角形三边成等差定理 1　三角形的三边成等差数列的充要条件是其重心与内心的连线平行于三角形的一边.

如图 19.1 所示,设点 G, I 分别为 $\triangle ABC$ 的重心、内心,则
$$AB + AC = 2BC \Leftrightarrow GI /\!/ BC$$

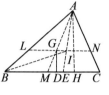

图 19.1

证法 1　如图 19.1 所示,联结 AG 并延长交 BC 于点 M,作 $GD \perp BC$ 于点 D,作 $AH \perp BC$ 于点 H.

注意到 $\dfrac{GD}{AH} = \dfrac{1}{3}$,令 $BC = a, AC = b, AB = c$. $\triangle ABC$ 的内切圆半径为 r,则

$$\frac{a \cdot AH}{2} = S_{\triangle ABC} = \frac{(a+b+c)r}{2}$$

$$b + c = 2a \Leftrightarrow \frac{a \cdot AH}{2} = \frac{(a+b+c) \cdot r}{2} = \frac{3a \cdot r}{2}$$

$$\Leftrightarrow AH = 3r \Leftrightarrow GD = r \Leftrightarrow GI /\!/ BC$$

证法 2　如图 19.1 所示,过 $\triangle ABC$ 的内心 I 作 BC 边的平行线分别交 AB, AC 于点 L, N. 设 $AL = \lambda AB$,则 $AN = \lambda AC$,且 $LN = \lambda BC$. 于是
$$BL = (1 - \lambda)AB, NC = (1 - \lambda)AC$$
由角平行线的性质,推知 $BL = LI, IN = NC$,从而

$$AB + CA = 2BC \Leftrightarrow \frac{BL}{1-\lambda} + \frac{NC}{1-\lambda} = 2 \cdot \frac{LN}{\lambda}$$

$$\Leftrightarrow \frac{LI + IN}{1-\lambda} = 2 \cdot \frac{LN}{\lambda}$$

$$\Leftrightarrow 2(1-\lambda) = \lambda \Leftrightarrow \lambda = \frac{2}{3}$$

$$\Leftrightarrow LN \text{ 过 } \triangle ABC \text{ 的重心 } G$$

$$\Leftrightarrow GI /\!/ BC$$

证法 3　如图 19.1 所示,联结 AI 并延长交 BC 于点 E,联结 AG 并延长交 BC 边于点 M,过点 I 作 BC 边的平行线分别交 AB, AC 于点 L, N,则由角平分线性质,有

注意
$$\frac{AB}{BE} = \frac{AC}{EC} = \frac{AB+AC}{BE+EC} = \frac{AB+AC}{BC}$$
$$\frac{AN}{NC} = \frac{IN}{BC-IN} = \frac{NC}{EC-NC}$$

有
$$\frac{AN}{NC} = \frac{AC}{EC}$$

从而
$$AB+CA = 2BC \Leftrightarrow \frac{AB}{BE} = \frac{AC}{EC} = \frac{2BC}{BC} = 2 \Leftrightarrow \frac{AN}{NC} = \frac{AC}{EC} = 2 \Leftrightarrow \frac{AI}{IE} = \frac{AN}{NC} = 2$$

而
$$\frac{AG}{GM} = 2 \Leftrightarrow GI \parallel BC$$

三角形三边成等差定理 2 三角形的三边成等差数列的充要条件是其某个顶点与内心的连线垂直于外心与内心的连线.

证法 1 如图 19.2 所示,延长 AI 交外接圆于点 D,联结 OA, OD. 则 $OA = OD$,且 $ID = BD = DC$.

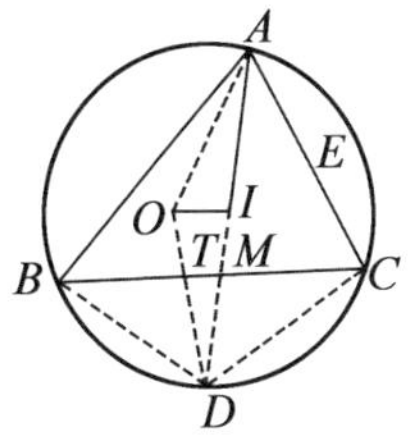

设
$$BC = a, CA = b, AB = c, p = \frac{1}{2}(a+b+c)$$

在四边形 $ABDC$ 中应用托勒密定理,有
$$a \cdot AD = b \cdot BD + c \cdot DC = ID \cdot (b+c)$$

于是 c, a, b 成等差数列 $\Leftrightarrow AD = 2ID \Leftrightarrow$ 点 I 为 AD 的中点 $\Leftrightarrow OI \perp AI$.

图 19.2

证法 2 如图 19.2 所示,设 AI 的延长线交 BC 于点 T,由角平分线性质,有
$$\frac{BT}{TC} = \frac{AB}{AC} = \frac{c}{b}$$

即
$$BT = \frac{ac}{b+c}, TC = \frac{ab}{b+c}$$

设点 M 为点 I 在 BC 上的射影,则
$$MT = |BT - BM| = \left| p - b - \frac{ac}{b+c} \right|$$

由圆幂定理,有
$$OA^2 - OT^2 = R^2 - OT^2 = BT \cdot TC$$

而
$$AI^2 = AE^2 + r^2 = (p-a)^2 + r^2 \quad (\text{点 } E \text{ 为点 } I \text{ 在 } AC \text{ 边的射影})$$
$$IT^2 = TM^2 + r^2 = \left(p - b - \frac{ac}{b+c} \right)^2 + r^2$$

故
$$AI \perp IO \Leftrightarrow OA^2 - OT^2 = BT \cdot TC = IA^2 - IT^2$$
$$\Leftrightarrow \frac{ac}{b+c} \cdot \frac{ab}{b+c} = (p-a)^2 - \left(p - b - \frac{ac}{b+c}\right)^2$$
$$\Leftrightarrow b + c = 2a$$

第20章 三角形三边倒数成等差定理

三角形三边倒数成等差定理 三角形三边的倒数成等差数列的充要条件是某顶点与重心的连线垂直于内心与外心的连线.

证法1 如图20.1所示,设点 G, I, O 分别为 $\triangle ABC$ 的重心、内心和外心. 令

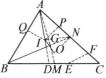

图20.1

$$BC = a, CA = b, AB = c, p = \frac{1}{2}(a+b+c)$$

延长 BG 交 AC 边于点 N,设内切圆切 BC 边于点 D,切 AB 边于点 Q,其半径为 r,则

$$BO^2 - ON^2 = AO^2 - ON^2 = AN^2 = \frac{1}{4}b^2$$

$$BI^2 = BQ^2 + r^2 = (p-b)^2 + r^2$$

$$IN^2 = PN^2 + r^2 = \left[\frac{b}{2}-(p-a)\right]^2 + r^2 = \left(\frac{c-a}{2}\right)^2 + r^2$$

于是

$$BG \perp IO \Leftrightarrow BN \perp IO \Leftrightarrow BI^2 - IN^2 = BO^2 - ON^2$$

$$\Leftrightarrow (p-b)^2 + r^2 - \left(\frac{c-a}{2}\right)^2 - r^2 = \frac{1}{4}b^2 \quad (2ac = ab + bc)$$

$$\Leftrightarrow \frac{1}{a} + \frac{1}{c} = \frac{2}{b}$$

证法2 在 $\triangle ABC$ 中,不妨设 AB 最短,因而可在 BC, AC 上取点 E, F,使 $BE = AF = AB$,则可证 $IO \perp EF$. (还可证 $\triangle CEF$ 的外接圆半径 $R' = OI$)

事实上,设点 M 为 BC 边的中点,延长 OM 交直线 AI 于点 D,则点 D 在 $\triangle ABC$ 的外接圆上.

又

$$\angle BOD = \angle BAF, BO = DO, BA = AF$$

所以

$$\triangle BOD \backsim \triangle BAF$$

由 $BD = DI$,从而

$$\frac{BO}{AB} = \frac{BD}{BF}$$

即

$$\frac{DO}{BE} = \frac{DI}{BF}$$

亦即
$$\frac{DO}{DI}=\frac{BE}{BF}$$

又 $OD \perp BC, BF \perp AD$,所以 $\angle FBE = \angle IDO$,即 $\triangle BFE \backsim \triangle DIO$. 故 $IO \perp EF$.

回到原题,设 AC 边的中点为点 N,则
$$BG \perp IO \Leftrightarrow BG // EF \Leftrightarrow BN // EF \Leftrightarrow \frac{CN}{CF}=\frac{BC}{EC}$$

$$\Leftrightarrow \frac{\frac{b}{2}}{c-b}=\frac{a}{a-c} \Leftrightarrow 2ac=ab+bc$$

$$\Leftrightarrow \frac{1}{a}+\frac{1}{c}=\frac{2}{b}$$

注:$R'=OI$ 为 2002 年第 10 届土耳其数学奥林匹克竞赛题.

这可由欧拉(Euler)公式有 $OI^2=R^2-2Rr$. 由
$$S_{\triangle ABC}=rl=\frac{abc}{4R},\, r=\frac{S_{\triangle ABC}}{l},\, R=\frac{abc}{4S_{\triangle ABC}}$$

则
$$\frac{OI^2}{R^2}=1-\frac{2r}{R}=1-\frac{8S_{\triangle ABC}^2}{labc}=1-\frac{r(l-a)(l-b)(l-c)}{abc}$$
$$=\frac{a^3+b^3+c^3-a^2b-b^2c-a^2c-ac^2-b^2c-ab^2+3abc}{abc}$$

由余弦定理,有
$$\cos C=\frac{b^2+a^2-c^2}{2ba}$$
$$EF^2=CE^2+CF^2-2CE \cdot CF \cdot \cos C$$
$$=(a-c)^2+(b-c)^2-2(a-c)(b-c) \cdot \cos C$$

则
$$\frac{EF^2}{AB^2}=\frac{1}{c^2}[(a-c)^2+(b-c)^2-2(a-c)(b-c) \cdot \cos C]$$
$$=\frac{a^3+b^3+c^3-a^2b}{abc}$$

故
$$\frac{EF^2}{AB^2}=\frac{OI^2}{R^2},\, \frac{EF}{c}=\frac{OI}{R}$$

又
$$\frac{EF}{\sin C}=2R',\, \frac{c}{\sin C}=2R$$

所以 $$\frac{EF}{c} = \frac{R'}{R}$$
故 $$R' = OI$$

第 20 章　三角形三边倒数成等差定理

第 21 章　三角形内共轭中线定理

三角形内共轭中线定理 1　三角形的一个顶点与对边中点的连线称为三角形的内中线. 这条内中线关于这个顶角的内平分线对称的直线称为三角形的内共轭中线, 且这个顶点处的两边的平方比等于内共轭中线所分第三边所成两线段的比.

如图 21.1 所示, 在 $\triangle ABC$ 中, 点 D 在 BC 边上, 若 AD 为其内共轭中线, 则 $\dfrac{AB^2}{AC^2} = \dfrac{BD}{DC}$.

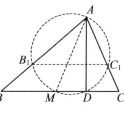

图 21.1

证法 1　由等角线的斯坦纳定理知, 当点 A_1 为 BC 边的中点时, AA_1 即为其内共轭中线, 即取点 A_2 为点 D, 亦即有

$$\dfrac{AB^2}{AC^2} = \dfrac{BD}{DC}$$

证法 2　如图 21.1 所示, 设点 M 为 BC 边的中点, 联结 AM. 因为 AD 为其内共轭中线, 所以 $\angle BAM = \angle CAD$.

过点 A, M, D 作圆, 分别与 AB, AC 交于点 B_1, C_1, 联结 B_1C_1, 则

AD 为内共轭中线 $\Leftrightarrow \angle BAM = \angle CAD \Leftrightarrow \overparen{B_1M} = \overparen{DC_1}$

$\Leftrightarrow B_1C_1 \parallel BC \Leftrightarrow \dfrac{AB}{AC} = \dfrac{BB_1}{CC_1}$

$\Leftrightarrow \dfrac{AB^2}{AC^2} = \dfrac{BB_1}{CC_1} \cdot \dfrac{AB}{AC} = \dfrac{BM}{CM} \cdot \dfrac{BD}{CD} = \dfrac{BD}{DC}$

证法 3　如图 21.2 所示, 作 $\triangle ABC$ 的外接圆, 设点 B, C 处的切线交于点 P, 联结 AP 且与外接圆交于点 E, 联结 BE, EC.

由 $\triangle ABP \sim \triangle BEP$, $\triangle ACP \sim \triangle CEP$, 有

$$\dfrac{AB}{BE} = \dfrac{AP}{BP}, \dfrac{AC}{CE} = \dfrac{AP}{CP}$$

注意: $BP = CP$, 则 $\dfrac{AB}{BE} = \dfrac{AC}{CE}$, 亦即 $AB \cdot CE = AC \cdot BE$.

取 BC 的中点 M, 联结 AM.

在四边形 $ABEC$ 中应用托勒密定理, 有

$$AB \cdot CE + AC \cdot BE = AE \cdot BC$$

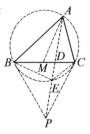

图 21.2

亦即
$$2AB \cdot CE = 2AE \cdot BM$$
从而
$$\frac{AB}{AE} = \frac{BM}{EC}$$

注意 $\angle ABM = \angle AEC$，从而 $\triangle ABE \backsim \triangle AEC$.

于是 $\angle BAM = \angle EAC$，亦即知 AE 为 $\triangle ABC$ 的共轭中线，亦即 AE 与 AD 重合.

此时
$$\frac{BD}{DC} = \frac{S_{\triangle ABE}}{S_{\triangle AEC}} = \frac{\frac{1}{2}AB \cdot BE \cdot \sin\angle ABE}{\frac{1}{2}AC \cdot EC \cdot \sin\angle ACE} = \frac{AB^2}{AC^2}$$

三角形内共轭中线定理 2 延长三角形的两边，取其第三边的逆平行线的中点，该中点与第三边对应的顶点的连线是三角形的一条内共轭中线.

如图 21.3 所示，圆内接四边形 $ABCD$ 的一组对边 CB，DA 延长后交于点 P，由点 P 联结 CD 的中点 M 交 AB 边于点 E，则 PE 为 $\triangle PAB$ 的内共轭中线，即 $\dfrac{PA^2}{PB^2} = \dfrac{AE}{EB}$.

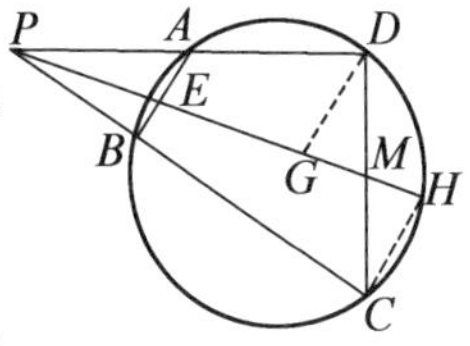

证法 1 如图 21.3 所示，分别过点 D，C 作 AB 的平行线交 PM 于点 G，H，则 $DG = CH$.

图 21.3

在 $\triangle PDG$ 中，有
$$\frac{AE}{DG} = \frac{PA}{PD} \qquad ①$$

在 $\triangle PCH$ 中，有
$$\frac{CH}{BE} = \frac{PC}{PB} \qquad ②$$

式①，②两边分别相乘，并利用 $\dfrac{PA}{PB} = \dfrac{PC}{PD}$，得
$$\frac{AE \cdot CH}{DG \cdot BE} = \frac{PC \cdot PA}{PB \cdot PD}$$
故
$$\frac{AE}{BE} = \frac{PA^2}{PB^2}$$

证法 2 如图 21.4 所示，过点 B 作 PD 的平行线交 PM 于点 F，过点 M 作 DP 的平行线交 PC 于点 G，则点 G 为 PC 中点，$GM = \dfrac{1}{2}PD$，有

$$\frac{AE}{EB} = \frac{PA}{BF} \qquad \text{③}$$

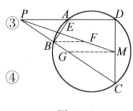

$$\frac{BF}{PB} = \frac{GM}{PG} = \frac{\frac{1}{2}PD}{\frac{1}{2}PC} = \frac{PD}{PC} \qquad \text{④}$$

图 21.4

$$\frac{PC}{PD} = \frac{PA}{PB} \qquad \text{⑤}$$

由式③,④,⑤,得

$$\frac{AE}{EB} \cdot \frac{PD}{PC} = \frac{PA}{BF} \cdot \frac{BF}{PB} = \frac{PA}{PB}$$

从而

$$\frac{AE}{BE} = \frac{PA}{PB} \cdot \frac{PC}{PD} = \frac{PA^2}{PB^2}$$

即

$$\frac{AE}{BE} = \frac{PA^2}{PB^2}$$

证法 3 如图 21.5 所示,设 $\angle DPM = \alpha$, $\angle MPC = \beta$,易知

$$\frac{AE}{BE} = \frac{S_{\triangle PAE}}{S_{\triangle PBE}} = \frac{\frac{1}{2}PA \cdot PE\sin\alpha}{\frac{1}{2}PB \cdot PE\sin\beta} = \frac{PA\sin\alpha}{PB\sin\beta} \qquad \text{⑥}$$

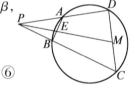

图 21.5

由 $S_{\triangle PDM} = S_{\triangle PCM}$,有

$$\frac{1}{2}PD \cdot PM\sin\alpha = \frac{1}{2}PC \cdot PM\sin\beta$$

得

$$\frac{\sin\alpha}{\sin\beta} = \frac{PC}{PD} = \frac{PA}{PB} \qquad \text{⑦}$$

将式⑦代入式⑥,得

$$\frac{AE}{BE} = \frac{PA^2}{PB^2}$$

注:三角形内共轭中线其他定理可参见后面的三角形共轭中线的作图.

第22章 三角形外共轭中线定理

三角形外共轭中线定理　三角形的一顶点处的外接圆切线是其外共轭中线.

如图22.1所示,△ABC内接于圆O,过点A作圆O的切线交BC的延长线于点D,则$\dfrac{AC^2}{AB^2}=\dfrac{CD}{BD}$.(其中过点A和BC平行线AN与AD关于∠BAC的平分线对称)

证法1　如图22.1所示,过点A作$AH \perp BD$,点H为垂足. 易知$\triangle DAC \sim \triangle DBA$,有

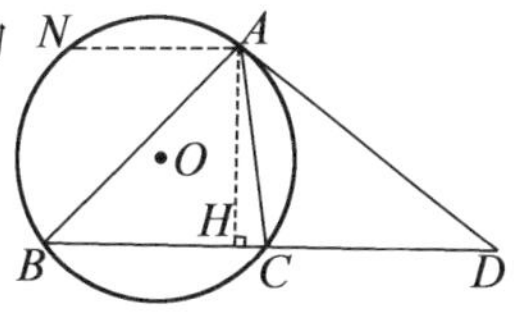

$$\frac{S_{\triangle DAC}}{S_{\triangle DBA}} = \frac{AC^2}{AB^2}$$

又

$$\frac{S_{\triangle DAC}}{S_{\triangle DBA}} = \frac{\dfrac{1}{2}AH \cdot DC}{\dfrac{1}{2}AH \cdot DB} = \frac{DC}{DB}$$

所以

$$\frac{AC^2}{AB^2} = \frac{CD}{BD}$$

图 22.1

证法2　如图22.2所示,易知$\triangle DAC \sim \triangle DBA$,有

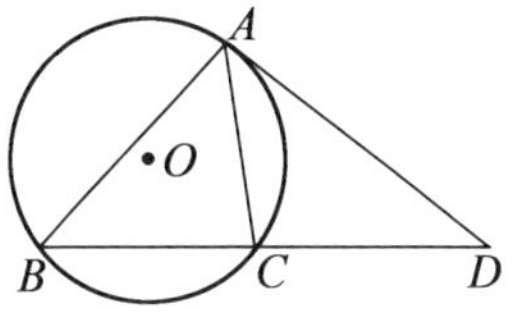

$$\frac{AC}{AB} = \frac{CD}{AD}$$

则

$$\frac{AC^2}{AB^2} = \frac{CD^2}{AD^2}$$

由切割线定理,有$AD^2 = BD \cdot CD$,得

$$\frac{AC^2}{AB^2} = \frac{CD^2}{BD \cdot CD} = \frac{CD}{BD}$$

即

$$\frac{AC^2}{AB^2} = \frac{CD}{BD}$$

图 22.2

证法3　如图22.3所示,过点C作BA的平行线交AD于点E. 易知$\triangle ACE \sim \triangle BAC$,有

$$AC^2 = CE \cdot AB$$

则

$$\frac{AC^2}{AB^2} = \frac{CE \cdot AB}{AB^2} = \frac{CE}{AB} = \frac{CD}{BD}$$

图 22.3

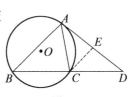

即
$$\frac{AC^2}{AB^2} = \frac{CD}{BD}$$

证法4 如图22.4所示,过点 C 作 DA 的平行线交 AB 于点 E. 易知 $\triangle ACE \sim \triangle ABC$,于是
$$AC^2 = AB \cdot AE$$

则
$$\frac{AC^2}{AB^2} = \frac{AE \cdot AB}{AB^2} = \frac{AE}{AB} = \frac{CD}{BD}$$

即
$$\frac{AC^2}{AB^2} = \frac{CD}{BD}$$

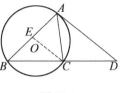

图22.4

证法5 如图22.5所示,过点 D 作 CA 的平行线交 BA 的延长线于点 E. 易知 $\triangle ABC \sim \triangle EAD$,有
$$\frac{ED}{AB} = \frac{AE}{AC} \text{ 或 } \frac{AE}{ED} = \frac{AC}{AB} = \frac{ED}{BE}$$

则
$$\frac{AE}{ED} \cdot \frac{ED}{BE} = \frac{AC^2}{AB^2}$$

即
$$\frac{AC^2}{AB^2} = \frac{AE}{BE} = \frac{CD}{BD}$$

故
$$\frac{AC^2}{AB^2} = \frac{CD}{BD}$$

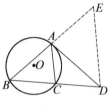

图22.5

证法6 如图22.6所示,过点 D 作 AB 的平行线交 AC 的延长线于点 E. 易知 $\triangle AED \sim \triangle DEC$,有
$$DE^2 = CE \cdot AE$$

由 $\dfrac{AC}{AB} = \dfrac{CE}{DE}$,有
$$\frac{AC^2}{AB^2} = \frac{CE^2}{DE^2} = \frac{CE^2}{CE \cdot AE} = \frac{CE}{AE} = \frac{CD}{BD}$$

即
$$\frac{AC^2}{AB^2} = \frac{CD}{BD}$$

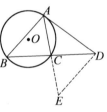

图22.6

证法7 如图22.7所示,过点 B 作 AD 的平行线交 AC 的延长线于点 E. 易知 $\triangle ABC \sim \triangle AEB$,有
$$AB^2 = AC \cdot AE$$

则
$$\frac{AC^2}{AB^2} = \frac{AC^2}{AC \cdot AE} = \frac{AC}{AE} = \frac{CD}{BD}$$

即
$$\frac{AC^2}{AB^2} = \frac{CD}{BD}$$

证法 8 如图 22.8 所示,过点 B 作 CA 的平行线交 DA 的延长线于点 E. 易知 $\triangle ABE \sim \triangle CAB$,于是

$$AB^2 = AC \cdot BE$$

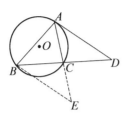

图 22.7

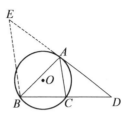

图 22.8

则
$$\frac{AC^2}{AB^2} = \frac{AC^2}{AC \cdot BE} = \frac{AC}{BE} = \frac{CD}{BD}$$

即
$$\frac{AC^2}{AB^2} = \frac{CD}{BD}$$

证法 9 如图 22.9 所示,过点 A 作 BC 的平行线交圆 O 于点 T,则 $\angle TAB = \angle ABC = \angle DAC$,知 AT, AD 为等角线. 又 AT 为 $\angle BAC$ 的外中线,所以知 AD 为 $\triangle ABC$ 的外共轭中线.

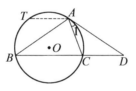

图 22.9

证法 10 如图 22.9 所示,令 $\angle CAD = \angle 1$. 由正弦定理,有

$$DC = \frac{AD \cdot \sin \angle 1}{\sin C} = \frac{AD \cdot \sin B}{\sin C}$$

$$BD = \frac{AD \cdot \sin(A + \angle 1)}{\sin B} = \frac{AD \cdot \sin(A+B)}{\sin B} = \frac{AD \cdot \sin C}{\sin B}$$

从而

$$\frac{BD}{DC} = \frac{AD \cdot \sin C}{\sin B} \cdot \frac{\sin C}{AD \cdot \sin B} = \frac{\sin^2 C}{\sin^2 B} = \frac{AB^2}{AC^2}$$

第 23 章　三角形斯坦纳-莱默斯定理

斯坦纳-莱默斯(Steiner-Lehmus)定理　有两条角平分线相等的三角形是等腰三角形.

如图 23.1 所示,在 $\triangle ABC$ 中,BD,CE 是角平分线,若 $BD = CE$,则 $AB = AC$.

证法 1(斯坦纳原证)　如图 23.1 所示,假设 $AB > AC$,则 $\angle B < \angle C$,从而

$$\angle BEC > \angle BDC \qquad ①$$

在 $\triangle BCE$ 与 $\triangle CBD$ 中,因 $BD = CE$,BC 公共,$\angle BCE > \angle CBD$,所以

$$BE > CD$$

作 $\square BDCF$,联结 EF. 由

$$BE > CD = BF$$

图 23.1

则

$$\angle 1 < \angle 2$$

又 $CE = BD = CF$,所以

$$\angle 3 = \angle 4$$

即

$$\angle BEC < \angle BFC = \angle BDC \qquad ②$$

式①与式②相矛盾,则 AB 不大于 AC. 同理 AC 不大于 AB,故 $AB = AC$.

证法 2　如图 23.2 所示,设 $BC = a$,$AB = c$,$AC = b$,则由角平分线定理,有

$$AD = \frac{bc}{a+c}, DC = \frac{ab}{a+c}, AE = \frac{bc}{a+b}, BE = \frac{ac}{a+b}$$

又根据斯库顿定理,所以

$$BD^2 = AB \cdot BC - AD \cdot DC = ac - \frac{bc}{a+c} \cdot \frac{ab}{a+c}$$

$$CE^2 = AC \cdot BC - AE \cdot EB = ab - \frac{bc}{a+b} \cdot \frac{ac}{a+b}$$

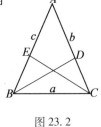

图 23.2

又 $BD = CE$,所以

$$ac - \frac{ab^2c}{(a+c)^2} = ab - \frac{abc^2}{(a+b)^2}$$

整理,得

$$(b-c)(a^3 + a^2b + a^2c + 3abc + b^2c + bc^2) = 0$$

显然后一因式不等于零,故 $b-c=0$,即 $AB=AC$.

证法 3   各边如前所设,又设 $\angle ABC=2\alpha$, $\angle ACB=2\beta$. 由
$$S_{\triangle ABC}=\frac{1}{2}ac\sin 2\alpha=\frac{1}{2}ab\sin 2\beta$$
则
$$\frac{\sin 2\beta}{\sin 2\alpha}=\frac{c}{b} \qquad ③$$
又因为 $S_{\triangle ABD}+S_{\triangle BDC}=S_{\triangle AEC}+S_{\triangle CEB}$,所以
$$\frac{1}{2}c\cdot BD\sin\alpha+\frac{1}{2}a\cdot BE\sin\alpha=\frac{1}{2}b\cdot CE\sin\beta+\frac{1}{2}a\cdot CE\sin\beta$$
又 $BD=CE$,所以
$$\frac{\sin\beta}{\sin\alpha}=\frac{a+c}{a+b} \qquad ④$$
③÷④得
$$\frac{\cos\beta}{\cos\alpha}=\frac{ac+bc}{ab+bc} \qquad ⑤$$
若 $\alpha\neq\beta$,不妨设 $\alpha>\beta$,由于 α,β 均为锐角,则 $\cos\alpha<\cos\beta$,从而由式⑤有
$$\frac{ac+bc}{ab+bc}>1$$
故
$$c>b$$
另一方面,由 $\alpha>\beta$ 有 $2\alpha>2\beta$,则 $b>c$,产生矛盾. 这说明 α,β 只能相等,故
$$AB=AC$$

证法 4   如图 23.3 所示,设 $AB\neq AC$,不妨设 $AB>AC$,则 $\beta>\alpha$,在 $\triangle BCE$ 和 $\triangle BCD$ 中,因为 $CE=BD,BC=BC,\alpha<\beta$,所以
$$CD<BE \qquad ⑥$$
作 $\square BDGE$,则
$$GD=EB, EG=BD=CE$$
则
$$\angle EGC=\angle ECG$$
又 $\alpha<\beta$,所以
$$\angle DGC>\angle DCG$$
即
$$CD>DG=BE$$
这与式⑥相矛盾,故 $AB>AC$ 不成立. 同理 $AB<AC$ 也不成立,所以 $AB=AC$.

证法 5   如图 23.4 所示,假设 $AB>AC$,则 $\angle ABD<\angle ECA$,在 $\angle ECA$ 中,作

$\angle ECD' = \angle EBD$,交 BD 于点 D',则 B,C,D',E 四点共圆,且 $\overparen{ED'} = \overparen{D'C} < \overparen{BE}$,由 $\overparen{BED'} > \overparen{ED'C}$,故 $BD' > CE$,从而 $BD > CE$,这与 $BD = CE$ 相矛盾,则 $AB > AC$ 不成立.同理 $AB < AC$ 也不成立,故 $AB = AC$.

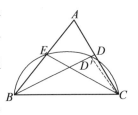

图 23.4

证法 6 如图 23.5 所示,不妨设 $\angle B \geqslant \angle C$,在 IE 上取点 M,使 $\angle IBM = \angle ICD$,联结 BM 交 AC 于点 N,则

$$\triangle BND \backsim \triangle CNM$$

有
$$\frac{BD}{CM} = \frac{BN}{NC}$$

因为 $CM \leqslant BD$,所以
$$BN \geqslant CN$$

即
$$\angle C \geqslant \angle IBM + \frac{\angle B}{2} = \frac{\angle C}{2} + \frac{\angle B}{2}$$

亦即 $\angle C \geqslant \angle B$,已设 $\angle B \geqslant \angle C$,故 $\angle B = \angle C$.

证法 7 如图 23.6 所示,过点 A 作 $\angle A$ 的外角平分线交 $\triangle AEC$ 的外接圆于点 G,交 $\triangle ADB$ 的外接圆于点 H.设 $\angle ABC = 2\alpha, \angle ACB = 2\beta$,延长 BA 至点 F,则

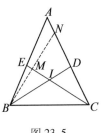

图 23.5

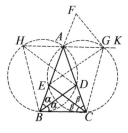

图 23.6

$$\angle FAG = \angle GAC = \alpha + \beta$$

从而
$$\angle GCE = \angle GEC = \alpha + \beta$$

同理
$$\angle HBD = \angle HDB = \alpha + \beta$$

又 $EC = BD$,所以 $\triangle GEC \cong \triangle HBD$. 得

$$HB = HD = GE = GC$$

且
$$\angle ACG = \alpha, \angle HBA = \beta$$

于是
$$\angle KGC = 2\alpha + \beta = \angle HBC$$

可知 H,B,C,G 四点共圆,得 $HG \parallel BC$. 从而

$$\angle ABC = \angle FAG = \angle GAC = \angle ACB$$

故 $$AC = AB$$

证法 8 如图 23.7 所示,以 BD 为一边作 $\triangle FBD$,使 $\angle FDB = \angle ECB, FD = CB, F, C$ 两点分别在直线 BD 的两旁.

易知 $\triangle FBD \cong \triangle BEC$,有
$$\angle FBD = \angle BEC$$

设 BD 与 CE 交于点 I,易知
$$\angle BIC = 90° + \frac{1}{2} \angle A$$

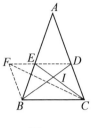

图 23.7

即 $\angle BIC$ 为钝角,且
$$\angle FBC = \angle FBD + \angle DBC = \angle BEC + \angle EBI = \angle BIC$$
$$\angle CDF = \angle CDB + \angle FDB = \angle CDI + \angle DCI = \angle BIC$$

即 $$\angle FBC = \angle CDF > 90°$$

能够证明:有两边和其中大边的对角对应相等的两个三角形全等(留给读者完成).

可见 $\triangle BCF \cong \triangle DFC$.

从而四边形 $FBCD$ 为平行四边形,得
$$\angle DBC = \angle FDB = \angle ECB$$

又 $\angle ACB = \angle ABC$,所以 $AB = AC$.

证法 9 如图 23.8 所示,把 $\triangle BDC$ 变换为 $\triangle PBD$,得
$$DP = BC, \angle PDB = \beta, \angle PBD = \angle BEC, PB = BE$$

于是
$$\angle PDC = \angle PDB + \angle BDC = \beta + (\pi - \alpha - 2\beta)$$
$$= \pi - \alpha - \beta$$
$$\angle PBC = \angle PBD + \angle DBC = (\pi - \beta - 2\alpha) + \alpha$$
$$= \pi - \alpha - \beta$$

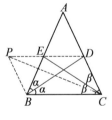

图 23.8

而 $\alpha + \beta = \frac{1}{2}(\pi - \angle A) < \frac{\pi}{2}$,故 $\angle PDC = \angle PBC$ 为钝角.

又由 $DP = BC, PC = CP$,所以 $\triangle PBC \cong \triangle CDP$,从而 $CD = PB = BE$,故 $\triangle EBC \cong \triangle DCB, \alpha = \beta$,因此 $AB = AC$.

证法 10 如图 23.9 所示,显然点 I 为 $\triangle ABC$ 的内心,联结 AI,则 AI 平分 $\angle BAC$.

因 $BD = CE$,将 $\triangle ABD$ 与 $\triangle AEC$ 重新摆放,使 BD 与 EC 重合,如图 23.10 所示.

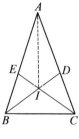

图 23.9

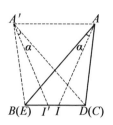

图 23.10

由 $\angle BA'D = \angle BAD$，有 B,D,A,A' 四点共圆，得
$$\angle ABD = \angle AA'D$$
设 $\angle EAI = \angle IAD = \alpha$，有
$$\angle AID = \angle ABI + \alpha = \angle AA'D + \alpha = \angle AA'I'$$
则 I',I,A,A' 四点共圆.

又 $A'I' = AI$，所以 $A'A \parallel I'I$，即 $A'A \parallel BD$.

故 $AB = A'D$，即 $AB = AC$.

证法 11 如图 23.11 所示，设 $\angle ABC = 2\alpha, \angle ACB = 2\beta$，以 EB,BD 为邻边作 $\square EBDF$，联结 FC，则
$$\angle EFD = \angle EBD = \alpha$$
$$EF = BD = EC$$
于是
$$\angle EFC = \angle ECF$$
设 $\alpha > \beta$，则
$$\angle DFC < \angle DCF$$
于是
$$BE = DF > DC$$

图 23.11

在 $\triangle BCD$ 与 $\triangle BCE$ 中，$BC = BC, BD = CE, BE > DC$，可知 $\alpha < \beta$. 这与题设 $\alpha > \beta$ 相矛盾.

从而 $\alpha > \beta$ 不对.

同理，$\alpha < \beta$ 也不对. 故只有 $\alpha = \beta$.

故 $AC = AB$.

证法 12 如图 23.12 所示，设 a,b,c 为 $\triangle ABC$ 的三边，$\angle ABC = 2\alpha$，$\angle ACB = 2\beta, BD = CE = m$，由 $S_{\triangle ABC} = S_{\triangle ABD} + S_{\triangle DBC}$，有
$$\frac{1}{2}ac\sin 2\alpha = \frac{1}{2}mc\sin\alpha + \frac{1}{2}ma\sin\alpha$$

则 $$\frac{2\cos\alpha}{m} = \frac{1}{a} + \frac{1}{c}$$

同理可得 $$\frac{2\cos\beta}{m} = \frac{1}{a} + \frac{1}{b}$$

⑦ - ⑧,得

$$\frac{2}{m}(\cos\alpha - \cos\beta) = \frac{b-c}{bc}$$

若 $b > c$,则 $\cos\alpha > \cos\beta$.

又 $f(x) = \cos x$,在 $(0,\pi)$ 内是减函数,从而 $\alpha < \beta$,从而 $b < c$,产生矛盾. 若 $b < c$,同理可推得 $b > c$,也产生矛盾.

故 $b = c$,即 $\triangle ABC$ 为等腰三角形.

证法 13 由 $\dfrac{AC}{CD} = \dfrac{BA \cdot \sin\angle B}{BD \cdot \sin\dfrac{1}{2}\angle B}$,得

$$\frac{AC}{CD} = \frac{2BA \cdot \cos\dfrac{1}{2}\angle B}{BD}$$

由 $\dfrac{AD}{DC} = \dfrac{BA}{BC}$,有

$$\frac{CA}{CD} = \frac{BA + BC}{BC}$$

从而

$$\frac{2BA \cdot \cos\dfrac{1}{2}\angle B}{BD} = \frac{BA + BC}{BC}$$

再由 $\dfrac{AB}{BE} = \dfrac{CA \cdot \sin\angle C}{CE \cdot \sin\dfrac{1}{2}\angle C}$,得

$$\frac{AB}{BE} = \frac{2CA \cdot \cos\dfrac{1}{2}\angle C}{CE}$$

由 $\dfrac{AE}{EB} = \dfrac{CA}{BC}$,得

$$\frac{AB}{BE} = \frac{CA + BC}{BC}$$

从而

$$\frac{2CA \cdot \cos\dfrac{1}{2}\angle C}{CE} = \frac{CA + BC}{BC}$$

由式⑨,⑩并结合 $BD = CE$,得

$$\frac{\cos\frac{1}{2}\angle B}{\cos\frac{1}{2}\angle C} = \frac{CA(BA+BC)}{AB(CA+BC)}$$

若 $\frac{1}{2}\angle B \neq \frac{1}{2}\angle C$,不妨设 $\angle B > \angle C$,则 $AC > AB$;

又 $\frac{1}{2}\angle B, \frac{1}{2}\angle C \in \left(0, \frac{\pi}{2}\right)$,所以

$$\cos\frac{1}{2}\angle B < \cos\frac{1}{2}\angle C$$

于是

$$\frac{CA(BA+BC)}{AB(CA+BC)} < 1$$

得 $CA < AB$. 由此产生矛盾.

若设 $\angle B < \angle C$,同理也产生矛盾.

故 $\angle B = \angle C$,即 $AC = AB$ 成立.

证法 14[①] 如图 23.13 所示,设 $\triangle ABC$ 的边长分别为 $AB = c, BC = b, CA = a$,则 $\angle B$ 的平分线 BD 长

$$BD^2 = t_B^2 = ac - AD \cdot DC = ac - \frac{ab^2c}{(a+c)^2}$$

$$= ac\left[1 - \frac{b^2}{(a+c)^2}\right]$$

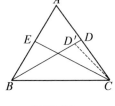

图 23.13

则 $\angle C$ 的平分线 CE 长

$$CE^2 = t_C^2 = b\left[1 - \frac{c^2}{(a+b)^2}\right]$$

此时,取函数 $f(x) = ax\left[1 - \frac{b^2}{(a+x)^2}\right](x \geq c)$,则 $f(x)$ 为增函数.

于是,当 $b \geq c$ 时,有

$$BD^2 = ac\left[1 - \frac{b^2}{(a+c)^2}\right] \leq ab\left[1 - \frac{b^2}{(a+b)^2}\right] \leq ab\left[1 - \frac{c^2}{(a+b)^2}\right] = CE^2$$

由于 $BD = CE$,则

$$ac\left[1 - \frac{b^2}{(a+c)^2}\right] = ab\left[1 - \frac{b^2}{(a+b)^2}\right] = ab\left[1 - \frac{c^2}{(a+b)^2}\right]$$

---

① 赵临龙. 斯坦纳定理的又一证法[J]. 福建中学数学, 2003(10):16.

即 $b = c$.

证法 15 如图 23.13 所示,若 $\angle B \neq \angle C$,不妨设 $\angle B < \angle C$,则
$$\frac{1}{2}\angle B < \frac{1}{2}\angle C$$
在 BD 上取一点 D',使
$$\angle D'CE = \frac{1}{2}\angle B$$
从而 $\angle D'CE = \angle D'BC$,故 B,C,D',E 四点共圆.

又
$$\angle B < \frac{1}{2}(\angle B + \angle C) < \frac{1}{2}(\angle A + \angle B + \angle C)$$
所以
$$\angle CBE < \angle D'CB < 90°$$
从而 $CE < D'B$(同圆或等圆中两圆周角都是锐角,则较小角所对的弦较短).
于是
$$CE < BD' < BD$$

这与题设 $CE = BD$ 相矛盾,故应有 $\angle B = \angle C$,所以 $\triangle ABC$ 是等腰三角形.

注:由上面的证法,可得一个更为广泛的结论:"设点 D,E 分别是 $\triangle ABC$ 两边 AC,AB 上的点,设 $\angle ABD = \alpha$,$\angle DBC = \alpha_1$,$\angle ACE = \beta$,$\angle ECB = \beta_1$,如果 $\alpha:\alpha_1 = \beta:\beta_1 = t$,且 $BD = CE$,则 $AB = AC$."显然,当 $t = 1$ 时,就是斯坦纳 – 莱默斯定理(图 23.14).

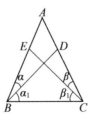

图 23.14

注:这条定理在历史上的多种证法可参见作者另著《几何瑰宝》(第二版,即将由哈尔滨工业大学出版社出版).

第 24 章 共边比例定理

共边比例定理 若两个共边 AB 的三角形 $\triangle PAB$,$\triangle QAB$ 的对应顶点 P,Q 所在的直线与 AB 交于点 M,则

$$\frac{S_{\triangle PAB}}{S_{\triangle QAB}} = \frac{PM}{QM}$$

证法 1 如图 24.1 所示,由同底三角形的面积关系式,有

$$S_{\triangle PAM} = \frac{PM}{QM} \cdot S_{\triangle QAM}, S_{\triangle PBM} = \frac{PM}{QM} \cdot S_{\triangle QBM}$$

对于图 24.1 中(a),(b),由上述两式相加即证得.

对于图 24.1 中(c),(d),由上述两式相减即证得.

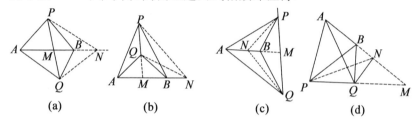

图 24.1

证法 2 如图 24.1 所示,在直线 AB 上取一点 N,使 $NM = AB$,则 $S_{\triangle PAB} = S_{\triangle PMN}$,$S_{\triangle QAB} = S_{\triangle QMN}$,所以

$$\frac{S_{\triangle PAB}}{S_{\triangle QAB}} = \frac{S_{\triangle PMN}}{S_{\triangle QMN}} = \frac{PM}{QM}$$

证法 3 如图 24.1 所示,不妨设 A 与 M 不同,则

$$\frac{S_{\triangle PAB}}{S_{\triangle QAB}} = \frac{S_{\triangle PAB}}{S_{\triangle PAM}} \cdot \frac{S_{\triangle PAM}}{S_{\triangle QAM}} \cdot \frac{S_{\triangle QAM}}{S_{\triangle QAB}}$$

$$= \frac{AB}{AM} \cdot \frac{PM}{QM} \cdot \frac{AM}{AB}$$

$$= \frac{PM}{QM}$$

第 25 章 斯特瓦尔特定理

斯特瓦尔特定理 设点 P 为 $\triangle ABC$ 的 BC 边所在直线上的任意一点（$P \neq B, P \neq C$），则 $\overrightarrow{AP}^2 = \overrightarrow{AB}^2 \cdot \dfrac{\overrightarrow{PC}}{\overrightarrow{BC}} + \overrightarrow{AC}^2 \cdot \dfrac{\overrightarrow{BP}}{\overrightarrow{BC}} - \overrightarrow{BP} \cdot \overrightarrow{PC}$.

证法 1 如图 25.1 所示，不失一般性，不妨设点 P 在线段 BC 上，且 $\angle APC < 90°$。由余弦定理，有

$$\overrightarrow{AC}^2 = \overrightarrow{AP}^2 + \overrightarrow{PC}^2 - 2\overrightarrow{AP} \cdot \overrightarrow{PC}$$

$$\overrightarrow{AB}^2 = \overrightarrow{AP}^2 + \overrightarrow{BP}^2 - 2\overrightarrow{AP} \cdot \overrightarrow{PB}$$

对上述两式分别乘以 $\overrightarrow{BP}, \overrightarrow{PC}$ 后相加，整理得

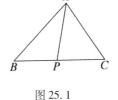

图 25.1

$$\overrightarrow{AP}^2 = \overrightarrow{AB}^2 \cdot \dfrac{\overrightarrow{PC}}{\overrightarrow{BC}} + \overrightarrow{AC}^2 \cdot \dfrac{\overrightarrow{BP}}{\overrightarrow{BC}} - \overrightarrow{BP} \cdot \overrightarrow{PC}$$

证法 2 设 $\dfrac{\overrightarrow{BP}}{\overrightarrow{PC}} = \lambda (\lambda \neq -1)$，则 $\overrightarrow{BP} = \lambda \overrightarrow{PC}$，有 $\overrightarrow{AP} - \overrightarrow{AB} = \lambda(\overrightarrow{AC} - \overrightarrow{AP})$，从而

$$\overrightarrow{AP} = \dfrac{1}{1+\lambda}\overrightarrow{AB} + \dfrac{\lambda}{1+\lambda}\overrightarrow{AC} \qquad ①$$

对于式①，两边分别与 $\overrightarrow{AB}, \overrightarrow{AC}$ 作内积，得

$$\overrightarrow{AP} \cdot \overrightarrow{AB} = \dfrac{1}{1+\lambda}\overrightarrow{AB} \cdot \overrightarrow{AB} + \dfrac{\lambda}{1+\lambda}\overrightarrow{AC} \cdot \overrightarrow{AB} \qquad ②$$

$$\overrightarrow{AP} \cdot \overrightarrow{AC} = \dfrac{1}{1+\lambda}\overrightarrow{AB} \cdot \overrightarrow{AC} + \dfrac{\lambda}{1+\lambda}\overrightarrow{AC} \cdot \overrightarrow{AC} \qquad ③$$

②+③，并注意 $\dfrac{1}{1+\lambda} = \dfrac{\overrightarrow{PC}}{\overrightarrow{BC}}, \dfrac{\lambda}{1+\lambda} = \dfrac{\overrightarrow{BP}}{\overrightarrow{BC}}$，有

$$\overrightarrow{AP} \cdot \overrightarrow{AB} + \overrightarrow{AP} \cdot \overrightarrow{AC} = \overrightarrow{AB} \cdot \overrightarrow{AC} + \dfrac{1}{1+\lambda}AB^2 + \dfrac{\lambda}{1+\lambda}AC^2$$

亦有

$$(\overrightarrow{AP} - \overrightarrow{AB})(\overrightarrow{AC} - \overrightarrow{AP}) + \overrightarrow{AP} \cdot \overrightarrow{AP} = \overrightarrow{AB}^2 \cdot \dfrac{\overrightarrow{PC}}{\overrightarrow{BC}} + \overrightarrow{AC}^2 \cdot \dfrac{\overrightarrow{BP}}{\overrightarrow{BC}}$$

故 $\overrightarrow{AP}^2 = \overrightarrow{AB}^2 \cdot \dfrac{\overrightarrow{PC}}{\overrightarrow{BC}} + \overrightarrow{AC}^2 \cdot \dfrac{\overrightarrow{BP}}{\overrightarrow{BC}} - \overrightarrow{BP} \cdot \overrightarrow{PC}$.

证法 3 设 $\dfrac{\overrightarrow{BP}}{\overrightarrow{PC}} = \lambda\,(\lambda \ne -1)$,则 $\dfrac{\overrightarrow{BP}}{\overrightarrow{BC}} = \dfrac{\lambda}{1+\lambda}$,$\dfrac{\overrightarrow{PC}}{\overrightarrow{BC}} = \dfrac{1}{1+\lambda}$.

由 $\overrightarrow{BC}^2 = (\overrightarrow{AC} - \overrightarrow{AB}) = \overrightarrow{AC}^2 + \overrightarrow{AB}^2 - 2\,\overrightarrow{AB} \cdot \overrightarrow{AC}$,从而

$$\overrightarrow{BP} \cdot \overrightarrow{PC} = \dfrac{\lambda}{(1+\lambda)^2}\overrightarrow{BC}^2 = \dfrac{\lambda}{(1+\lambda)^2}(\overrightarrow{AC}^2 + \overrightarrow{AB}^2 - 2\overrightarrow{AB} \cdot \overrightarrow{AC})$$

即有

$$\dfrac{2\lambda}{(1+\lambda)^2}\overrightarrow{AB} \cdot \overrightarrow{AC} = \dfrac{\lambda}{(1+\lambda)^2}(\overrightarrow{AB}^2 + \overrightarrow{AC}^2) - \overrightarrow{BP} \cdot \overrightarrow{PC}$$

注意到式①,有

$$\overrightarrow{AP}^2 = \left(\dfrac{\overrightarrow{AB} + \lambda \overrightarrow{AC}}{1+\lambda}\right)^2 = \dfrac{1}{(1+\lambda)^2}\overrightarrow{AB}^2 + \dfrac{\lambda^2}{(1+\lambda)^2}\overrightarrow{AC}^2 + \dfrac{2\lambda}{(1+\lambda)^2}\overrightarrow{AB} \cdot \overrightarrow{AC}$$

$$= \dfrac{1}{1+\lambda}\overrightarrow{AB}^2 + \dfrac{\lambda}{1+\lambda}\overrightarrow{AC}^2 - \overrightarrow{BP} \cdot \overrightarrow{PC}$$

故 $\overrightarrow{AP}^2 = \overrightarrow{AB}^2 \cdot \dfrac{\overrightarrow{PC}}{\overrightarrow{BC}} + \overrightarrow{AC}^2 \cdot \dfrac{\overrightarrow{BP}}{\overrightarrow{BC}} - \overrightarrow{BP} \cdot \overrightarrow{PC}$.

第 26 章 平行四边形判定定理

平行四边形判定定理 一组对边平行且相等的四边形是平行四边形.即已知在四边形 $ABCD$ 中,$AB \underline{\parallel} CD$.求证:四边形 $ABCD$ 是平行四边形.

证法 1 如图 26.1 所示,联结 AC.由 $AB /\!/ CD$,有
$$\angle BAC = \angle DCA$$
又 $AB = CD, AC = CA$,得
$$\triangle ABC \cong \triangle CDA$$
所以
$$BC = AD$$
故四边形 $ABCD$ 是平行四边形.

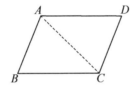

图 26.1

证法 2 如图 26.1 所示,由证法 1 可知 $\triangle ABC \cong \triangle CDA$,于是
$$\angle ACB = \angle CAD$$
$$BC /\!/ AD$$
故四边形 $ABCD$ 是平行四边形.

证法 3 如图 26.2 所示,由证法 1 可知 $\triangle ABC \cong \triangle CDA$,有 $\angle B = \angle D$,且 $\angle BAC = \angle DCA, \angle BCA = \angle DAC$,于是
$$\angle BAC + \angle DAC = \angle DCA + \angle BCA$$
即
$$\angle BAD = \angle BCD$$
故四边形 $ABCD$ 是平行四边形.

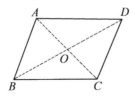

图 26.2

证法 4 如图 26.2 所示,联结 AC, BD 交于点 O.由 $AB /\!/ CD$,有

$$\angle BAC = \angle DCA, \angle ABO = \angle ODC$$

又 $AB = CD$,所以
$$\triangle ABO \cong \triangle DCO$$

则
$$AO = OC, BO = OD$$

故四边形 $ABCD$ 是平行四边形.

证法 5　如图 26.3 所示,分别由点 A, D 作 BC 的垂线,点 E, F 为垂足. 由 $AB /\!/ CD$,有 $\angle ABE = \angle DCF$. 又 $AB = CD$,所以 $\mathrm{Rt}\triangle ABE \cong \mathrm{Rt}\triangle DCF$.

得 $BE = CF$,且四边形 $AEFD$ 为矩形,有
$$AD = EF = EF + BE - CF = BC$$

即
$$AD = BC$$

故四边形 $ABCD$ 是平行四边形.

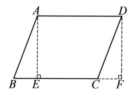

图 26.3

第27章 梯形面积公式

梯形面积公式 四边形 $ABCD$ 是梯形，$AD \parallel BC$，$AD=a$，$BC=b$，高 $AF=h$. 求证：$S_{梯形ABCD}=\dfrac{1}{2}(a+b)h$.

证法1 如图27.1所示，过点 A 作 DC 的平行线，交 BC 于点 E. 易知四边形 $AECD$ 为平行四边形，有

$$S_{梯形ABCD}=S_{\triangle ABE}+S_{\square AECD}$$
$$=\dfrac{1}{2}(b-a)h+ah=\dfrac{1}{2}(a+b)h$$

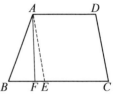

图 27.1

故 $S_{梯形ABCD}=\dfrac{1}{2}(a+b)h$

证法2 如图27.2所示，联结 FD，有

$$S_{梯形ABCD}=S_{\triangle ABF}+S_{\triangle FDA}+S_{\triangle DFC}$$
$$=\dfrac{1}{2}BF\cdot h+\dfrac{1}{2}ah+\dfrac{1}{2}FC\cdot h$$
$$=\dfrac{1}{2}(BF+FC+a)h$$
$$=\dfrac{1}{2}(a+b)h$$

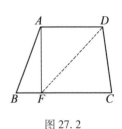

图 27.2

即 $S_{梯形ABCD}=\dfrac{1}{2}(a+b)h$

证法3 如图27.3所示，联结 AC，有

$$S_{梯形ABCD}=S_{\triangle ABC}+S_{\triangle ACD}=\dfrac{1}{2}bh+\dfrac{1}{2}ah=\dfrac{1}{2}(a+b)h$$

故 $S_{梯形ABCD}=\dfrac{1}{2}(a+b)h$

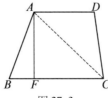

图 27.3

证法4 如图27.4所示，过点 D 作 BC 的垂线，点 E 为垂足，有

$$\begin{aligned}S_{\text{梯形}ABCD}&=S_{\triangle ABF}+S_{\text{矩形}AFED}+S_{\triangle CDE}\\&=\frac{1}{2}BF\cdot h+FE\cdot h+\frac{1}{2}EC\cdot h\\&=\frac{1}{2}(BF+FE+EC+AD)h\\&=\frac{1}{2}(a+b)h\end{aligned}$$

图 27.4

故
$$S_{\text{梯形}ABCD}=\frac{1}{2}(a+b)h$$

证法5 如图 27.5 所示,联结 AC,BD,由点 D 作 AC 的平行线交 BC 的延长线于点 E. 易知四边形 $ACED$ 为平行四边形,有$\triangle EDC\cong\triangle ACD$.

图 27.5

从而
$$S_{\triangle CDE}=S_{\triangle CDA}=S_{\triangle ABD}$$
$$S_{\text{梯形}ABCD}=S_{\triangle DBE}=\frac{1}{2}(a+b)h$$

即
$$S_{\text{梯形}ABCD}=\frac{1}{2}(a+b)h$$

证法6 如图 27.6 所示,在 BC 的延长线上取一点 E,使 $CE=AD$,联结 AE,交 DC 于点 G,有$\triangle CEG\cong\triangle DAG$.

$$S_{\text{梯形}ABCD}=S_{\triangle ABE}=\frac{1}{2}(a+b)h$$

图 27.6

即
$$S_{\text{梯形}ABCD}=\frac{1}{2}(a+b)h$$

证法7 如图 27.7 所示,分别取 AB,DC 的中点 M,N,分别过点 M,N 作 BC 的垂线,交直线 AD 于点 G,E,点 P,Q 为垂足. 易知 $\triangle AGM\cong\triangle BPM$,$\triangle DEN\cong\triangle CQN$,四边形 $PQEG$为矩形,$BP=GA$,$QC=DE$.

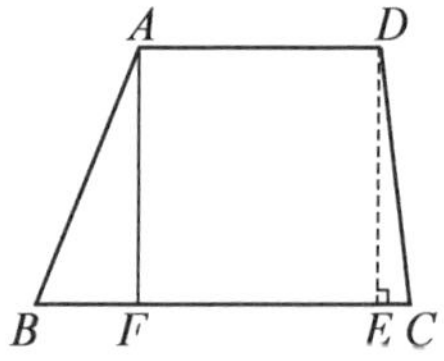

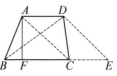

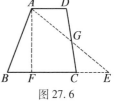

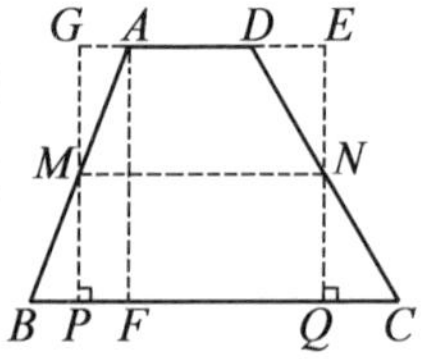

图 27.7

$$\begin{aligned}S_{\text{梯形}ABCD}&=S_{\text{矩形}PQEG}=PQ\cdot h\\&=\frac{1}{2}(PQ+GE)h\\&=\frac{1}{2}(PQ+GA+AD+DE)h\\&=\frac{1}{2}(PQ+BP+QC+AD)h\\&=\frac{1}{2}(AD+BC)h\end{aligned}$$

$$= \frac{1}{2}(a+b)h$$

故 $$S_{梯形ABCD} = \frac{1}{2}(a+b)h$$

证法 8 如图 27.8 所示,设 BA,CD 的延长线交于点 G. 由点 G 作 BC 的垂线交 AD 于点 H,点 E 为垂足.

由 $\frac{GH}{GE} = \frac{AD}{BC}$,有 $\frac{GH}{h} = \frac{a}{b-a}$,得 $GH = \frac{ah}{b-a}$.

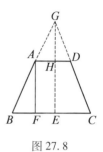

图 27.8

$$\begin{aligned}
S_{梯形ABCD} &= S_{\triangle GBC} - S_{\triangle GAD} \\
&= \frac{1}{2}BC \cdot GE - \frac{1}{2}GH \cdot AD \\
&= \frac{1}{2}BC(GH+h) - \frac{1}{2}GH \cdot AD \\
&= \frac{1}{2}GH(BC-AD) + \frac{1}{2}BC \cdot h \\
&= \frac{1}{2}(b-a)\frac{ah}{b-a} + \frac{1}{2}bh \\
&= \frac{1}{2}(a+b)h
\end{aligned}$$

即 $$S_{梯形ABCD} = \frac{1}{2}(a+b)h$$

证法 9 如图 27.9 所示,在 BC 边的延长线上取一点 E,使 $CE = AD$,在 AD 边的延长线上取一点 G,使 $DG = BC$,有 $AG \underline{\underline{\parallel}} BE$,可知四边形 $ABEG$ 为平行四边形,且 $S_{\square ABEG} = 2S_{梯形ABCD}$.

故 $$S_{梯形ABCD} = \frac{1}{2}BE \cdot AF = \frac{1}{2}(a+b)h$$

证法 10 如图 27.10 所示,取 DC 边的中点 E,过点 E 作 AB 的平行线,分别交直线 AD,BC 于点 G,H. 易知四边形 $ABHG$ 为平行四边形,且 $\triangle DEG \cong \triangle CEH$,有 $DG = HC$,且

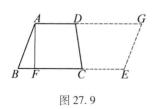

图 27.9

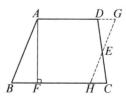

图 27.10

$$S_{梯形ABCD} = S_{\square ABHG} = BH \cdot AF$$
$$= \frac{1}{2}(BH + AG) \cdot AF$$
$$= \frac{1}{2}(b - HC + a + DG)h$$
$$= \frac{1}{2}(a + b)h$$

即 $$S_{梯形ABCD} = \frac{1}{2}(a+b)h$$

第28章 梯形对角线的中位线定理

梯形对角线的中位线定理 梯形两条对角线中点的连线等于两底差的绝对值的一半,即在梯形 $ABCD$ 中,$AD \parallel BC$ 且 $AD < BC$,点 F,E 分别为对角线 AC,BD 的中点,则 $EF = \frac{1}{2}(BC - AD)$.

证法1 如图 28.1 所示,联结 AE 并延长交 BC 于点 G. 因为点 E 为 BD 的中点,$AD \parallel BC$,所以
$$\triangle AED \cong \triangle GEB$$
有
$$BG = AD, AE = EG$$
在 $\triangle AGC$ 中,EF 为中位线,得
$$EF = \frac{1}{2}GC = \frac{1}{2}(BC - BG) = \frac{1}{2}(BC - AD)$$
故
$$EF = \frac{1}{2}(BC - AD)$$

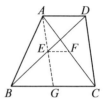

图 28.1

证法2 如图 28.2 所示,设 CE, DA 的延长线交于点 G,由点 E 为 BD 的中点,$AD \parallel BC$,易知
$$\triangle GED \cong \triangle CEB$$
得
$$GD = BC, GE = EC$$
在 $\triangle CAG$ 中,因为点 E, F 分别为 CG, CA 的中点,所以
$$EF = \frac{1}{2}GA = \frac{1}{2}(GD - AD) = \frac{1}{2}(BC - AD)$$
故
$$EF = \frac{1}{2}(BC - AD)$$

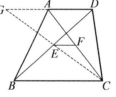

图 28.2

证法3 如图 28.3 所示,联结 AE 交 BC 于点 G,联结 GD.

因为 $BE = ED, AD \parallel BG$,所以
$$AE = EG$$
则四边形 $ABGD$ 为平行四边形.

从而 $AD = BG$.(以下同证法1,略)

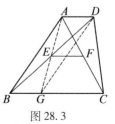

图 28.3

证法 4 如图 28.4 所示,设直线 CE 交 DA 的延长线于点 G,联结 BG. 由 $BE=ED,AD/\!/BC$,有 $GE=EC$,得四边形 $GBCD$ 为平行四边形.

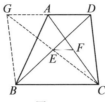

图 28.4

则 $GD=BC$.(以下同证法 2,略)

证法 5 如图 28.5 所示,过点 F 作 BD 的平行线,分别交直线 BC,AD 于点 G,H.

因为点 E,F 分别为 BD,AC 的中点,所以
$$EF/\!/AD/\!/BC$$
则四边形 $EBGF,EFHD$ 均为平行四边形,有
$$DH=BG=EF$$

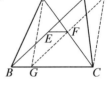

图 28.5

又 $$AF=FC,AD/\!/BC$$
所以 $$GF=FH$$
从而四边形 $GCHA$ 为平行四边形,有
$$GC=AH \text{ 或 } BC-BG=AD+DH$$
即 $$BC-EF=AD+EF$$
故 $$2EF=BC-AD$$
即 $$EF=\frac{1}{2}(BC-AD)$$

证法 6 如图 28.6 所示,取 BC 的中点 G,联结 GE,GF 分别交直线 AD 于点 K,H.

易知四边形 $BGHA,GCDK$ 均为平行四边形,有
$$KD=GC=BG=AH=\frac{1}{2}BC$$

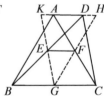

图 28.6

则 $$EF=\frac{1}{2}KH=\frac{1}{2}(KD+AH-AD)$$
$$=\frac{1}{2}(GC+BG-AD)$$
$$=\frac{1}{2}(BC-AD)$$

即 $$EF = \frac{1}{2}(BC - AD)$$

证法 7 如图 28.7 所示,设 AC, BD 交于点 O.

因为点 E, F 分别为 BD, AC 的中点,所以 $EF \parallel BC \parallel AD$. 在 $\triangle OBC$ 中,有

$$\frac{BC}{EF} = \frac{OC}{OF}$$

又 $AD \parallel EF$,所以

$$\frac{AD}{EF} = \frac{OA}{OF}$$

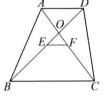

图 28.7

从而
$$\frac{BC - AD}{EF} = \frac{BC}{EF} - \frac{AD}{EF} = \frac{OC - OA}{OF}$$

$$= \frac{\frac{1}{2}AC + OF - \left(\frac{1}{2}AC - OF\right)}{OF}$$

$$= \frac{2OF}{OF} = 2$$

故 $$EF = \frac{1}{2}(BC - AD)$$

第 29 章 梯形的四点共线定理

梯形的四点共线定理 在梯形 $ABCD$ 中,$AB/\!/DC$,两腰 AD,BC 的延长线交于点 P,对角线 AC 与 BD 交于点 Q,点 N,M 分别为 AB,CD 的中点,则 P,M,Q,N 四点共线.

证法 1 如图 29.1 所示,设直线 PQ 分别与 DC,AB 交于点 M',N',由 $CD/\!/AB$,有

$$\frac{DM'}{AN'} = \frac{PM'}{PN'} = \frac{M'C}{N'B} \quad ①$$

$$\frac{DM'}{N'B} = \frac{M'Q}{QN'} = \frac{M'C}{AN'} \quad ②$$

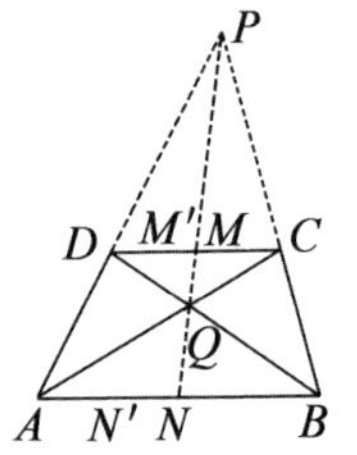

由 ①×② 得

$$\frac{DM'^2}{AN' \cdot N'B} = \frac{M'C^2}{AN' \cdot N'B}$$

图 29.1

故 $DM' = M'C$,即点 M' 为 DC 的中点,亦即点 M' 与 M 重合.

由 ①÷② 得

$$\frac{N'B}{AN'} = \frac{AN'}{N'B}$$

故 $AN' = N'B$,即点 N' 为 AB 的中点,亦即点 N' 与 N 重合.

从而 P,M,Q,N 四点共线.

证法 2 如图 29.1 所示. 设直线 PQ 交 AB 于点 N',由 $DC/\!/AB$ 及共边比例定理,有

$$S_{\triangle PAQ} = \frac{S_{\triangle PAQ}}{S_{\triangle PAB}} \cdot S_{\triangle PAB} = \frac{DQ}{BD} \cdot S_{\triangle PAB} = \frac{S_{\triangle ACD}}{S_{\text{梯形}ABCD}} \cdot S_{\triangle PAB}$$

同理

$$S_{\triangle PBQ} = \frac{S_{\triangle BCD}}{S_{\text{梯形}ABCD}} \cdot S_{\triangle PAB}$$

于是

$$\frac{AN'}{N'B} = \frac{S_{\triangle PAQ}}{S_{\triangle PBQ}} = \frac{\dfrac{S_{\triangle ACD}}{S_{\text{梯形}ABCD}} \cdot S_{\triangle PAB}}{\dfrac{S_{\triangle BCD}}{S_{\text{梯形}ABCD}} \cdot S_{\triangle PAB}} = \frac{S_{\triangle ACD}}{S_{\triangle BCD}} = 1$$

即点 N' 为 AB 的中点,亦即点 N' 与 N 重合. 故直线 PQ 过 AB 的中点 N.

同理,直线 PQ 过 DC 的中点 M.

从而 P,M,Q,N 四点共线.

第30章 梯形性质定理

梯形对角线关系定理 在梯形 $ABCD$ 中,$AB/\!/DC$. 若对角线 $AC\perp BD$,则 $AC^2+BD^2=(AB+DC)^2$.

证法1 如图30.1所示,自点 D 作 $DA'/\!/CA$ 与 BA 的延长线交于点 A'.

则四边形 $A'ACD$ 是平行四边形,$A'D\underline{\underline{/\!/}}AC$.

从而 $\angle A'DB=90°$,所以
$$A'D^2+DB^2=A'B^2$$

故
$$AC^2+BD^2=(A'A+AB)^2=(DC+AB)^2$$

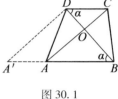

图 30.1

证法2 如图30.2所示,设点 P,Q,R 分别是 DA,AB,BC 的中点,则
$$PQ=\frac{1}{2}DB,QR=\frac{1}{2}AC,PR=\frac{1}{2}(AB+DC)$$

因为 $AC\perp BD$,所以 $\angle PQR=90°$.

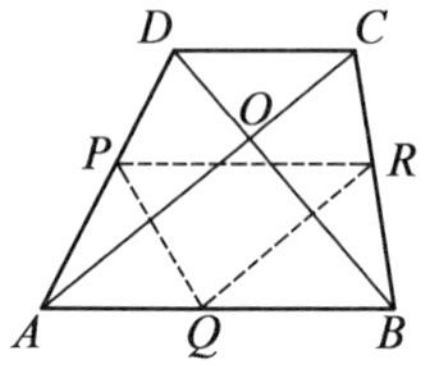

在 $\mathrm{Rt}\triangle PQR$ 中,$PQ^2+QR^2=PR^2$,从而
$$\left(\frac{1}{2}BD\right)^2+\left(\frac{1}{2}AC\right)^2=\left[\frac{1}{2}(AB+DC)\right]^2$$

即
$$BD^2+AC^2=(AB+DC)^2$$

图 30.2

证法3 如图30.2所示,设 $\angle CDB=\angle DBA=\alpha$,则
$$AO=AB\sin\alpha,OB=AB\cos\alpha$$
$$DO=DC\cos\alpha,OC=DC\sin\alpha$$
$$\begin{aligned}AC^2+BD^2&=(AO+OC)^2+(BO+OD)^2\\&=(AB\sin\alpha+DC\sin\alpha)^2+(AB\cos\alpha+DC\cos\alpha)^2\\&=(AB+DC)^2\sin^2\alpha+(AB+DC)^2\cos^2\alpha\\&=(AB+DC)^2\end{aligned}$$

证法4 如图30.3所示,以点 O 为原点,AC 为 x 轴建立平面直角坐标系. 令点 $C(a,0),D(0,b)$. 因为 $DC/\!/AB$,所以可令 $A(-ka,0),B(0,-kb)$,其中 $k=\dfrac{|AB|}{|CD|}$.

从而

$$AC^2 + BD^2 = (1+k)^2 a^2 + (1+k)^2 b^2 = (1+k)^2 (a^2+b^2)$$
$$DC = \sqrt{a^2+b^2}, AB = k\sqrt{a^2+b^2}$$

从而 $DC + AB = (1+k)\sqrt{a^2+b^2}$

有 $(DC+AB)^2 = (1+k)^2(a^2+b^2)$

故 $AC^2 + BD^2 = (DC+AB)^2$

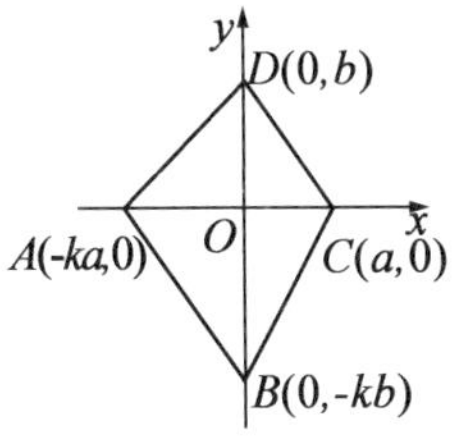

图 30.3

梯形两底倒数的等差中项定理 过梯形对角线交点且与底平行的直线或两腰所得线段的倒数是两底倒数的等差中项.

如图 30.4 所示,在梯形 $ABCD$ 中,$DC \parallel AB$,AC 与 BD 交于点 O,$EF \parallel AB$,且 EF 过点 O,则 $\dfrac{1}{AB} + \dfrac{1}{CD} = \dfrac{2}{EF}$.

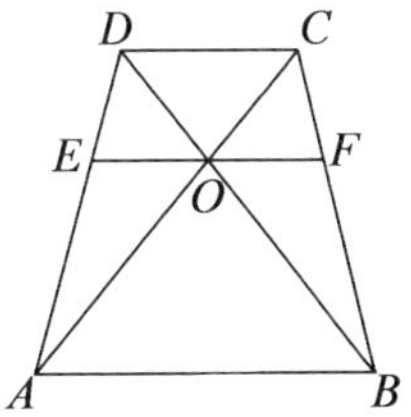

证法 1 如图 30.4 所示,由 $AB \parallel EF \parallel DC$,有
$$\frac{EO}{AB} = \frac{DO}{DB} = \frac{CO}{CA} = \frac{OF}{AB}$$

于是 $EO = OF$,即 $EF = 2EO$.

图 30.4

则 $\dfrac{EO}{AB} + \dfrac{EO}{CD} = \dfrac{DE}{DA} + \dfrac{EA}{DA} = \dfrac{DE+EA}{DA} = \dfrac{DA}{DA} = 1$

即 $\dfrac{1}{AB} + \dfrac{1}{CD} = \dfrac{1}{EO} = \dfrac{2}{EF}$

证法 2 如图 30.5 所示,过点 C 作 DB 的平行线交直线 AB 于点 G,则 $BG = DC$. 由证法知,$EO = OF$. 由 $OB \parallel CG$,$EO \parallel DC$,得
$$\frac{AG}{AB} = \frac{AC}{AO} = \frac{CD}{EO}$$

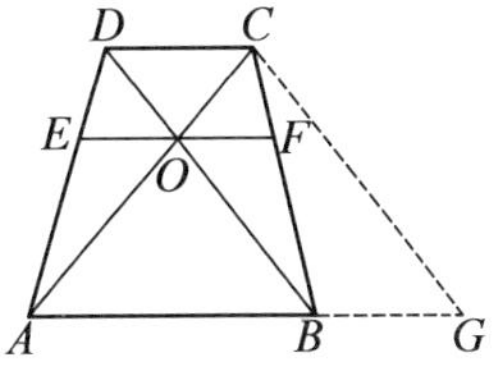

图 30.5

则 $\dfrac{AB+CD}{AB} = \dfrac{CD}{EO}$

即 $1 + \dfrac{CD}{AB} = \dfrac{CD}{EO}$

两边同除以 CD,有
$$\frac{1}{AB} + \frac{1}{CD} = \frac{1}{EO} = \frac{2}{EF}$$

证法 3 如图 30.6 所示,由点 F 作 AD 的平行线,分别交直线 AB,DC 于点 N,M,有
$$\frac{CM}{BN} = \frac{CF}{FB} = \frac{CO}{OA} = \frac{CD}{AB}$$

即 $$\frac{CM}{BN}=\frac{CD}{AB}$$

则 $$\frac{EF-CD}{AB-EF}=\frac{CD}{AB}$$

又 $$\frac{EF-CD}{CD}=\frac{AB-EF}{AB}$$

所以 $$\frac{EF}{CD}-1=1-\frac{EF}{AB}$$

两边同除以 EF,则

$$\frac{1}{AB}+\frac{1}{CD}=\frac{2}{EF}$$

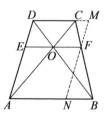

图 30.6

第 31 章　定差幂线定理

定差幂线定理　四边形(凸四边形或凹四边形)两条对角线垂直的充要条件是两组对边的平方和相等.

如图 31.1 所示,设 MN,PQ 是四边形 $MQNP$ 的两条对角线,则 $MN \perp PQ$ 的充要条件是 $PM^2 - PN^2 = QM^2 - QN^2$.

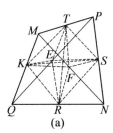
(a)

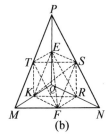
(b)

图 31.1

证法 1　如图 31.1 所示,设点 R,S,T,K,E,F 分别为 QN,NP,PM,MQ,PQ,MN 的中点,将这些中点两两联结,则四边形 $KFSE,RFTE$ 及 $KRST$ 均为平行四边形.

由平行四边形性质,有
$$2(KE^2 + KF^2) = EF^2 + KS^2, 2(ER^2 + RF^2) = EF^2 + RT^2 \qquad ①$$
于是
$$MN \perp PQ \Leftrightarrow 注意 KT // QP, KR // MN, 有 KT \perp KR$$
$$\Leftrightarrow \square KRST 为矩形 \Leftrightarrow KS = RT \Leftrightarrow KS^2 = RT^2$$
$$\Leftrightarrow 注意到式①,有$$
$$4(KE^2 + KF^2) = 4(ER^2 + RF^2)$$
$$\Leftrightarrow 注意到三角形中位线性质,有$$
$$PM^2 + QN^2 = PN^2 + QM^2$$
$$\Leftrightarrow PM^2 - PN^2 = QM^2 - QN^2$$

证法 2　如图 31.1 所示,注意到向量的运算,有
$$PM^2 + QN^2 - PN^2 - QM^2$$
$$= \overrightarrow{PM}^2 + \overrightarrow{QN}^2 - \overrightarrow{PN}^2 - \overrightarrow{QM}^2$$
$$= \overrightarrow{PM}^2 + (\overrightarrow{PN} - \overrightarrow{PQ})^2 - \overrightarrow{PN}^2 - (\overrightarrow{PM} - \overrightarrow{PQ})^2$$

$$= \overrightarrow{PM}^2 + \overrightarrow{PN}^2 + \overrightarrow{PQ}^2 - 2\overrightarrow{PN} \cdot \overrightarrow{PQ} - \overrightarrow{PM}^2 - \overrightarrow{PQ}^2 + 2\overrightarrow{PM} \cdot \overrightarrow{PQ} - \overrightarrow{PN}^2$$

$$= 2\overrightarrow{PM} \cdot \overrightarrow{PQ} - 2\overrightarrow{PN} \cdot \overrightarrow{PQ} = 2(\overrightarrow{PM} - \overrightarrow{PN}) \cdot \overrightarrow{PQ} = 2\overrightarrow{NM} \cdot \overrightarrow{PQ}$$

于是 $MN \perp PQ \Leftrightarrow \overrightarrow{NM} \perp \overrightarrow{PQ} \Leftrightarrow \overrightarrow{NM} \cdot \overrightarrow{PQ} = 0$

$$\Leftrightarrow \overrightarrow{PM}^2 + \overrightarrow{QN}^2 - \overrightarrow{PN}^2 - \overrightarrow{QM}^2 = 0 \Leftrightarrow PM^2 - PN^2 = QM^2 - QN^2$$

注：运用向量运算，还可以这样处理：

（1）由

$$MP^2 - MQ^2 = NP^2 - NQ^2 \Leftrightarrow (\overrightarrow{MP} + \overrightarrow{MQ})(\overrightarrow{MP} - \overrightarrow{MQ}) = (\overrightarrow{NP} + \overrightarrow{NQ})(\overrightarrow{NP} - \overrightarrow{NQ})$$

$$\Leftrightarrow (\overrightarrow{MP} + \overrightarrow{MQ}) \cdot \overrightarrow{QP} = (\overrightarrow{NP} + \overrightarrow{NQ}) \cdot \overrightarrow{QP}$$

$$\Leftrightarrow \overrightarrow{QP} \cdot (\overrightarrow{MP} - \overrightarrow{NP} + \overrightarrow{MQ} - \overrightarrow{NQ}) = 0$$

$$\Leftrightarrow \overrightarrow{QP} \cdot 2\overrightarrow{MN} = 0 \Leftrightarrow MN \perp PQ$$

（2）设以空间一点 O 为起点，点 M,Q,N,P 为终点的向量分别记为 $\boldsymbol{m},\boldsymbol{q},\boldsymbol{n},\boldsymbol{p}$，则

$$PM^2 + QN^2 = PN^2 + QM^2$$

$$\Leftrightarrow (\boldsymbol{m}-\boldsymbol{p})^2 + (\boldsymbol{n}-\boldsymbol{q})^2 = (\boldsymbol{n}-\boldsymbol{p})^2 + (\boldsymbol{m}-\boldsymbol{q})^2$$

$$\Leftrightarrow \boldsymbol{m} \cdot \boldsymbol{p} + \boldsymbol{n} \cdot \boldsymbol{q} = \boldsymbol{n} \cdot \boldsymbol{p} + \boldsymbol{m}\boldsymbol{q}$$

$$\Leftrightarrow (\boldsymbol{n}-\boldsymbol{m}) \cdot (\boldsymbol{p}-\boldsymbol{q}) = 0 \Leftrightarrow MN \perp PQ$$

以上证法对平面、空间的情形皆适用，说明上述结论对平面、空间均成立.

证法3 如图31.2所示，建平面直角坐标系 xOy. 设点 $M(x_1,y_1),Q(x_2,y_2),N(x_3,y_3),P(x_4,y_4)$.

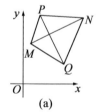
(a)

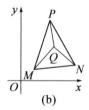
(b)

图31.2

由 $|MQ|^2 + |NP|^2 = |MP|^2 + |QN|^2$

$$\Leftrightarrow (x_1-x_2)^2 + (y_1-y_2)^2 + (x_3-x_4)^2 + (y_3-y_4)^2$$

$$= (x_2-x_3)^2 + (y_2-y_3)^2 + (x_1-x_4)^2 + (y_1-y_4)^2$$

$$\Leftrightarrow x_1x_2 + x_3x_4 - x_1x_4 - x_2x_3 + y_1y_2 + y_3y_4 - y_1y_4 - y_2y_3 = 0$$

$$\Leftrightarrow (x_3 - x_1)(x_4 - x_2) + (y_3 - y_1)(y_4 - y_2) = 0 \Leftrightarrow MN \perp PQ$$

注:建立平面直角坐标系,还可以这样处理:

(1)以 PN 所在的直线为 x 轴,PN 的中点为原点. 设点 $P(-x_1,0), N(x_1,0), M(x_2, y_2), Q(x_3, y_3)$,则可推知

$$x_1 x_3 + x_1^2 - x_2 x_3 - x_1 x_2 - y_2 y_3 = 0$$

$$\Leftrightarrow (x_1 - x_2)(x_3 + x_1) - y_2 y_3 = 0 \Leftrightarrow \overrightarrow{MN} \perp \overrightarrow{PQ}$$

(2)以 MN 所在的直线为 x 轴,MN 的中点为原点. 设点 $M(-x_1,0), N(x_1,0), Q(x_2, y_2), P(x_3, y_3)$,则可推知

$$(x_3 + x_1)^2 + y_3^2 + (x_2 - x_1)^2 + y_2^2 = (x_1 + x_2)^2 + y_2^2 + (x_3 - x_1)^2 + y_3^2$$

$$\Leftrightarrow x_2 = x_3 \Leftrightarrow PQ \perp x \text{ 轴}(MN)$$

第32章 阿基米德折弦定理

阿基米德(Archimedes)折弦定理 从折弦所对优弧的中点向折弦作垂线，垂足将折弦平分.

如图 32.1 所示，已知 AC 和 CB 是圆 O 的两条弦(即 ACB 为圆的一条折弦)，$AC > BC$. 点 M 是 $\overset{\frown}{ACB}$ 的中点，从点 M 向 AC 作垂线，垂足为点 D. 求证：$BC + CD = AD$.

证法 1(全等法) 如图 32.1 所示，联结 MA, MB, MC，作 $ME \perp BC$ 于点 E.

因为点 M 是优弧 $\overset{\frown}{AB}$ 的中点，所以
$$MA = MB$$
于是
$$\angle MAB = \angle MBA$$
因为
$$\angle MAB = \angle MCE, \angle MBA = \angle MCD$$
所以
$$\angle MCE = \angle MCD$$
因为 $\angle MDC = \angle MEC = 90°, CM = CM, \mathrm{Rt}\triangle MCE \cong \mathrm{Rt}\triangle MCD$
所以
$$CD = CE$$
由 $MA = MB, \angle MAD = \angle MBE, \angle MDA = \angle MEB = 90°$，得
$$\mathrm{Rt}\triangle AMD \cong \mathrm{Rt}\triangle BME$$
所以 $AD = BE$. 故 $AD = BC + CE = DC + CB$.

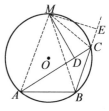

图 32.1

证法 2(截长法) 如图 32.2 所示，在 AD 上截取 $DE = CD$，联结 MA, MB, ME, MC. 由 $MD = MD, \angle MDE = \angle MDC = 90°$，所以
$$\mathrm{Rt}\triangle MED \cong \mathrm{Rt}\triangle MCD$$
故 $\angle MEC = \angle MCE$.

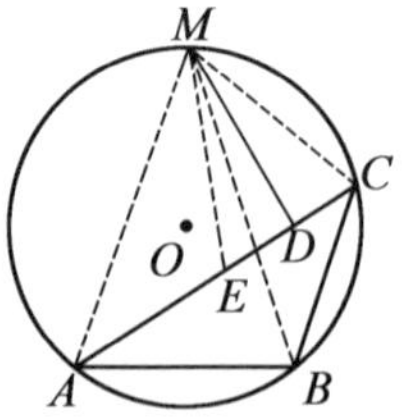

因为点 M 是优弧 $\overset{\frown}{AB}$ 的中点，所以 $MA = MB$，于是
$$\angle MAB = \angle MBA$$
因为 $\angle MBA = \angle MCE$，所以
$$\angle MAB = \angle MBA = \angle MCE, \angle MEA = 180° - \angle MEC$$
$$\angle MCB = 180° - \angle MAB = 180° - \angle MCE$$

图 32.2

所以 $\angle MEA = \angle MCB$. 由 $\angle MAE = \angle MBC, MA = MB$，所以 $\mathrm{Rt}\triangle AEM \cong$

Rt△BCM. 从而 AE = CB. 故 AD = AE + ED = DC + CB.

证法 3(补短法) 如图 32.3 所示,延长 DC 到点 E,使 CE = CB,联结 MA,MB,MC,ME.

因为点 M 是优弧 $\overparen{AB}$ 的中点,所以 MA = MB.
从而 ∠MAB = ∠MBA.
因为 ∠MBA = ∠MCA,所以
∠MAB = ∠MBA = ∠MCA, ∠MCE = 180° − ∠MCA
∠MCB = 180° − ∠MAB = 180° − ∠MCA

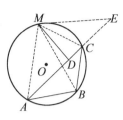

图 32.3

所以 ∠MCE = ∠MCB,由 MC = MC,从而 △MBC ≌ △MEC.
即有 MB = ME,亦有 MA = ME.
因为 MD ⊥ AC,所以 Rt△AMD ≌ Rt△EMD.
从而 AD = DE.
故 AD = DC + CE = DC + CB.

证法 4(构造特殊图形法) 如图 32.4 所示,作圆 O 的直径 MN,延长 MD 交圆 O 于点 E,联结 EC,EN,NA,作 NF⊥AC 于点 F.

易证 NE∥AC,四边形 ANEC 为等腰梯形,四边形 NEDF 为矩形,△ANF ≌ △CED,所以
DC = AF, FD = NE
由 MN⊥AB, MD⊥AC,易证 ∠CAB = ∠NME,所以
BC = NE, CB = FD
故 AD = AF + FD = DC + CB.

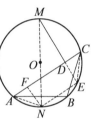

图 32.4

证法 5(翻折对称法) 如图 32.5 所示,联结 MA,MB,MC. 把 △MBC 沿直线 MC 翻折为 △MCB′,则
CB = CB′, MB = MB′, ∠MCB = ∠MCB′
因为点 M 是优弧 $\overparen{AB}$ 的中点,所以
MA = MB, ∠MAB = ∠MBA
因为 ∠MBA = ∠MCA,所以
∠MAB = ∠MBA = ∠MCA
因为 ∠MCB + ∠MAB = 180°,所以 ∠MCB′ + ∠MCA = 180°.
所以 A,C,B′ 三点共线.
由 MA = MB = MB′, MD = MD, MD⊥AC,则

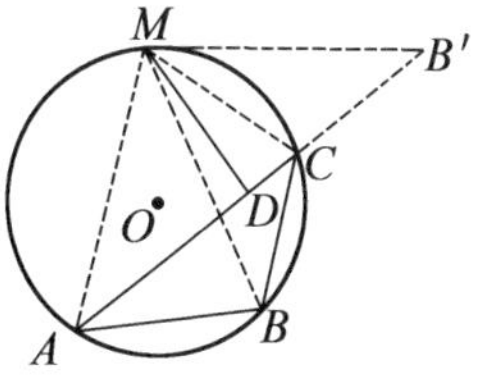

图 32.5

$$\text{Rt}\triangle MDA \cong \text{Rt}\triangle MDB'$$

所以
$$AD = DB' = DC + CB$$

证法 6(投影法) 如图 32.6 所示,把相关的线段投影到直线 MC 上,即作 $AE\perp MC$ 于点 E,$DF\perp MC$ 于点 F,$BG\perp MC$ 于点 G,再作 $DH\perp AE$ 于点 H,$MN\perp AB$ 于点 N,联结 MA,DN.

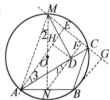

图 32.6

因为点 M 是优弧 $\overset{\frown}{AB}$ 的中点,所以
$$NA = NB,\ \angle MAB = \angle MCA,\ AE /\!/ DF /\!/ BG$$

易证四边形 $DFEH$ 为矩形,则 $DH = EF$,所以
$$\frac{CD}{AD} = \frac{FC}{EF} \qquad ①$$

因为 $\angle BCG = \angle MAB$,所以
$$\angle BCG = \angle MCA = \angle ADH$$

于是 $\text{Rt}\triangle BCG \backsim \text{Rt}\triangle ADH$. 所以
$$\frac{BC}{AD} = \frac{CG}{DH} = \frac{CG}{EF} \qquad ②$$

① + ②,得
$$\frac{CD}{AD} + \frac{BC}{AD} = \frac{FC + CG}{EF}$$

因为 A,N,D,M 四点共圆,所以 $\angle 1 = \angle 2$.

因为 $\angle 2 = 90° - \angle MAB$,$\angle 3 = 90° - \angle MCA$,所以 $\angle 2 = \angle 3$,于是 $\angle 1 = \angle 3$,从而 $DN /\!/ AE$. 因为 $DF /\!/ AE$,所以 N,D,F 三点共线. 由于点 N 是 AB 的中点,则点 F 是 EG 的中点,所以 $EF = FG$,于是 $FC + CG = FG = EF$.

所以
$$\frac{CD}{AD} + \frac{BC}{AD} = \frac{FC + CG}{EF} = \frac{EF}{EF} = 1$$

即 $CD + BC = AD$.

第 33 章 托勒密定理

托勒密定理 圆内接四边形的两组对边乘积的和等于两条对角线的积.

如图 33.1 所示,在圆内接四边形 $ABCD$ 中,有
$$AB \cdot DC + BC \cdot AD = AC \cdot BD$$

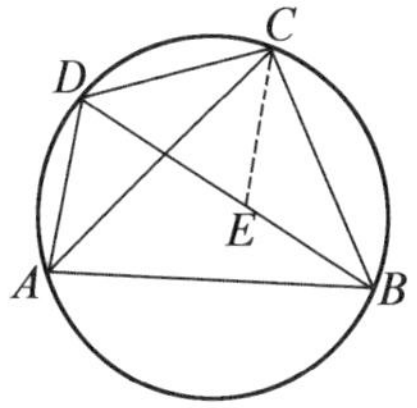

证法 1 如图 33.1 所示,作 $\angle BCE = \angle ACD$,交 BD 于点 E,则易知
$$\triangle CEB \backsim \triangle CDA, \triangle CDE \backsim \triangle CAB$$

从而
$$\frac{CB}{CA} = \frac{BE}{DA}, \frac{DC}{CA} = \frac{DE}{AB}$$

图 33.1

即
$$CB \cdot DA = CA \cdot BE, AB \cdot DC = CA \cdot DE$$

故
$$AB \cdot DC + CB \cdot DA = CA(BE + DE) = CA \cdot BD$$

证法 2 如图 33.2 所示,作 $\angle DAE = \angle BAC$,AE 与 CD 的延长线交于点 E.

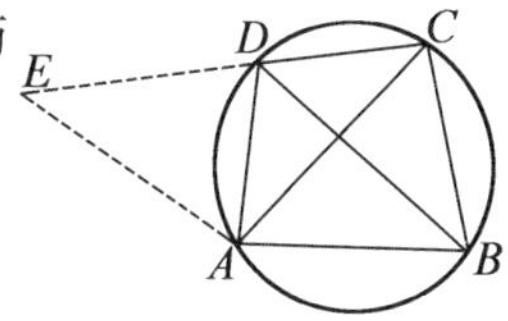

因为 $\angle ABC = \angle ADE, \angle BAC = \angle DAE$

所以 $\triangle ABC \backsim \triangle ADE$

从而 $\frac{AB}{BC} = \frac{AD}{ED}$

图 33.2

即
$$BC \cdot AD = AB \cdot DE$$

又容易证明 $\triangle ABD \backsim \triangle ACE$.

则 $\frac{AB}{BD} = \frac{AC}{CE}$,即
$$AC \cdot BD = AB \cdot CE$$

故
$$AB \cdot CE - AB \cdot DE = AC \cdot BD - BC \cdot AD$$

即
$$AB \cdot CD + BC \cdot AD = AC \cdot BD$$

注:在平面几何中证明线段满足 $a \cdot b + c \cdot d = e \cdot f$ 这种类型的问题,往往是把其中一条线段分成两条线段的和或差,从而转化成两线段乘积相等的问题,本题的证法 1 把 BD 转化成 $DE + EB$,证法 2 把 CD 转化为 $CD = EC - DE$,思

路是相同的.

证法 3 如图 33.3 所示,设圆的半径为 R、角 $\alpha,\beta,\gamma,\delta$.
因为 $\alpha+\beta+\gamma+\delta=180°$,所以由正弦定理,有
$$AB=2R\sin\alpha, BC=2R\sin\beta$$
$$CD=2R\sin\gamma, DA=2R\sin\delta$$
$$AC=2R\sin(\alpha+\beta), BD=2R\sin(\beta+\gamma)$$

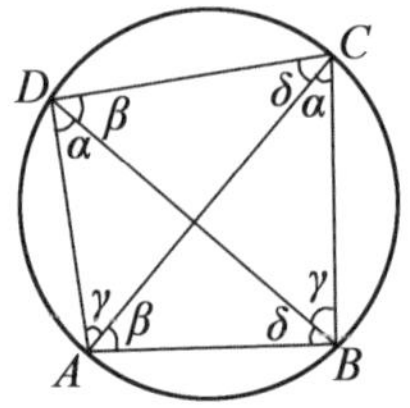

从而
$$\begin{aligned}AC\cdot BD &=4R^2\sin(\alpha+\beta)\sin(\beta+\gamma)\\&=-2R^2[\cos(\alpha+2\beta+\gamma)-\cos(\alpha-\gamma)]\\&=2R^2[\cos(\beta-\delta)+\cos(\alpha-\gamma)]\\&=2R^2[\cos\beta\cos\delta+\sin\beta\sin\delta+\cos\alpha\cos\gamma+\sin\alpha\sin\gamma]\end{aligned}$$

图 33.3

又
$$(\alpha+\gamma)+(\beta+\delta)=180°$$

所以
$$\cos(\alpha+\gamma)=-\cos(\beta+\delta)$$

从而
$$\cos\alpha\cos\gamma-\sin\alpha\sin\gamma=-\cos\beta\cos\delta+\sin\beta\sin\delta$$

即
$$\cos\alpha\cos\gamma+\cos\beta\cos\delta=\sin\alpha\sin\gamma+\sin\beta\sin\delta$$

故
$$\begin{aligned}AC\cdot BD &=4R^2(\sin\alpha\sin\gamma+\sin\beta\sin\delta)\\&=AB\cdot CD+BC\cdot AD\end{aligned}$$

证法 4 如图 33.4 所示,作 $AA'\parallel BD$,交圆周于点 A',由作法可知四边形 $ABDA'$ 为等腰梯形,则
$$A'B=AD, AB=A'D$$
$$\angle\alpha=\angle A'BD, \angle A'BC+\angle ADC=180°$$

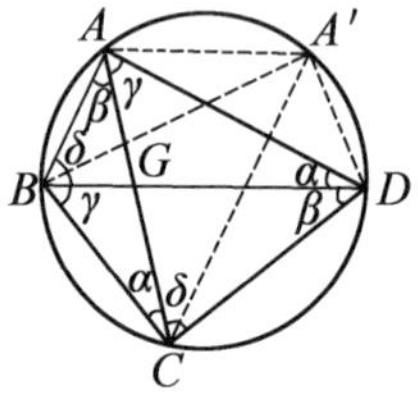

又
$$\begin{aligned}S_{\text{四边形}ABCD} &=\frac{1}{2}AC\cdot BD\sin\angle AGB\\&=\frac{1}{2}AC\cdot BD\sin(\alpha+\gamma)\\&=\frac{1}{2}AC\cdot BD\sin\angle A'BC\end{aligned}$$

图 33.4

所以
$$\begin{aligned}S_{\text{四边形}A'BCD} &=S_{\triangle A'BC}+S_{\triangle A'CD}\\&=\frac{1}{2}A'B\cdot BC\sin\angle A'BC+\frac{1}{2}A'D\cdot DC\sin\angle A'DC\\&=\frac{1}{2}(AD\cdot BC+AB\cdot DC)\sin\angle A'BC\end{aligned}$$

由作法易证 $S_{\text{四边形}ABCD}=S_{\text{四边形}A'BCD}$,从而
$$\frac{1}{2}AC\cdot BD\sin\angle A'BC=\frac{1}{2}(AD\cdot BC+AB\cdot DC)\sin\angle A'BC$$

故 $AC \cdot BD = AD \cdot BC + AB \cdot DC$

证法 5 如图 33.5 所示,由点 A 分别作 BC, BD, DC 的垂线,点 F, H, G 为垂足. 易知

$$\triangle AFB \backsim \triangle AGD \qquad ①$$
$$\triangle AHD \backsim \triangle AFC \qquad ②$$
$$\triangle ABH \backsim \triangle ACG \qquad ③$$

由式①得

$$AB \cdot DG = AD \cdot FB \qquad ④$$

由式③得

$$AB \cdot GC = AC \cdot BH \qquad ⑤$$

由④+⑤得

$$AB \cdot CD = AD \cdot FB + AC \cdot BH \qquad ⑥$$

由式②有 $AD \cdot FC = AC \cdot HD$,得

$$AD \cdot FC - AD \cdot FB = AC \cdot HD - AD \cdot FB$$

即

$$AD \cdot BC = AC \cdot HD - AD \cdot FB \qquad ⑦$$

由⑥+⑦得

$$AB \cdot CD + BC \cdot AD = AC(BH + HD) = AC \cdot BD$$

证法 6 如图 33.6 所示,在圆 O 上取一点 D',使 $AD' = CD$,则

$$D'D \parallel AC, \widehat{AD'} = \widehat{DC}, AD = D'C$$

设 $\angle CEB = \alpha$,易知 $\angle D'AB = \alpha$,且

$$\sin \angle BCD' = \sin \angle D'AB = \sin \alpha$$

因为 $S_{四边形ABCD'} = S_{\triangle ABD'} + S_{\triangle CBD'}$

$$= \frac{1}{2} AB \cdot AD' \sin \angle D'AB + \frac{1}{2} CB \cdot CD' \sin \angle D'CB$$

$$= \frac{1}{2}(AB \cdot AD' + CB \cdot CD') \sin \angle D'AB$$

$$= \frac{1}{2}(AB \cdot CD + BC \cdot AD) \sin \angle D'AB$$

又 $S_{四边形ABCD'} = \frac{1}{2} BD \cdot AC \sin \alpha$

所以 $\frac{1}{2} BD \cdot AC \sin \alpha = \frac{1}{2}(AB \cdot CD + AD \cdot BC) \sin \angle D'AB$

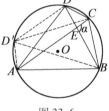

图 33.6

消去 $\frac{1}{2}\sin\alpha = \frac{1}{2}\sin\angle D'AB$

即 $AB \cdot CD + AD \cdot BC = AC \cdot BD$

证法 7（利用余弦定理） 如图 33.7 所示，在 △ABC 中

$$AC^2 = AB^2 + BC^2 - 2AB \cdot BC\cos B \quad ⑧$$

在 △ADC 中，有

$$AC^2 = AD^2 + DC^2 - 2AD \cdot DC\cos D$$
$$= AD^2 + DC^2 + 2AD \cdot DC\cos B \quad ⑨$$

⑧ × $AD \cdot DC$ + ⑨ × $AB \cdot BC$，得

$$AC^2 = \frac{(AB \cdot AD + BC \cdot CD)(AB \cdot CD + BC \cdot AD)}{AB \cdot BC + CD \cdot AD}$$

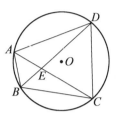

图 33.7

同样可知

$$BD^2 = \frac{(AB \cdot BC + CD \cdot AD)(AB \cdot CD + BC \cdot AD)}{AB \cdot AD + BC \cdot CD}$$

从而 $AC^2 \cdot BD^2 = (AB \cdot CD + BC \cdot AD)^2$

故 $AB \cdot CD + AD \cdot BC = AC \cdot BD$

证法 8 如图 33.8 所示，在四边形 ABCD 的外接圆上任取一点 P，作 $A'D'$ 交 PA, PB, PC, PD 于点 A', B', C', D'，使 $\angle PA'D' = \angle PBA$，则

$$\triangle PA'B' \backsim \triangle PBA$$
$$\triangle PC'D' \backsim \triangle PDC$$
$$\triangle PB'C' \backsim \triangle PCB$$
$$\triangle PA'C' \backsim \triangle PCA$$
$$\triangle PA'D' \backsim \triangle PDA$$
$$\triangle PB'D' \backsim \triangle PDB$$

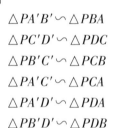

图 33.8

于是，由 $A'B' = \frac{PA'}{PB} \cdot AB, C'D' = \frac{PC'}{PD} \cdot CD$，有

$$A'B' \cdot C'D' = \frac{PA'}{PB} \cdot \frac{PC'}{PD} \cdot AB \cdot CD \quad ⑩$$

由 $B'C' = \frac{PB'}{PC} \cdot BC, A'D' = \frac{PA'}{PD} \cdot AD$，有

$$B'C' \cdot A'D' = \frac{PB'}{PC} \cdot \frac{PA'}{PD} \cdot BC \cdot AD \quad ⑪$$

由 $A'C' = \frac{PA'}{PC} \cdot AC, B'C' = \frac{PB'}{PD} \cdot BC$，有

$$A'C' \cdot B'C' = \frac{PA'}{PC} \cdot \frac{PB'}{PD} \cdot AC \cdot BD \qquad ⑫$$

由 A', B', C', D' 四点依序共线,易知

$$A'B' \cdot C'D' + B'C' \cdot A'D' = A'C' \cdot B'D'$$

将式⑩,⑪,⑫代入,并注意到 $\dfrac{PC'}{PB} = \dfrac{PB'}{PC}$,即得

$$AB \cdot CD + AD \cdot BC = AC \cdot BD$$

证法 9 如图 33.9 所示,取圆心为极点,极轴过点 A,建立直角坐标系,设圆半径为 1,则点 A,B,C,D 的坐标分别可设为

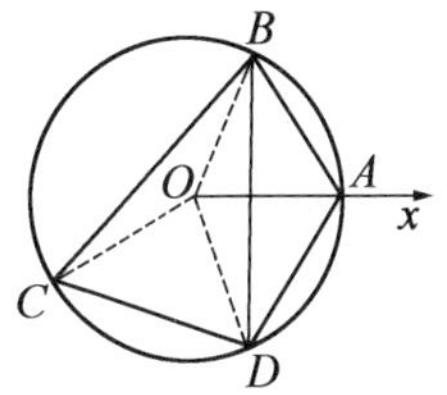

$$A(1,0), B(1,\theta_2), C(1,\theta_3), D(1,\theta_4)$$

(其中 $\theta_2, \theta_3, \theta_4$ 均取在 $0° \sim 360°$ 内)

图 33.9

则
$$|AB| = 2\sin\frac{\theta_2}{2}, |CD| = 2\sin\frac{\theta_4 - \theta_3}{2}$$

$$|BC| = 2\sin\frac{\theta_3 - \theta_2}{2}, |DA| = 2\sin\frac{\theta_4}{2}$$

$$|AC| = 2\sin\frac{\theta_3}{2}, |BD| = 2\sin\frac{\theta_4 - \theta_2}{2}$$

故
$$|AB| \cdot |CD| + |BC| \cdot |AD|$$

$$= 4\left[\sin\frac{\theta_2}{2}\sin\frac{\theta_4 - \theta_3}{2} + \sin\frac{\theta_4}{2}\sin\frac{\theta_3 - \theta_2}{2}\right]$$

$$= 4\left[\sin\frac{\theta_2}{2}\sin\frac{\theta_4}{2}\cos\frac{\theta_3}{2} - \sin\frac{\theta_2}{2}\cos\frac{\theta_4}{2}\sin\frac{\theta_3}{2} + \sin\frac{\theta_4}{2}\sin\frac{\theta_3}{2}\cos\frac{\theta_2}{2} - \sin\frac{\theta_4}{2}\cos\frac{\theta_3}{2}\sin\frac{\theta_2}{2}\right]$$

$$= 4\sin\frac{\theta_3}{2}\left[\sin\frac{\theta_4}{2}\cos\frac{\theta_2}{2} - \sin\frac{\theta_2}{2}\cos\frac{\theta_4}{2}\right]$$

$$= 4\sin\frac{\theta_3}{2}\sin\frac{\theta_4 - \theta_2}{2} = |AC| \cdot |BD|$$

第34章 卡诺定理

卡诺(Carnot)定理 三角形的顶点到垂心的距离等于其外心到对边距离的2倍.

设点 H 为 $\triangle ABC$ 的垂心,点 O 为 $\triangle ABC$ 的外心,点 M 为 BC 边的中点. 求证:$AH=2OM$.

证法1 如图34.1所示,设 CO 的延长线交圆 O 于点 G,联结 GA,GB,$GB /\!/ AH$(同为 BC 的垂线),$GA /\!/ BE$(同为 AC 的垂线).

则四边形 $AHBG$ 为平行四边形,有 $AH=BG$.

由 $GB /\!/ OM$(同为 BC 的垂线),且 $GO=OC$,有
$$OM=\frac{1}{2}GB$$

故 $OM=\frac{1}{2}AH$,即
$$AH=2OM$$

注:类似地,设 BO 的延长线交圆 O 于点 G,如图34.2所示,同证法一.

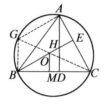

图 34.1

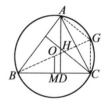

图 34.2

证法2 如图34.3所示,取 AC 的中点 P,取 HC 的中点 N,联结 PN,PO,MN. 由 $OP /\!/ BE$(同为 AC 的垂线),$MN /\!/ BE$,有 $OP /\!/ MN$.

同理,可知 $OM /\!/ PN$,得四边形 $OMNP$ 为平行四边形.

故 $OM=PN=\frac{1}{2}AH$.

注:类似地,作出 $\triangle AHE$,$\triangle AHF$,$\triangle AHB$ 的中位线. 如图34.4、图34.5和图34.6所示,证法一样.

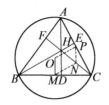

图 34.3

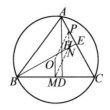

图 34.4

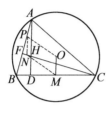

图 34.5

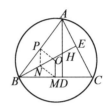

图 34.6

证法 3 如图 34.7 所示,取 AH,HC 的中点 P,Q,作 $ON \perp AB$,点 N 为垂足,有 $AN = NB$,联结 PQ,NM.

由点 M 为 BC 的中点,有 $NM \underline{\underline{\parallel}} \frac{1}{2} AC \underline{\underline{\parallel}} PQ$,即 $NM \underline{\underline{\parallel}} PQ$.

由 $OM // AD$(同为 BC 的垂线),有 $\angle DPQ = \angle OMN$.

同理,有 $\angle ONM = \angle HQP$,于是 $\triangle OMN \cong \triangle HPQ$.

则 $OM = PH = \frac{1}{2}AH$.

图 34.7

证法 4 如图 34.8 所示,取 AC 的中点 N,联结 ON, MN,有

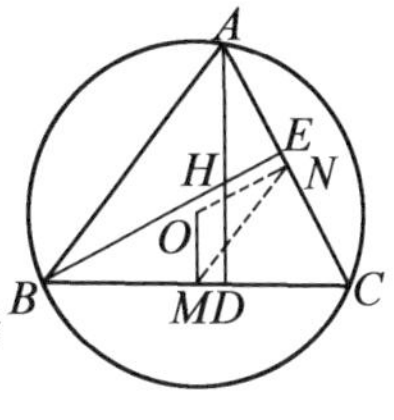

$$MN \underline{\underline{\parallel}} \frac{1}{2}AB$$

由 $OM // AH$(同为 BC 的垂线),$ON // BH$(同为 AC 的垂线),可知 $\triangle OMN \sim \triangle AHB$,则

$$\frac{OM}{AH} = \frac{MN}{AB} = \frac{1}{2}$$

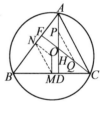

图 34.8

即

$$OM = \frac{1}{2}AH$$

证法 5 如图 34.1 所示,由证法 1 知四边形 $AHBF$ 为平行四边形,有

$$AH = FB$$

设圆 O 的半径为 R,则由 $FC^2 = BF^2 + BC^2$,有

$$AH^2 + BC^2 = 4R^2 \qquad ①$$

此时,又有 $OM^2 + MC^2 = OC^2$,所以

$$OM^2 + \frac{1}{4}BC^2 = R^2 \qquad ②$$

比较式①,②知

$$AH = 2OM$$

证法 6 如图 34.9 所示,作 $OE \perp AC$ 于点 E,联结 EM,作 $\triangle HBA$ 的中位线 NL,则 $NL \underline{\underline{\parallel}} \frac{1}{2} BA$.

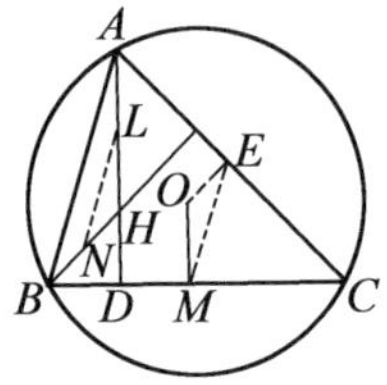

由作法及题设条件知 ME 是 $\triangle CAB$ 的中位线,则

$$ME \underline{\underline{\parallel}} \frac{1}{2} BA$$

从而 $NL \underline{\underline{\parallel}} ME$. 又 $LH // OM$,所以 $\angle NLH = \angle EMO$.

同理 $\qquad \angle LNH = \angle OEM$

从而 $\qquad \triangle LMH \cong \triangle OME$

图 34.9

则 $LH = OM$,故 $AH = 2OM$.

证法 7 如图 34.9 所示,因为

$$AH = AD - HD, AD = c \cdot \sin B$$

$$HD = BD \cdot \cot C = c \cdot \cos B \cdot \cot C$$

所以 $\qquad AH = c \cdot \sin B - c \cdot \cos B \cdot \cot C$

$$= 2R \cdot \sin C \cdot \sin B - 2R \cdot \cos B \cdot \cos C$$

$$= 2R[-\cos(B+C)] = 2R \cdot \cos A$$

而 $\qquad OM = R \cdot \cos \angle BOM = R \cdot \cos \frac{1}{2} \angle BOC = R \cdot \cos A$

故 $\qquad AH = 2OM$

证法 8 如图 34.10 所示,分别过点 A, B, C 作 $\triangle ABC$ 三边的平行线,得 $\triangle A'B'C'$. $\triangle A'B'C' \backsim \triangle ABC$,相似比为 2. 点 H 为 $\triangle ABC$ 的垂心,恰为 $\triangle A'B'C'$ 的外心. 则

$$\frac{OM}{AH} = \frac{1}{2}$$

即 $\qquad AH = 2OM$

证法 9 如图 34.11 所示,设 AD 的延长线交圆 O 于点 K,联结 BK. 由点 O 作 AD 的垂线,点 N 为垂足.

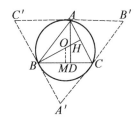
图 34.10

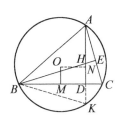
图 34.11

易知四边形 $OMDN$ 为矩形,有 $ND=OM$.

由 $\angle CBK=\angle KAC=\angle EBC$,且 $BD\perp HK$,有 $DK=DH$.

又 $AN=NK$,所以
$$AH+DH-DN=DK+DN$$
故
$$AH=2DN=2OM$$

证法 10 如图 34.12 所示(用同证法 1),设 AO 的延长线交圆 O 于点 F,联结 FH 交 BC 于点 M',联结 HC,BF,FC. 由 $BF/\!/HC$(同为 AB 的垂线),$FC/\!/BH$(同为 AC 的垂线),可知四边形 $FCHB$ 为平行四边形.

则点 M' 为 BC 的中点,且点 M 为 HF 的中点.

从而点 M' 与 M 重合,由 OM' 为 $\triangle FAH$ 的中位线,知
$$OM=OM'=\frac{1}{2}AH$$

图 34.12

注:也可不同证法 1. 设 AD 交圆 O 于点 F,联结 BF,FC,则 $\angle BFC=180°-\angle A=\angle BHC$,由 $\angle ABH=\angle ACH$,知 $\angle HBF=90°-\angle ABH=90°-\angle ACH=\angle HCF$. 从而知四边形 $BFCH$ 为平行四边形,则 HF 与 BC 的交点为 BC 的中点 M.

证法 11 如图 34.13 所示,设 CF 交圆 O 于点 G,联结 AG,由点 O 作 AG 的垂线,点 N 为垂足.

易知 $\angle NOA=\dfrac{1}{2}\angle GOA=\angle GCA=\angle OCM$

即 $\angle NOA=\angle OCM$

又 $\angle ONA=\angle CMO$,$OA=OC$,所以
$$\triangle AON\cong\triangle COM$$

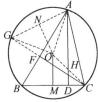
图 34.13

得
$$OM = NA = \frac{1}{2}AG$$

在 $\triangle AGH$ 中,$\angle AGC = \angle ABC$. 又 $\angle ABC = \angle DHC$(同为 $\angle HCB$ 的余角),所以
$$\angle AHG = \angle DHC = \angle AGH$$
则
$$AH = AG$$
故
$$AH = 2OM$$

证法 12 如图 34.14 所示,以点 D 为原点,BC 所在的直线为 x 轴建立平面直角坐标系. 设 $A(0,a),B(-b,0),C(c,0)$.

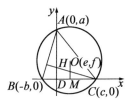

图 34.14

则
$$k_{AB} = \frac{a}{b}, k_{CH} = -\frac{b}{a}$$

于是直线 AH 的方程为
$$y = -\frac{b}{a}(x-c)$$

所以
$$HD = y_H = \frac{bc}{a}$$

设点 $O(e,f)$,则圆的方程可写为
$$x^2 + y^2 - 2ex - 2fy + g = 0$$
点 A,B,C 的坐标为此方程的解,即
$$\begin{cases} a^2 - 2fa + g = 0 & ③ \\ b^2 + 2eb + g = 0 & ④ \\ c^2 - 2ec + g = 0 & ⑤ \end{cases}$$

由式④,⑤消去 e 得:$g = -cb$,将其代入式③得
$$f = \frac{a^2 - c^2}{2a}$$

从而

$$OM = f = \frac{a^2 - bc}{2a}$$

而 $$AH = AD - DH = a - \frac{bc}{a} = \frac{a^2 - bc}{a}$$

故 $$AH = 2OM$$

第 35 章　西姆松线性质定理

西姆松(Simson)线性质定理　三角形外接圆上异于顶点的任一点的西姆松线平分该点与垂心的连线.

证法 1　如图 35.1 所示,设点 P 为 $\triangle ABC$ 的外接圆上异于顶点的任一点,其西姆松线为 LMN,$\triangle ABC$ 的垂心为点 H.

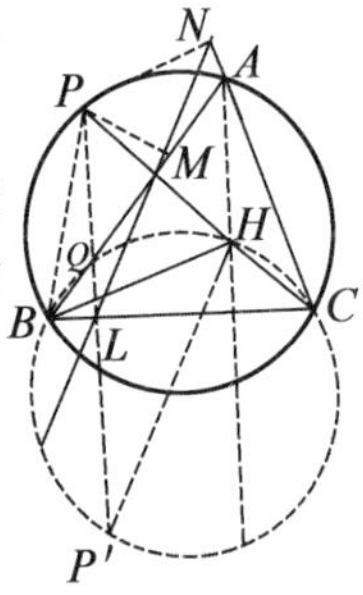

作 $\triangle BHC$ 的外接圆,则圆 BHC 与圆 ABC 关于 BC 对称,延长 PL 交圆 BH 于点 P',则点 L 为 PP' 的中点.设 PL 交圆 BHC 于点 Q,联结 $P'H$.

由 P,B,L,M 四点共圆,有

$$\angle PLM = \angle PBM = \angle PBA \overset{m}{=\!=\!=} \widehat{PA} = \widehat{QH} \overset{m}{=\!=\!=} \angle QP'H$$

从而直线 $LMN \parallel P'H$.

图 35.1

注意到直线 LMN 平分 PP',故直线 LMN 平分 PH.

证法 2　如图 35.2 所示,设点 P 为 $\triangle ABC$ 外接圆上异于顶点的任一点,其西姆松线为 LMN,点 H 为 $\triangle ABC$ 的垂心.

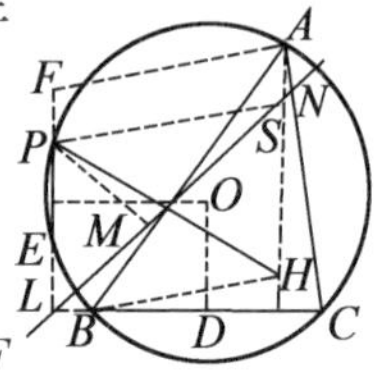

设 $PL \perp BC$ 于点 L,交圆于另一点 E,延长 EP 至点 F,使

$$PF = LE$$

设点 O 为 $\triangle ABC$ 的外心,作 $OD \perp BC$ 于点 D,由点 O 作 LF 的垂线必过 EP 的中点,亦即过 LF 的中点,所以 $LF = 2OD$. 又 $AH = 2OD$,所以 $LF \underline{\underline{\parallel}} AH$,从而四边形 $AHLF$ 为平行四边形.

图 35.2

设 $PN \perp AC$ 于点 N,LN 交 AH 于点 S,联结 PS.

由 $AE \parallel LN$,而 $LE \parallel AS$,则四边形 $LEAS$ 为平行四边形,即知 $PF = EL = AS$.

故四边形 $LHSP$ 为平行四边形,从而 PH 被直线 LMN 平分.

证法 3　如图 35.3 所示,联结 AH 并延长交 BC 于点 E,交外接圆于点 F,联结 PF 交 BC 于点 G,交西姆松线于点 Q.

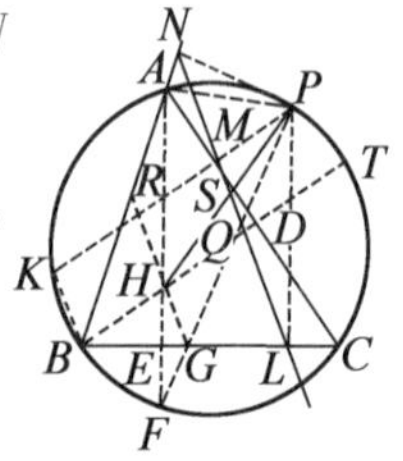

由 P,C,L,M 四点共圆,有

$$\angle MLP = \angle MCP = \angle AFP = \angle LPF$$

即 $\triangle QPL$ 为等腰三角形,亦即

图 35.3

$$QP = QL$$

又　　　　$HE = EF, \angle HGE = \angle EGF = \angle LGP = \angle QLG$

所以 $HG \parallel NL$

即 PH 与西姆松线的交点 S 为 PH 的中点.

证法 4 如图 35.4 所示,设 $\angle ACP = \theta$,PH 交垂足线 LMN 于点 S.下面证明点 S 为 PH 的中点.注意到

$$PL = PC \cdot \sin(C+\theta) = 2R \cdot \sin(B-\theta) \cdot \sin(C+\theta)$$

$$\angle ELB = \angle MPC = 90° - \theta$$

$$\begin{aligned}
DL &= b \cdot \cos C - 2R\sin(B-\theta) \cdot \cos(C+\theta) \\
&= 2R[\sin B \cdot \cos C - \sin(B-\theta) \cdot \cos(C+\theta)] \\
&= R[\sin A + \sin(B-C) - \sin A - \sin(B-C-2\theta)] \\
&= 2R \cdot \cos(B-C-\theta) \cdot \sin\theta
\end{aligned}$$

从而

$$ED = \frac{DL \cdot \cos\theta}{\sin\theta} = 2R \cdot \cos(B-C-\theta) \cdot \cos\theta$$

$$HD = 2R \cdot \cos B \cdot \cos C$$

$$\begin{aligned}
EH &= 2R[\cos(B-C-\theta) \cdot \cos\theta - \cos B \cdot \cos C] \\
&= R[\cos(B-C) + \cos(B-C-2\theta) - \cos(B+C) - \cos(B-C)] \\
&= 2R\sin(B-\theta) \cdot \sin(C+\theta) = PL
\end{aligned}$$

又 $EH \parallel PL$,所以

$$\frac{PS}{SH} = \frac{PL}{EH} = 1$$

故点 S 为 PH 的中点.

证法 5 如图 35.3 所示,联结 PM 并延长交外接圆于点 K,联结 BK. 过点 B 作 $BD \perp AC$ 于点 D,延长 BD 交外接圆于点 T,则垂心点 H 在 BT 上.

联结 AP,由 A,M,P,N 四点共圆,知

$$\angle MNB = \angle MNA = \angle MPA = \angle KPA = \angle KBA$$

从而 $BK \parallel MN$.

自点 H 作 $HR \parallel BK$ 交 PK 于点 R,则四边形 $RHTP$ 为等腰梯形,而 $HD = DT$,则知 AC 是 HT 的中垂线,从而知 M 是 PR 的中点.

注意到 $ML \parallel KB \parallel RH$,在 $\triangle PRH$ 中,ML 必过 PH 的中点,故 PH 被直线 LMN 平分.

证法 6 如图 35.5 所示,设直线 AH 交圆 O 于点 F,则知点 D 为 HF 的中点,作 $PL \perp BC$ 于点 L,直线 PL 交圆 O 于 A'. 过点 H 作 $HK \parallel AA'$ 交 PA' 于点 K,则四边形 $HKPF$ 为等腰梯形,且 LD 为其对称轴,从而点 L 为 KP 的中点.

又 KH // $A'A$ // 点 P 的西姆松线 l,所以 l 与 PH 的交点 S 为 PH 的中点.

注:设点 R,T 分别为 BH,AH 的中点. 由 A,B,P,F 四点共圆, 知 T,R,S,D 四点亦共圆, 此圆即 $\triangle ABC$ 的九点圆, 即点 S 在九点圆上.

或者,设 PH 的中点为 S,则 $PS=SH$. 联结外心 O 和垂心 H, 因九点圆的圆心 V 为 OH 的中点, 九点圆的半径为外接圆半径之半(可参见九点圆定理的推论1), 由 $VS=\dfrac{1}{2}OP$, 即知点 S 在三角形的九点圆上.

第36章 三角形欧拉线定理

三角形欧拉定理 任意三角形的垂心 H、重心 G、外心 O 三点共线,且 $HG = 2GO$.

证法1 如图36.1所示,在 $\triangle ABC$ 中,AD, BE 为两条高,其交点 H 为垂心,点 M 为 BC 边的中点,则 $OM \perp BC$,且点 G 在 AM 上.

延长 CO 交 $\triangle ABC$ 的外接圆于点 P,联结 AP, BP,则由 PC 为直径知 $PA \perp AC, PB \perp BC$,从而知四边形 $APBH$ 为平行四边形,即知 $AH = PB$.

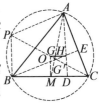

图36.1

又 $$OM = \frac{1}{2}PB = \frac{1}{2}AH$$

所以 $$\frac{AH}{OM} = 2$$

联结 OH 交 AM 于点 G',由 $\angle OMG' = \angle HAG'$,$\angle DG'M = \angle HG'A$,有
$$\triangle OMG' \sim \triangle HAG'$$

从而 $$OG' : G'H = OM : AH = 1 : 2$$

且 $$AG' : G'M = 2 : 1$$

即知点 G' 为 $\triangle ABC$ 的垂心,从而点 G' 与 G 重合.

故 O, G, H 三点共线,且 $HG = 2GO$.

证法2 如图36.2所示,设 BC 边上的中线为 AM,过点 O 作 $ON \perp AB$ 于点 N,联结 MN. 又取 AH, CH 的中点 R, S,联结 RS, OM.

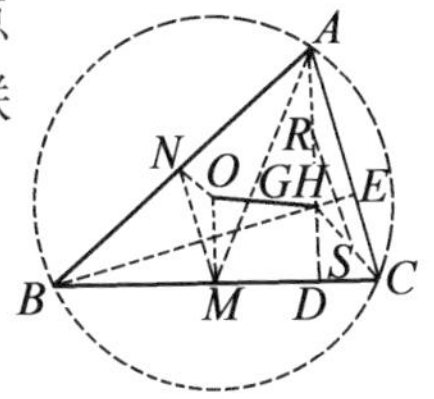

由三角形中位线定理,知
$$MN \underline{\underline{\parallel}} \frac{1}{2}AC \underline{\underline{\parallel}} RS$$

在 $\triangle MON$ 和 $\triangle RHS$ 中,由 $MN = RS$ 及 $OM \parallel RH$,$ON \parallel SH$,有

图36.2

$$\angle ONM = \angle HSR, \angle OMN = \angle HRS$$

知 $$\triangle MON \cong \triangle RHS$$

有 $$OM = RH = \frac{1}{2}AH$$

联结 HG, OG,由 $AH \parallel OM$ 知 $\angle HAG = \angle OMG$.

又 $$\frac{AG}{GM} = 2, \frac{AH}{OM} = 2$$

所以 $$\frac{AG}{GM} = \frac{AH}{OM}$$

从而 $$\triangle MOG \sim \triangle AHG$$

即知 $\angle MGO = \angle AGH$,即 OG 与 HG 重合,亦即 O, G, H 三点共线,且 $OG : GH = OM : AH = 1 : 2$,即 $HG = 2GO$.

证法 3 如图 36.3 所示,设 BC 边上的中线为 AM,AC 边上的中线为 BR,则 AM 与 BR 的交点为垂心点 G. 过点 M 作 $O'M \perp BC$ 交直线 HG 于点 O',联结 $O'R$.

因为 $AH \perp BC, O'M \perp BC$

所以 $$\triangle AGH \sim \triangle MGO'$$

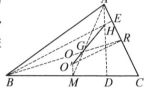

图 36.3

从而 $\dfrac{GH}{GO'} = \dfrac{AG}{GM} = \dfrac{2}{1}$ (重心定理)

在 $\triangle BGH$ 和 $\triangle RGO'$ 中,由重心定理,知

$$\frac{BG}{GR} = \frac{2}{1}$$

又 $$\frac{GH}{GO'} = \frac{2}{1}$$ (前面已证)

所以 $$\frac{BG}{GR} = \frac{GH}{GO'}$$

而 $\angle BGH = \angle RGO'$,则知 $\triangle BGH \sim \triangle RGO'$.

从而 $$\angle HBG = \angle O'RG$$

又 $BE \perp AC$,所以

$$\angle HBG + \angle BRE = 90°$$

从而 $\angle O'RG + \angle BRE = 90°$,即 $\angle O'RA = 90°$.

又点 R 为 AC 的中点,所以 $O'R$ 为 AC 的中垂线,亦即知点 O' 为 $\triangle ABC$ 的外心,从而点 O' 与 O 重合.

故 O, G, H 三点共线,由 $\dfrac{GH}{GO'} = 2$ 知 $HG = 2GO$.

证法 4 如图 36.4 所示,设点 L, M 分别是 BC, CA 边的中点.
因为点 O 为外心,所以

$$OL \perp BC, OM \perp AC$$

设点 N 是 HC 的中点,联结 NM,NL,则

$$MN /\!/ AH, LN /\!/ BH$$

又点 H 是 $\triangle ABC$ 的垂心,所以

$$OL /\!/ AH, OM /\!/ BH$$

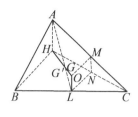

图 36.4

则知四边形 $OLNM$ 为平行四边形,即

$$OL = MN = \frac{1}{2}AH$$

或

$$\frac{AH}{OL} = 2 \qquad ①$$

再联结 HO 交中线 AL 于点 G',而 $AH /\!/ OL$,则 $\triangle G'AH \backsim \triangle G'LO$,故

$$\frac{G'A}{G'L} = \frac{AH}{LO} \qquad ②$$

将式①代入式②得 $\frac{G'A}{G'L} = 2$. 这说明点 G' 是 $\triangle ABC$ 的重心.

于是点 G' 必与点 G 重合,故 O,G,H 三点共线,且 $HG = 2GO$.

证法 5 如图 36.5 所示,设点 M 为 BC 边的中点,联结 AM,则点 G 在 AM 上,且 $AG = 2GM$. 联结 OM,则 OM 垂直平分 BC. 延长 OG 到点 H',使 $H'G = 2GO$,联结 AH'. 因为 $\angle AGH' = \angle MGO$,所以

$$\triangle AH'G \backsim \triangle MOG$$

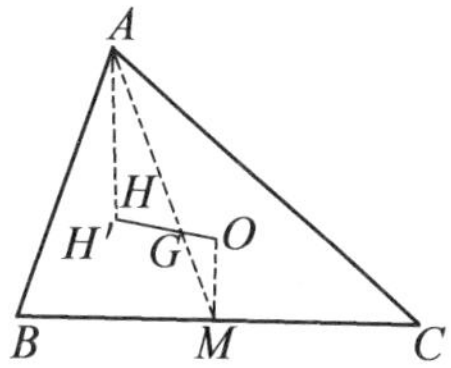

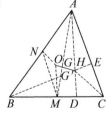

图 36.5

从而 $$AH' /\!/ OM$$
即 $$AH' \perp BC$$
同理 $$BH' \perp AC$$

即点 H' 为垂心,命题得证,亦即 O,G,H 三点共线,且 $HG = 2GO$.

证法 6 如图 36.6 所示,设点 M,N 分别为 BC,AB 的中点,则

$$NM /\!/ AC$$

又点 O 为 $\triangle ABC$ 的外心,所以

$$MO /\!/ AH, ON /\!/ CH$$

于是,$\triangle MNO$ 与 $\triangle ACH$ 位似且位似比为

$$\frac{\overrightarrow{MN}}{\overrightarrow{AC}} = -\frac{1}{2}$$

图 36.6

从而△MNO 与△ACH 对应边共点，设为点 G'，则
$$\frac{\overrightarrow{G'M}}{\overrightarrow{G'A}}=\frac{\overrightarrow{G'N}}{\overrightarrow{G'C}}=\frac{\overrightarrow{G'O}}{\overrightarrow{G'H}}=\frac{\overrightarrow{MN}}{\overrightarrow{AC}}=-\frac{1}{2}$$

即
$$\frac{\overrightarrow{G'M}}{\overrightarrow{G'A}}=-\frac{1}{2}$$

且 AM 为 BC 边的中线，即知点 G' 为△ABC 的重心.

从而点 G' 与点 G 重合，而点 G' 在 OH 上，故点 G 也在 OH 上，即 O,G,H 三点共线，且由位似比知 HG = 2GO.

证法 7 设点 A_1,B_1,C_1 分别为△ABC 三边的中点，取重心 G 为位似中心，且位似比为 $\frac{AG}{GA_1}=2$，如图 36.7 所示.

在此位似变换下，点 A,B,C 的对应点分别为点 A_1, B_1,C_1. △ABC 的垂心的对应点为△$A_1B_1C_1$ 的垂心. 因为
$$AD\perp BC, B_1C_1 /\!/ BC, A_1O /\!/ AD$$

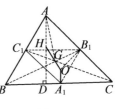

图 36.7

所以
$$A_1O\perp B_1C_1$$
同理
$$C_1O\perp A_1B_1$$

从而点 O 为△$A_1B_1C_1$ 的垂心，于是 O,G,H 三点共线，且 $\frac{OG}{GH}=\frac{1}{2}$.

证法 8 如图 36.8 所示，设以△ABC 的外心 O 为起点，则重心 G 的向量
$$\overrightarrow{OG}=\frac{1}{3}(\overrightarrow{OA}+\overrightarrow{OB}+\overrightarrow{OC})$$

延长 BO 交△ABC 的外接圆于点 D.

因为
$$\overrightarrow{DC}\perp\overrightarrow{CB},\overrightarrow{AH}\perp\overrightarrow{BC}$$
所以
$$\overrightarrow{DC}/\!/\overrightarrow{AH}$$
同理
$$\overrightarrow{AD}/\!/\overrightarrow{HC}$$

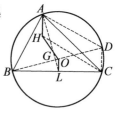

图 36.8

故四边形 ADCH 为平行四边形，即 $\overrightarrow{AH}=\overrightarrow{DC}$，则
$$\overrightarrow{OH}=\overrightarrow{OA}+\overrightarrow{AH}=\overrightarrow{OA}+\overrightarrow{DC}$$
又
$$\overrightarrow{DC}=\overrightarrow{OC}-\overrightarrow{OD}$$
所以
$$\overrightarrow{OD}=-\overrightarrow{OB}$$
故
$$\overrightarrow{OH}=\overrightarrow{OA}+\overrightarrow{OB}+\overrightarrow{OC}$$

即 $\overrightarrow{OH} = 3\overrightarrow{OG}$，故 $\overrightarrow{OH} // \overrightarrow{OG}$，所以 O, G, H 三点共线，$HG = 2OG$。

证法 9　如图 36.9 所示，已知点 O, H 分别是 $\triangle ABC$ 的外心和垂心，点 L, M 分别是 BC, BA 边的中点，联结 OH 交中线 AL 于点 G，只要证明点 G 是 $\triangle ABC$ 的重心即可。

因为 $\overrightarrow{AH} // \overrightarrow{OL}, \overrightarrow{CH} // \overrightarrow{OM}$

所以 $\overrightarrow{OL} = \lambda \overrightarrow{AH}, \overrightarrow{MO} = \mu \overrightarrow{HC}$　③

而 $\overrightarrow{AC} = \overrightarrow{AH} + \overrightarrow{HC}$　④

$\overrightarrow{ML} = \frac{1}{2}\overrightarrow{AC} = \overrightarrow{MO} + \overrightarrow{OL}$　⑤

由式③，④，⑤得

$$\frac{1}{2}(\overrightarrow{AH} + \overrightarrow{HC}) = \lambda \overrightarrow{AH} + \mu \overrightarrow{HC}$$

整理上式得

$$\left(\frac{1}{2} - \lambda\right)\overrightarrow{AH} + \left(\frac{1}{2} - \mu\right)\overrightarrow{HC} = \mathbf{0}$$

因为 $\overrightarrow{AH} \not\!/\!/ \overrightarrow{HC}$

所以 $\begin{cases} \dfrac{1}{2} - \lambda = 0 \\ \dfrac{1}{2} - \mu = 0 \end{cases}$

因此 $\lambda = \mu = \dfrac{1}{2}$

即 $\overrightarrow{AH} = 2\overrightarrow{OL}, \overrightarrow{HC} = 2\overrightarrow{MO}$

又因为 $\overrightarrow{AH} // \overrightarrow{OL}$，所以

$$\triangle AHG \sim \triangle LOG$$

因此 $\dfrac{|\overrightarrow{AH}|}{|\overrightarrow{OL}|} = \dfrac{|\overrightarrow{AG}|}{|\overrightarrow{LG}|} = 2$

即 $|\overrightarrow{AG}| = 2|\overrightarrow{LG}|$

故点 G 是 $\triangle ABC$ 的重心，且此时亦有 $HG = 2GO$。

证法 10　如图 36.10 所示，建立直角坐标系 xOy，设 $A(-a,0), B(b,0)$，$C(0,c)$。点 O_1, G, H 分别是 $\triangle ABC$ 的外心、重心和垂心，点 $L\left(\dfrac{b-a}{2}, 0\right)$，点 M

$\left(\dfrac{b}{2}, \dfrac{c}{2}\right)$ 分别是 AB, BC 边上的中点，则

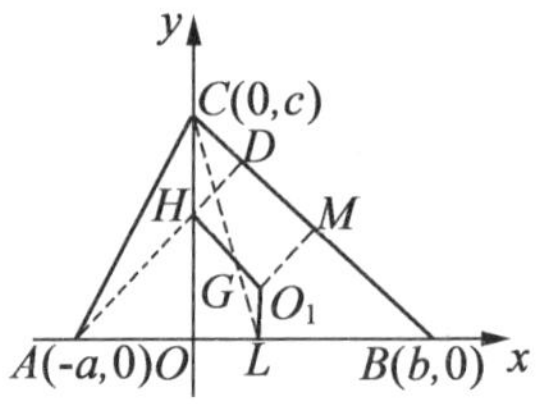

$$\begin{cases} CH \text{ 的方程}: x = 0 \\ AH \text{ 的方程}: y = \dfrac{b}{c}(x+a) \end{cases}$$

于是得 $H\left(0, \dfrac{ab}{c}\right)$.

由 $\begin{cases} O_1L: x = \dfrac{b-a}{2} \\ O_1M: y - \dfrac{c}{2} = \dfrac{b}{c}\left(x - \dfrac{b}{2}\right) \end{cases}$ 可得

$$O_1\left(\dfrac{b-a}{2}, \dfrac{c^2 - ab}{2c}\right)$$

图 36.10

同理，得 $G\left(\dfrac{b-a}{3}, \dfrac{c}{3}\right)$.

而

$$\begin{vmatrix} 0 & \dfrac{ab}{c} & 1 \\ \dfrac{b-a}{2} & \dfrac{c^2-ab}{2c} & 1 \\ \dfrac{b-a}{3} & \dfrac{c}{3} & 1 \end{vmatrix} = \dfrac{ab}{c}\left(\dfrac{b-a}{3} - \dfrac{b-a}{2}\right) + \dfrac{c(b-a)}{6} - \dfrac{(b-a)(c^2-ab)}{6c}$$

$$= \dfrac{a^2b - ab^2 + bc^2 - ac^2 - bc^2 + ac^2 + ab^2 - a^2b}{6c} = 0$$

所以 O_1, G, H 三点共线.

由计算可推得 $HG = 2GO$.

证法 11 如图 36.11 所示，以 $\triangle ABC$ 的外心 O 为原点建立直角坐标系，设点 $A(x_1, y_1), B(x_2, y_2), C(x_3, y_3)$，则外心 $O(0,0)$，重心 $G\left(\dfrac{x_1+x_2+x_3}{3}, \dfrac{y_1+y_2+y_3}{3}\right)$，作 $OM \perp BC$ 于点 $M, ON \perp AC$ 于点 N，则点 M, N 分别为 BC, AC 的中点，故 OM, ON 的斜率分别为 $\dfrac{y_2+y_3}{x_2+x_3}, \dfrac{y_1+y_3}{x_1+x_3}$.

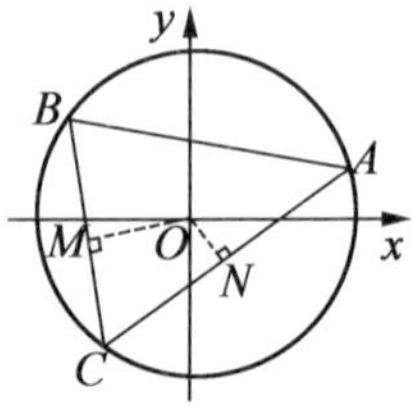

设垂心 H 的坐标为 (x, y)，则

图 36.11

$$\begin{cases} y - y_1 = \dfrac{y_2 + y_3}{x_2 + x_3}(x - x_1) & \text{⑥} \\ y - y_2 = \dfrac{y_1 + y_3}{x_1 + x_3}(x - x_2) & \text{⑦} \end{cases}$$

的解.

由⑥-⑦得

$$y_2 + y_3 - (y_1 + y_3) = \frac{y_2 + y_3}{x_2 + x_3}(x - x_1) - \frac{y_1 + y_3}{x_1 + x_3}(x - x_2)$$

移项整理可得

$$\left[x - (x_1 + x_2 + x_3)\right]\left(\frac{y_2 + y_3}{x_2 + x_3} - \frac{y_1 + y_3}{x_1 + x_3}\right) = 0$$

后一因式为 OM, ON 的斜率之差，故不为 0，从而

$$x = x_1 + x_2 + x_3$$

代入式⑥得

$$y = y_1 + y_2 + y_3$$

所以垂心坐标为点 $H(x_1 + x_2 + x_3, y_1 + y_2 + y_3)$，故 O, G, H 三点共线且

$$HG = 2GO$$

第37章 蝴蝶定理

蝴蝶定理 已知点 M 是圆 O 的弦 AB 的中点,过点 M 任作两弦 CD,EF,联结 CE,FD 分别交 AB 于点 G,H,则 $MG=MH$.

证法 1(霍纳(Horner)证法) 作 $OI\perp EC$ 于点 I,作 $OJ\perp FD$ 于点 J,如图 37.1 所示,联结 OM,OG,OH,IM,JM,可知点 I 为 CE 边的中点,点 J 为 FD 边的中点.

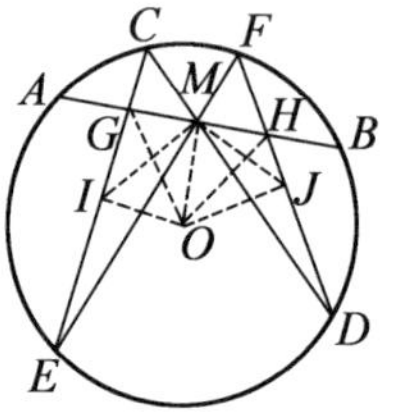

显然 $\triangle ECM \backsim \triangle DFM$

有 $\dfrac{MC}{MF}=\dfrac{CE}{FD}=\dfrac{CI}{FJ}$

可得 $\triangle ICM \backsim \triangle JFM$

则 $\angle CIM = \angle FJM$

于是 $\angle MIO = \angle MJO$

由 O,M,G,I 四点共圆,有 $\angle MGO = \angle MIO$.

由 O,M,H,J 四点共圆,有 $\angle MHO = \angle MJO$.

又得 $\angle MGO = \angle MHO$

所以 $OG = OH$

而 $OM \perp AB$

故 $GM = MH$

图 37.1

证法 2 如图 37.2 所示,作弦 $E'F'$,使其关于 AB 的中垂线对称,则

$EM = E'M$ ①

$\angle EMG = \angle EMH$ ②

$\overset{\frown}{AF} = \overset{\frown}{F'B}$ ③

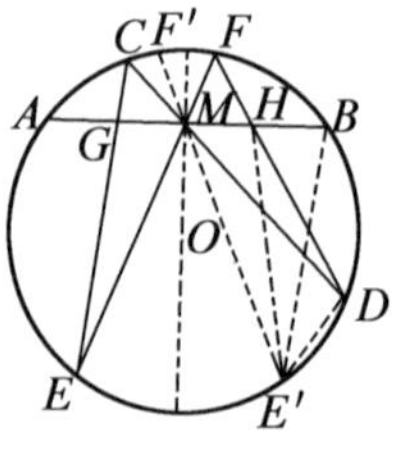

联结 $E'D,E'H$,并注意到式③,有

$\angle MHF \overset{m}{=} \dfrac{1}{2}(\overset{\frown}{AF}+\overset{\frown}{BD}) = \dfrac{1}{2}(\overset{\frown}{F'B}+\overset{\frown}{BD})$

$= \dfrac{1}{2}\overset{\frown}{F'D} \overset{m}{=} \angle ME'D$

从而 M,E',D,H 四点共圆,有

$\angle GEM = \angle MDH = \angle HE'M$ ④

由式①,②,④,有 $\triangle EMG \cong \triangle E'MH$.

故 $MG = OH$

图 37.2

证法 3（泰勒（Taylor）证法） 如图 37.3 所示，过点 $H,M,$ D 作圆与圆 O 交于点 P,D，联结 PH 交大圆于点 N. 因为
$$\angle HMD = \angle DPN = \angle DCN$$
所以
$$AB \parallel CN$$
因为
$$\angle CDE = \angle HPN$$
所以
$$\overset{\frown}{CQE} = \overset{\frown}{NEQ}$$
于是
$$\overset{\frown}{CQ} = \overset{\frown}{NE}$$
所以
$$QE \parallel CN \parallel AB$$

由于点 M 在 QE 的垂直平分线上，得
$$MQ = ME$$

联结 QF,EP，由
$$\angle QFE = \angle EPQ, \angle QMF = \angle EMP, MQ = ME$$
知
$$\triangle QMF \cong \triangle EMP$$
则
$$MF = MP$$

最后，由 $\triangle MFG \cong \triangle MPH$，得证 $GM = MH$.

1819 年，迈尔斯·布兰德（Miles Biand）在《几何问题》一书中给出了一种不同寻常的证法.

证法 4 如图 37.4 所示，过点 H 作 CF 的平行线交 EF 于点 Q，交 CD 的延长线于点 P.

易知 $\triangle CGM \backsim \triangle PHM, \triangle FGM \backsim \triangle QHM$，所以
$$\frac{CG}{GM} = \frac{PH}{HM}, \frac{FG}{GM} = \frac{QH}{HM}$$

两式相乘得
$$\frac{CG \cdot FG}{GM^2} = \frac{PH \cdot QH}{HM^2} \quad \text{⑤}$$

但
$$CG \cdot FG = AG \cdot GB = (AM - GM)(AM + GM) = AM^2 - GM^2 \quad \text{⑥}$$

由于 $\angle E = \angle C = \angle P$，易知
$$\triangle PDH \backsim \triangle EQH \Rightarrow \frac{PH}{DH} = \frac{EH}{QH}$$

于是
$$PH \cdot QH = DH \cdot EH = AH \cdot BH = (AM + MH)(AM - MH) = AM^2 - MH^2 \quad \text{⑦}$$

将式⑥，⑦代入式⑤得

$$\frac{AM^2-GM^2}{GM^2}=\frac{AM^2-MH^2}{MH^2}$$

化简整理,得
$$GM=MH$$

此后,有不同时代的数学家不断公布新的证法,比如1919年《中学数理》发表了用梅涅劳斯定理的简单证明.

证法5 如图37.5所示,延长 ED,CF 交于点 N,考虑 $\triangle GNH$ 被直线 EF 所截,有

$$\frac{MG}{MH}\cdot\frac{EH}{EN}\cdot\frac{FN}{FG}=1$$

考虑 $\triangle GNH$ 被直线 CD 所截,有

$$\frac{MG}{MH}\cdot\frac{DH}{DN}\cdot\frac{CN}{CG}=1$$

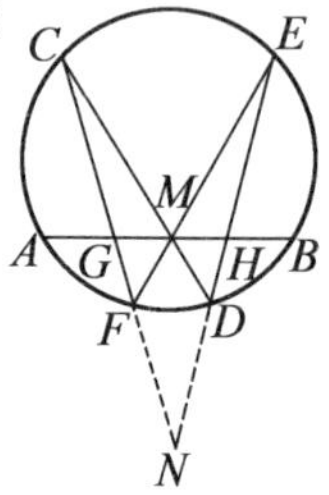

相乘得

$$\frac{MG^2\cdot EH\cdot DH\cdot FN\cdot CN}{MH^2\cdot EN\cdot DN\cdot FG\cdot CG}=1$$

图 37.5

由割线定理,有
$$FN\cdot CN=EN\cdot DN$$

所以
$$\frac{MG^2\cdot EH\cdot DH}{MH^2\cdot FG\cdot CG}=1$$

即
$$\frac{MG^2\cdot BH\cdot HA}{MH^2\cdot BG\cdot GA}=\frac{MG^2(BM+MH)(BM-MH)}{MH^2(BM+MG)(BM-MG)}=1$$

$$\frac{MG^2}{MH^2}=\frac{BM^2-MG^2}{BM^2-MH^2}$$

于是
$$\frac{BM^2-MH^2}{MH^2}=\frac{BM^2-MG^2}{MG^2}$$

则
$$\frac{BM^2}{MH^2}=\frac{BM^2}{MG^2}$$

所以
$$MG^2=MH^2$$

故
$$MG=MH$$

证法6 如图37.6所示,过点 D 作 AB 的平行线交圆于点 N,联结 MN,GN. 作 $OT\perp DN$ 于点 T,联结 OM,则 $OM\perp AB$ 于点 M,$TD=TN$,易知 O,M,T 三点共线,MT 是 DN 的中垂线,所以

$$MD=MN,\angle AMN=\angle MND=\angle NDM=\angle DMB$$

联结 NF,易知 $\angle NFC+\angle NDC=180°$,所以

$$\angle NFG + \angle NMG = 180°$$

因此,F,N,M,G 四点共圆,于是

$$\angle MNG = \angle MFG = \angle MFC = \angle CDE = \angle MDH$$

最后由 $\triangle MNG \cong \triangle MDH$,可得 $MG = MH$.

证法 7 如图 37.7 所示,对角做一些标记,则

$$\frac{AM^2 - GM^2}{BM^2 - HM^2} = \frac{(AM+GM)(AM-GM)}{(BM+HM)(BM-HM)}$$

$$= \frac{GB \cdot GA}{AH \cdot HB} = \frac{GC \cdot GF}{HE \cdot HD}$$

$$= \frac{\dfrac{GM}{\sin C}\sin\beta \cdot \dfrac{GM}{\sin F}\sin\alpha}{\dfrac{HM}{\sin E}\sin\alpha \cdot \dfrac{HM}{\sin D}\sin\beta} = \frac{GM^2}{HM^2}$$

$$= \frac{AM^2}{BM^2} = 1$$

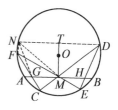

图 37.6

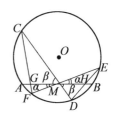

图 37.7

从而 $GM = MH$.

证法 8 如图 37.8 所示,设 $MA = MB = a, MG = x, MH = y$,点 G 到 EF,CD 的距离分别为 x_1,x_2. 点 H 到 EF,CD 的距离分别为 y_1,y_2,有

$$\frac{x_1}{y_1} = \frac{x}{y} = \frac{x_2}{y_2}$$

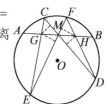

图 37.8

则

$$\frac{x^2}{y^2} = \frac{x_1}{y_1} \cdot \frac{x_2}{y_2} = \frac{x_1}{y_2} \cdot \frac{x_2}{y_1}$$

而

$$\frac{x_1}{y_2} = \frac{EG}{DH}, \frac{x_2}{y_1} = \frac{GC}{HQ}$$

则

$$\frac{x^2}{y^2} = \frac{EG \cdot GC}{DH \cdot HQ} = \frac{AG \cdot GB}{AH \cdot HB} = \frac{(a-x)(a+x)}{(a+y)(a-y)} = \frac{a^2-x^2}{a^2-y^2}$$

即

$$\frac{x^2}{y^2} = \frac{a^2-x^2}{a^2-y^2} = \frac{(a^2-x^2)+x^2}{(a^2-y^2)+y^2} = \frac{a^2}{a^2} = 1$$

从而 $x^2 = y^2$,即有 $x = y$.

故 $MG = GH$.

证法 9(斯特温证法) 如图 37.9 所示,设

$$\angle ECD = \angle EFD = \alpha, \angle CEF = \angle CDF = \beta$$

$$\angle CMG = \angle HMD = \varphi, \angle FMH = \angle GME = \theta$$

又设 $GM=x, MH=y, AM=MB=m$.

由
$$\frac{S_{\triangle CGM}}{S_{\triangle FHM}} \cdot \frac{S_{\triangle FHM}}{S_{\triangle EGM}} \cdot \frac{S_{\triangle EGM}}{S_{\triangle DHM}} \cdot \frac{S_{\triangle DHM}}{S_{\triangle CGM}} = 1$$

有
$$\frac{\frac{1}{2}CG \cdot CM\sin\alpha}{\frac{1}{2}FM \cdot FH\sin\alpha} \cdot \frac{\frac{1}{2}MF \cdot MH\sin\theta}{\frac{1}{2}ME \cdot MG\sin\theta} \cdot$$

$$\frac{\frac{1}{2}EG \cdot EM\sin\beta}{\frac{1}{2}DH \cdot DM\sin\beta} \cdot \frac{\frac{1}{2}MH \cdot MD\sin\varphi}{\frac{1}{2}MC \cdot MG\sin\varphi} = 1$$

化简,得
$$\frac{CG \cdot EG \cdot MH^2}{FH \cdot MG^2 \cdot DH} = 1 \qquad ⑧$$

由相交弦定理,有
$$CG \cdot EG = AG \cdot GB = m^2 - x^2$$
$$CH \cdot DH = AH \cdot BH = m^2 - y^2$$

则式⑧化为
$$\frac{(m^2-x^2)y^2}{(m^2-y^2)x^2} = 1$$

由此得 $x=y$, 即 $MG=MH$.

证法 10 如图 37.9 所示,采用正弦定理. 设 $\angle CMG=\alpha, \angle GME=\beta$.

在 $\triangle CGM$ 中, $CG=\dfrac{GM\sin\alpha}{\sin C}$. 在 $\triangle EGM$ 中, $EG=\dfrac{\sin\beta \cdot GM}{\sin E}$.

因为
$$AG \cdot GB = CG \cdot GE$$

所以
$$(AM-GM)(AM+GM) = AM^2 - GM^2 = \frac{GM^2 \cdot \sin\alpha\sin\beta}{\sin E\sin C}$$

同理
$$AM^2 - MH^2 = BM^2 - GM^2 = \frac{MH^2\sin\alpha\sin\beta}{\sin E\sin C}$$

故
$$\frac{AM^2 - GM^2}{AM^2 - MH^2} = \frac{GM^2}{MH^2}$$

可见 $GM=MH$.

证法 11(张景中证法) 如图 37.9 所示,设 $AM=MB=a, GM=x, MH=y$,则

$$\frac{x}{a-x} \cdot \frac{a-y}{y} = \frac{MG}{AG} \cdot \frac{BH}{MH} = \frac{S_{\triangle MCE}}{S_{\triangle ACE}} \cdot \frac{S_{\triangle BDF}}{S_{\triangle MDF}}$$

$$= \frac{S_{\triangle MCE}}{S_{\triangle MDF}} \cdot \frac{S_{\triangle BDF}}{S_{\triangle BDA}} \cdot \frac{S_{\triangle BDA}}{S_{\triangle BEA}} \cdot \frac{S_{\triangle BEA}}{S_{\triangle CEA}}$$

$$= \frac{MC \cdot ME}{MD \cdot MF} \cdot \frac{MF \cdot DF}{AB \cdot AD} \cdot \frac{BD \cdot AD}{BE \cdot AE} \cdot \frac{AB \cdot BE}{AC \cdot CE}$$

$$= \frac{MC}{MD} \cdot \frac{ME}{MF} \cdot \frac{BF \cdot BD \cdot DF}{AE \cdot AC \cdot CE}$$

注意到用相似三角形或面积关系式,有

$$\frac{BF}{AE} = \frac{MF}{MA}, \frac{BD}{AC} = \frac{MB}{MC}, \frac{DF}{CE} = \frac{MD}{ME}$$

代入前式,得

$$\frac{x}{a-x} \cdot \frac{a+y}{y} = \frac{MG}{AG} \cdot \frac{BH}{MH} = \frac{MC}{MD} \cdot \frac{ME}{MF} \cdot \frac{MF}{MA} \cdot \frac{MB}{MC} \cdot \frac{MD}{ME} = \frac{MB}{MA} = 1$$

故
$$\frac{MG}{AG} = \frac{MH}{BH}$$

即
$$\frac{MG}{AM} = \frac{MH}{BM}$$

亦即 $MG = MH$.

证法 12(单墫证法) 如图 37.10 所示,以点 M 为原点, AB 所在的直线为 x 轴,建立平面直角坐标系,则圆的方程可设为

$$x^2 + (y+m)^2 = R^2$$

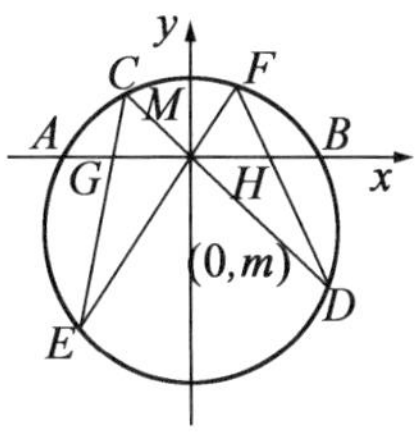

直线 CD, EF 的方程可分别设为

$$y = k_1 x, y = k_2 x$$

由圆和两相交直线组成的二次曲线系为

$$\mu[x^2 + (y+m)^2 - R^2] + \lambda(y - k_1 x)(y - k_2 x) = 0$$

令 $y = 0$,知点 G, H 的横坐标满足二次方程

$$(\mu + \lambda k_1 k_2)x^2 + \mu(m^2 - R^2) = 0$$

由于一次项系数为零,知两根 x_1 与 x_2 之和为 0,即 $x_1 = -x_2$.

故
$$GM = MH$$

图 37.10

注:由这种证法还可证得直线 CF, ED 分别与直线交于点 G', H',则 $G'M = MH'$.

在沈康身教授的《历史数学名题赏析》中,载有如下的蝴蝶定理的解析证

法(证法13).

证法 13 如图 37.11 所示,取点 M 为原点,弦 AB 为 x 轴,设圆 O 为单位圆,建立平面直角坐标系,各有关点坐标设为 $M(0,0), H(q,0), G(-p,0), DC, FE$ 的斜率分为 k_1, k_2,则圆的方程为

$$x^2 + (y-a)^2 = 1 \qquad ⑨$$

直线 CD 为

$$y = k_1 x \qquad ⑩$$

直线 EF 为

$$y = k_2 x \qquad ⑪$$

把式⑩,⑪分别代入式⑨得

$$(1+k_1)^2 x^2 - 2k_1 a x + a^2 - 1 = 0 \qquad ⑫$$

$$(1+k_2)^2 x^2 - 2k_2 a x + a^2 - 1 = 0 \qquad ⑬$$

设 CD 与圆 O 的交点坐标为 $(x_1, k_1 x_1), (x_2, k_1 x_2)$,同理设 EF 与圆 O 的交点坐标为 $(x_3, k_2 x_3), (x_4, k_2 x_4)$,其各横坐标应满足式⑫与⑬.从式⑫,⑬及韦达关于根与系数的定理有

$$\frac{x_1 x_2}{x_1 + x_2} = \frac{a^2 - 1}{2 k_1 a}, \quad \frac{x_3 x_4}{x_3 + x_4} = \frac{a^2 - 1}{2 k_2 a} \qquad ⑭$$

由 E, G, D 三点共线, $\dfrac{x_4 + p}{x_2 + p} = \dfrac{k_2 x_4}{k_1 x_2}$ 得

$$p = -\frac{(k_1 - k_2) x_2 x_4}{k_1 x_2 - k_2 x_4} \qquad ⑮$$

由 C, H, F 三点共线,同样可得

$$q = \frac{(k_1 - k_2) x_1 x_3}{k_1 x_1 - k_2 x_3} \qquad ⑯$$

由式⑭ $\dfrac{k_1 x_1 x_2}{x_1 + x_2} = \dfrac{k_2 x_3 x_4}{x_3 + x_4}$,变形得

$$\frac{x_1 x_4}{k_1 x_1 - k_2 x_4} = -\frac{x_2 x_3}{k_1 x_2 - k_2 x_3} \qquad ⑰$$

比较式⑮,⑯,⑰得 $p = q$,即 $MG = MH$.

证法 14 如图 37.12 所示,令 $\angle AME = \alpha = \angle BMF$, $\angle BMD = \beta = \angle AMC$. 以点 M 为视点,对 $\triangle MDF$ 和 $\triangle MCE$ 分别应用张角定理,有

$$\frac{\sin(\alpha+\beta)}{MH} = \frac{\sin\beta}{MF} + \frac{\sin\alpha}{MD}, \quad \frac{\sin(\alpha+\beta)}{MG} = \frac{\sin\beta}{ME} + \frac{\sin\alpha}{MC}$$

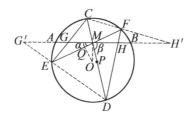

图 37.12

上述两式相减,得

$$\sin(\alpha+\beta)\left(\frac{1}{MH}-\frac{1}{MG}\right)=\frac{\sin\beta}{ME\cdot MF}(ME-MF)-\frac{\sin\alpha}{MD\cdot MC}(MD-MC)$$

设点 P,Q 分别是 CD,EF 的中点,由 $OM\perp AB$,有

$$\begin{cases} MD-MC=2MP=2OM\cdot\cos(90°-\beta)=2OM\cdot\sin\beta \\ ME-MF=2MQ=2OM\cdot\cos(90°-\alpha)=2OM\cdot\sin\alpha \end{cases}$$

于是

$$\sin(\alpha+\beta)\left(\frac{1}{MH}-\frac{1}{MG}\right)=0$$

而 $\alpha+\beta\neq 180°$,知 $\sin(\alpha+\beta)\neq 0$,从而 $\frac{1}{MH}=\frac{1}{MG}$. 故结论成立.

证法 15 如图 37.13 所示,过点 M 作直径 NL,令 S,R 分别为点 E,C 关于直线 NL 的对称点,联结 RS 与 DF 交于点 T. 只需证明点 T 在 AB 上,即点 T 与 H 重合,则结论成立.

联结 SF,DR 分别与直线 LN 交于点 Q,P,设 SF 与 AB 交于点 I,DR 与 AB 交于点 J.

由 $\angle FMB=\angle SMB$,且 $MI\perp MQ$,知 MS,MF,MI,MQ 为调和线束,即点 S,F,I,Q 为调和点列.

过点 Q 作圆 O 的两条切线 QA_1,QB_1,易知 $A_1B_1/\!/AB$.

设 A_1B_1 与 SF 交于点 I_1,则知 Q,I_1,F,S 成调和点列. 从而知 I_1 与 I 重合,亦推知 A_1B_1 与 AB 重合. 所以 QA,QB 为圆 O 的两条切线.

同理,点 P,J,R,D 成调和点列,则 PA,PB 为圆 O 的两条切线,故点 P 与 Q 重合.

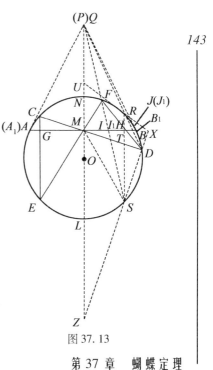

图 37.13

联结 FR,SD 交于点 X,联结 XT 分别与 SF,DR 交于点 I_2,J_1,易知点 Q,I_2,F,S 及 Q,J_1,R,D 分别成调和点列. 从而点 I_2 与 I 重合,J_1 与 J 重合.

于是,X,T,I,J 四点共线,即点 T 在 AB 上. 故结论成立.

证法 16 首先看一条引理:对于凸(或凹)四边形 $ABCD$,一组对边 AB,CD 所在的直线交于点 E,则一组对角 $\angle ABC = \angle ADC$ 的充要条件是另两顶点的对角线 AC 的长度满足

$$AC^2 = AB \cdot AE - EC \cdot CD$$

事实上,如图 37.14 所示.

必要性. 当 $\angle ABC = \angle ADC$ 时,作 $\triangle AED$ 的外接圆与 AC 的延长线交于点 M,联结 EM,则

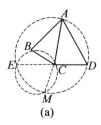
(a)

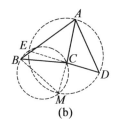
(b)

图 37.14

$$\angle AME = \angle ADC$$

即

$$\angle AME = \angle ABC$$

从而 B,E,C,M 四点共圆.

于是,有

$$AB \cdot AE = AC \cdot AM$$

注意到

$$EC \cdot CD = AC \cdot CM$$

上述两式相减,有

$$AB \cdot AE - EC \cdot CD = AC \cdot AM - AC \cdot CM = AC(AM - CM) = AC^2$$

充分性. 在射线 AB 上取点 B',使 $\angle AB'C = \angle ADC$,则由必要性证明,得

$$AB' \cdot AE - EC \cdot CD = AC^2$$

又由充分性条件,有

$$AB \cdot AE - EC \cdot CD = AC^2$$

从而 $AB' = AB$,即知点 B' 与 B 重合,故 $\angle ABC = \angle ADC$.

下面回到原题的证明.

如图 37.15,过点 H 作 $NL \parallel CE$ 分别与 MF 交于点 N,与 MD 的延长线交于点 L,则

$$\angle HNM = \angle CEF = \angle CDF$$

令 $AM = MB = a, GM = x, MH = y$

于是,由引理有

$$y^2 = MN \cdot MF - EH \cdot HD$$

易知 $MN = \dfrac{y \cdot ME}{x}, MF = \dfrac{a^2}{ME}$

则 $MN \cdot MF = \dfrac{y \cdot a^2}{x}$

又 $FH \cdot HD = AH \cdot HB = (a+y)(a-y) = a^2 - y^2$

所以 $y^2 = \dfrac{y \cdot a^2}{x} - (a^2 - y^2)$

得 $x = y$

故 $GM = MH$.

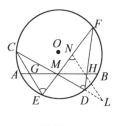

图 37.15

注:由蝴蝶定理可以处理如下问题:

(1996 年 IMO37 预选题)设 $\triangle ABC$ 是锐角三角形,且 $BC > CA$,点 O 是它的外心,点 H 是它的垂心,点 F 是高 CH 的垂足,过点 F 作 OF 的垂线交 CA 边于点 P. 证明: $\angle FHP = \angle BAC$.

证明 如图 37.16 所示,延长 CF 交圆 O 于点 D,联结 BD, BH. 由 $\angle BHF = \angle CAF = \angle BDC$,且 $BF \perp HD$,知点 F 为 HD 的中点.

设 FP 所在的直线交圆 O 于 M, N 两点,交 BD 于点 T,由 $OF \perp MN$ 知点 F 为 MN 的中点.

由蝴蝶定理,知点 F 为 PT 的中点. 从而知 $HP \parallel TD$.

所以 $\angle FHP = \angle BDC = \angle BAC$

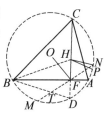

图 37.16

第38章 完全四边形的密克尔定理

完全四边形的密克尔(Miquel)定理 完全四边形的四个三角形的外接圆共点,该点称为密克尔点.

证法 1 如图 38.1 所示,在完全四边形 $ABCDEF$ 中,设 $\triangle BCD$ 与 $\triangle DEF$ 的外接圆交于点 D,M(点 D 与 M 必不重合,请思考). 由西姆松定理知,点 M 在 $\triangle BCD$ 的外接圆上,点 M 在 $\triangle BCD$ 的三边 BC,CD,BD 所在直线上的射影 P,Q,R 三点共线. 同理,点 M 在 $\triangle DEF$ 的三边 DF,DE,EF 所在直线上的射影 Q,R,S 三点共线. 从而 P,Q,R,S 四点共线.(完全四边形的西姆松线)

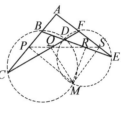

图 38.1

又由西姆松定理的逆定理知,点 M 在 $\triangle ACF$ 的三边 AC,CF,AF 所在直线上的射影 P,Q,S 三点共线,从而点 M 在 $\triangle ACF$ 的外接圆上.

同理,点 M 在 $\triangle ABE$ 的外接圆上.

故四个三角形 $\triangle BCD,\triangle DEF,\triangle ACF,\triangle ABE$ 的外接圆共点于点 M.

注:完全四边形中的 4 个三角形中,只要有两个三角形的外接圆交于另一点,该点即为完全四边形的密克尔点.

证法 2 对 $\triangle ACF$ 应用三角形的密克尔定理,知 $\triangle BCD,\triangle DEF,\triangle ABE$ 的三个外接圆共点于点 M. 又对 $\triangle ABE$ 应用三角形的密克尔定理,知 $\triangle ACF,\triangle BCD,\triangle EFD$ 的三个外接圆共点于点 M'. 注意点 M,M' 分别即为两个同圆的交点,从而点 M 与 M' 重合. 故四个三角形的外接圆共点.

注:完全四边形的密克尔点与每类四边形的一组对边构成的三角形相似.

三角形的密克尔定理:设点 D,E,F 分别为 $\triangle ABC$ 的三边 BC,CA,AB 所在直线上的点,则 $\triangle BDF,\triangle CED,\triangle AFE$ 的外接圆共点(图 38.2).

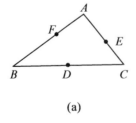
(a)

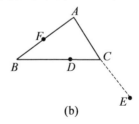
(b)

图 38.2

第 39 章 米库勒定理

米库勒定理(或密克尔圆定理) 把五边形 $ABCDE$ 的各边延长作出五个三角形,则这五个三角形外接圆的五个新交点是在同一圆周上(或五边形各边延长作出五个三角形,图中的五个完全四边形的密克尔点共圆).

如图 39.1 所示,设直线 AB 与 ED,CD 分别交于点 J,G,直线 BC 分别与 AE,DC 交于点 F,H,直线 AE 与 DC 交于点 I,得五个三角形外接圆的五个新交点为点 K,L,Q,M,S. 下面证这五个新交点共圆.

证法 1 如图 39.1 所示,延长 QS 至点 R. 在完全四边形 $JDHCGB$ 中,显然点 Q 为其密克尔点,从而 J,D,Q,G 四点共圆.

在完全四边形 $GAJEID$ 中,点 S 为其密克尔点,则 J,S,D,G 四点共圆.

于是 J,S,D,Q,G 五点共圆. 考虑 J,S,Q,G 四点共圆,有

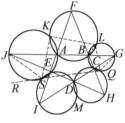

图 39.1

$$\angle JSR = \angle BGQ = \angle BLQ$$

注意

$$\angle KSJ = \angle KAJ = \angle KLB$$

以及

$$\angle JSR + \angle KSJ + \angle KSQ = 180°$$

则

$$\angle KSQ + \angle KLQ = 180°$$

所以 K,S,Q,L 四点共圆.

同理,K,M,Q,L 四点共圆.

故 K,S,M,Q,L 五点共圆.

证法 2 如图 39.1 所示,由 C,Q,G,L 四点共圆,有 $\angle HCQ = \angle QGB$.

由 D,M,Q,C 四点共圆,有 $\angle HDQ = \angle HCQ$.

从而 $\angle HDQ = \angle QGB$,即知 J,D,Q,G 四点共圆.

同理,J,S,D,G 四点共圆. 故 J,S,D,Q,G 五点共圆.

考虑 J,S,Q,G 四点共圆,有 $\angle GJS + \angle SQG = 180°$.

又

$$\angle GJS = \angle SJA = \angle SKA$$

$$\angle SQG = \angle SQL + \angle LQG = \angle SQL + \angle LBG = \angle SQL + \angle AKL$$

所以

$$\angle SKA + \angle AKL + \angle SQL = 180° = \angle SKL + \angle SQL$$

于是 K,S,Q,L 四点共圆.

同理,K,M,Q,L 四点共圆.

故 K,S,M,Q,L 五点共圆.

证法3 如图39.2所示,联结 KA 并延长与直线 IM 点交于点 N.

在完全四边形 $ICGBFA$ 中,点 L 是其密克尔点,则 I,F,L,C 四点共圆.

同样,点 M 为完全四边形 $FEIDHC$ 的密克尔点,有 F,I,M,C 四点共圆.

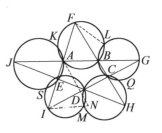

图 39.2

于是,F,L,C,M,I 五点共圆. 从而在 F,L,M,I 四点的圆中,有

$$\angle IFL = 180° - \angle LMI = \angle NML \qquad ①$$

又 $$\angle IFL = \angle AKL = \angle NKL \qquad ②$$

由式①,②知 $\angle NKL = \angle NML$,即知 K,L,N,M 四点共圆.

注意到 E,M,K 分别在 $\triangle AIN$ 的三边上,由三角形密克尔定理,知 $\triangle KAE$,$\triangle EIM$,$\triangle KMN$ 的外接圆共点于点 S,即知 K,L,N,M,S 五点共圆. 亦即知 K,L,M,S 四点共圆.

同理,K,L,M,Q 四点共圆.

故 K,S,M,Q,L 五点共圆.

第 40 章 完全四边形对角线调和分割定理

完全四边形对角线调和分割定理 完全四边形的一条对角线被其他两条对角线调和分割.

如图 40.1 所示,在完全四边形 $ABCDEF$ 中,若对角线 AD 所在的直线分别与对角线 BF,CE 所在的直线交于点 M,N,则

$$\frac{AM}{AN} = \frac{MD}{ND} \qquad ①$$

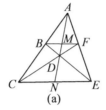 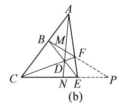

(a) (b)

图 40.1

若 $BF \parallel CE$,则由 $\dfrac{AM}{AN} = \dfrac{BF}{CE} = \dfrac{MD}{ND}$,即证.(此时,也可看作直线 BF,CE 交于无穷远点 P,也有下面的式②,③,这可参见第 29 章的内容.)

若 $BF \not\parallel CE$ 时,可设两直线交于点 P,此时,还有

$$\frac{BM}{BP} = \frac{MF}{PF} \qquad ②$$

$$\frac{CN}{CP} = \frac{NE}{PE} \qquad ③$$

下面仅证明当 $BF \not\parallel CE$ 时,有 $\dfrac{AM}{AN} = \dfrac{MD}{ND}$,其余两式可类似证明.

证法 1 对 $\triangle ADF$ 及点 B 应用塞瓦定理,有

$$\frac{AM}{MD} \cdot \frac{DC}{CF} \cdot \frac{FE}{EA} = 1 \qquad ④$$

对 $\triangle ADF$ 及截线 CNE 应用梅涅劳斯定理,有

$$\frac{AN}{ND} \cdot \frac{DC}{CF} \cdot \frac{FE}{EA} = 1 \qquad ⑤$$

上述两式相除(即④÷⑤),可得 $\dfrac{AM}{AN} = \dfrac{MD}{ND}$.

注:对 $\triangle ABF$ 及点 D 和截线 CEP,应用塞瓦、梅涅劳斯定理,有

$$\frac{BM}{MF} \cdot \frac{FE}{EA} \cdot \frac{AC}{CB} = 1, \frac{BP}{PF} \cdot \frac{FE}{EA} \cdot \frac{AC}{CB} = 1$$

上述两式相除,即

$$\frac{BM}{MF} = \frac{BP}{PF}$$

对 $\triangle ACE$ 及点 D 和截线 BFP,应用塞瓦、梅涅劳斯定理,有

$$\frac{CN}{NE} \cdot \frac{EF}{FA} \cdot \frac{AB}{BC} = 1, \frac{CP}{PE} \cdot \frac{EF}{FA} \cdot \frac{AB}{BC} = 1$$

上述两式相除,即 $\frac{CP}{PE} = \frac{CN}{NE}$.

证法 2 对 $\triangle ACD$ 及点 E,应用塞瓦定理,有

$$\frac{CB}{BA} \cdot \frac{AN}{ND} \cdot \frac{DF}{FC} = 1 \qquad ⑥$$

对 $\triangle ACD$ 及截线 BMF 应用梅涅劳斯定理,有

$$\frac{CF}{FD} \cdot \frac{DM}{MA} \cdot \frac{AB}{BC} = 1 \qquad ⑦$$

上述两式相乘(即⑥×⑦)可得 $\frac{AM}{AN} = \frac{MD}{ND}$.

证法 3 对 $\triangle ACD$ 及截线 BMF 应用梅涅劳斯定理,有式⑦,对 $\triangle ADF$ 及截线 CNE 应用梅涅劳斯定理,有式⑤,对 $\triangle ACF$ 及截线 BDE 应用梅涅劳斯定理,有

$$\frac{AB}{BC} \cdot \frac{CD}{DF} \cdot \frac{FE}{EA} = 1 \qquad ⑧$$

由⑤×⑦÷⑧得 $\frac{AM}{AN} = \frac{MD}{ND}$.

注:对称性地考虑还有下述证法.

(1)对 $\triangle ABD$ 及点 F 和截线 CNE 分别应用塞瓦定理及梅涅劳斯定理亦证.

(2)对 $\triangle ADE$ 及点 C 和截线 BMF 分别应用塞瓦定理及梅涅劳斯定理亦证.

(3)对 $\triangle ADE$ 及截线 BMF、对 $\triangle ABD$ 及截线 CNE、对 $\triangle ABE$ 及截线 CDF 分别应用梅涅劳斯定理亦证.

证法 4 令 $\angle CAN = \alpha, \angle NAE = \beta, AB = b, AC = c, AM = m, AD = d, AN = n$,

$AF = f, AE = e.$

以点 A 为视点,分别对 $B,M,F;B,D,E;C,D,F;C,N,E$ 应用张角公式,得

$$\frac{\sin(\alpha+\beta)}{m} = \frac{\sin\alpha}{f} + \frac{\sin\beta}{b}, \frac{\sin(\alpha+\beta)}{d} = \frac{\sin\alpha}{e} + \frac{\sin\beta}{b}$$

$$\frac{\sin(\alpha+\beta)}{d} = \frac{\sin\alpha}{f} + \frac{\sin\beta}{c}, \frac{\sin(\alpha+\beta)}{n} = \frac{\sin\alpha}{e} + \frac{\sin\beta}{c}$$

上述第一式与第四式相加后减去其余两式,得

$$\sin(\alpha+\beta)\left(\frac{1}{m} + \frac{1}{n}\right) = \frac{2}{d}\sin(\alpha+\beta)$$

即
$$\frac{d}{m} + \frac{d}{n} = 2$$

亦即
$$\frac{AD}{AM} + \frac{AD}{AN} = 2 = \frac{AM}{AM} + \frac{AN}{AN}$$

则
$$\frac{AD - AM}{AM} = \frac{AN - AD}{AN}$$

故
$$\frac{AM}{AN} = \frac{MD}{ND}$$

第41章 完全四边形对角线平行定理

完全四边形对角线平行定理 在完全四边形 $ABCDEF$ 中,点 M 为其密克尔点,对角线 AD 所在的直线分别交 $\triangle ACF$, $\triangle ABE$ 的外接圆于点 N, L,则 $BF \mathbin{/\mkern-3mu/} CE$ 的充分必要条件是满足下述三条件之一:

(1) AD, AM 为 $\angle CAE$ 的等角线(AM 为 $\triangle ACE$ 的共轭中线);

(2) $MN \mathbin{/\mkern-3mu/} CF$;

(3) $ML \mathbin{/\mkern-3mu/} BE$.

证法 1 如图 41.1 所示,联结 MC, MB, MF, ME. 设圆 ACM,圆 ABM 的直径分别为 d_1, d_2.

(1) 由 $\triangle BCM \backsim \triangle EFM$,有

$$\frac{BC}{FE} = \frac{BM}{EM} = \frac{\sin \angle BEM}{\sin \angle EBM} = \frac{\sin \angle BAM}{\sin \angle EAM} \quad ①$$

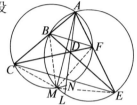

图 41.1

于是 $BF \mathbin{/\mkern-3mu/} CE \Leftrightarrow S_{\triangle BCD} = S_{\triangle FED} \Leftrightarrow \frac{1}{2} BC \cdot d_1 = \frac{1}{2} FE \cdot d_2$

$$\Leftrightarrow \frac{BC}{EF} = \frac{d_2}{d_1} = \frac{\dfrac{d_2}{AD}}{\dfrac{d_1}{AD}} = \frac{\sin \angle EAD}{\sin \angle BAD}$$

$$\stackrel{①}{\Leftrightarrow} \frac{\sin \angle EAD}{\sin \angle BAD} = \frac{\sin \angle BAM}{\sin \angle EAM}$$

$$\Leftrightarrow \frac{\sin \angle BAM}{\sin \angle EAD} = \frac{\sin \angle MAE}{\sin \angle BAD}$$

$\Leftrightarrow$ 等角线由斯坦纳定理三角形式

$\Leftrightarrow \angle BAM = \angle EAD$

$\Leftrightarrow AM, AD$ 为 $\angle CAE$ 的等角线

(2) $MN \mathbin{/\mkern-3mu/} CF \Leftrightarrow \angle CFM = \angle FMN \Leftrightarrow \angle CAM = \angle FAN \stackrel{(1)}{\Leftrightarrow} BF \mathbin{/\mkern-3mu/} CE$.

(3) $ML \mathbin{/\mkern-3mu/} BE \Leftrightarrow \angle BEM = \angle EML \Leftrightarrow \angle BAM = \angle EAD \stackrel{(1)}{\Leftrightarrow} BF \mathbin{/\mkern-3mu/} CE$.

证法 2 (1) 如图 41.2 所示,注意到点 M 为其密克尔点. 联结 MC, MB, MD, MF, ME. 由密克尔点与每类四边形的对边构成相似三角形,有

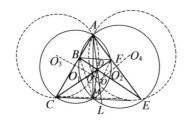

图 41.2

$$\triangle MBA \backsim \triangle MDF, \triangle MCB \backsim \triangle MFE$$

即
$$\frac{MB}{BA} = \frac{MD}{DF} \qquad ②$$

$$\frac{MB}{CB} = \frac{ME}{FE} \qquad ③$$

于是
$$\angle BAM = \angle DAF \Leftrightarrow \angle BEM = \angle DEM = \angle DAF$$

注意
$$\angle EMD = \angle AFD \Leftrightarrow \triangle EMD \backsim \triangle AFD \Leftrightarrow \frac{EM}{MD} = \frac{AF}{FD}$$

即
$$\frac{EM}{AF} = \frac{MD}{FD} \overset{③,②}{\Leftrightarrow} \frac{\frac{MB}{CB} \cdot FE}{AF} = \frac{MB}{BA} \Leftrightarrow \frac{AB}{BC} = \frac{AF}{FE} \Leftrightarrow BF /\!/ CE$$

(2),(3) 同证法 1.

证法 3 (1) 如图 41.2 所示,设圆 ACF 为圆 O_1,圆 ABE 为圆 O_2,则 AM 为圆 O_1 与圆 O_2 的公共弦. 设 $\triangle ACE$ 的外心为点 O,又设过点 C 且与 AE 切于点 A 的圆为圆 O_3,过点 E 且与 AC 切于点 A 的圆为圆 O_4,则圆 O_3 与圆 O_4 的公共弦 AQ 是 $\triangle ACE$ 的共轭中线,且 O, O_1, O_3 及 O, O_2, O_4 分别三点共线.

注意到
$$\frac{OO_1}{O_1O_3} = \frac{EF}{FA}, \frac{OO_2}{O_2O_4} = \frac{CB}{BA}$$

于是 $\angle BAM = \angle DAF \Leftrightarrow$ 公共弦 AM 为 $\triangle ACE$ 的共轭中线,即 AM 与 AQ 重合

$\Leftrightarrow$ 圆 O_3 与圆 O_4 的公共弦 AQ 是 $\triangle ACE$ 的共轭中线

$$\Leftrightarrow O_1O_2 /\!/ O_3O_4 \Leftrightarrow \frac{OO_1}{O_1O_3} = \frac{OO_2}{O_2O_4}$$

$$\Leftrightarrow \frac{EF}{FA} = \frac{CB}{BA} \Leftrightarrow BF /\!/ CE$$

(2),(3)同证法 1.

注:若直线 AD 分别交圆 BCD,圆 DEF 于点 K,S,则 DM,AD 是 $\angle CDE$ 的等角线的充要条件是满足下述两条件之一:(1)$CA /\!/ MK$;(2)$AE /\!/ MS$.

第 42 章 牛顿线定理

牛顿线(Newton)定理 完全四边形 $ABCDEF$ 的三条对角线 AD, BF, CE 的中点 M, N, P 三点共线.

证法 1 如图 42.1 所示,分别取 CD, BD, BC 的中点 Q, R, S. 于是,在 $\triangle ACD$ 中, M, R, Q 三点共线;在 $\triangle BCF$ 中, S, R, N 三点共线;在 $\triangle BCE$ 中, S, Q, P 三点共线.

由平行线性质,有

$$\frac{MQ}{MR} = \frac{AC}{AB}, \frac{NR}{NS} = \frac{FD}{FC}, \frac{PS}{PQ} = \frac{EB}{ED}$$

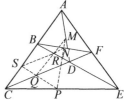

图 42.1

对 $\triangle BCD$ 及截线 AFE 应用梅涅劳斯定理,有

$$\frac{AC}{AB} \cdot \frac{FD}{FC} \cdot \frac{EB}{ED} = 1$$

即

$$\frac{MQ}{MR} \cdot \frac{NR}{NS} \cdot \frac{PS}{PQ} = 1$$

再对 $\triangle QRS$ 应用梅涅劳斯定理的逆定理,知 M, N, P 三点共线.

证法 2 如图 42.2 所示,分别取 AF, AC, CF 的中点 R, S, Q,则点 M, N, P 分别在直线 SR, RQ, SQ 上(即分别三点共线).

由三角形中位线性质,有

$$\frac{SM}{MR} \cdot \frac{RN}{NQ} \cdot \frac{QP}{PS} = \frac{CD}{DF} \cdot \frac{AB}{BC} \cdot \frac{FE}{EA}$$

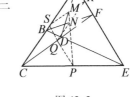

图 42.2

对 $\triangle ACF$ 及截线 BDE 应用梅涅劳斯定理,有

$$\frac{CD}{DF} \cdot \frac{FE}{EA} \cdot \frac{AB}{BC} = 1$$

从而

$$\frac{SM}{MR} \cdot \frac{RN}{NQ} \cdot \frac{QP}{PS} = 1$$

再对 $\triangle RSQ$ 应用梅涅劳斯定理的逆定理,知 M, N, P 三点共线.

证法 3 如图 42.3 所示,取点 G, H 使四边形 $DEAG, BEFH$ 均为平行四边形. 设 DG 与 FH 交于点 L.

对 $\triangle DEF$ 及截线 ABC 应用梅涅劳斯定理,有

$$\frac{DB}{BE} \cdot \frac{EA}{AF} \cdot \frac{FC}{CD} = 1$$

由平行四边形对边相等,有
$$\frac{LH}{HF} \cdot \frac{DG}{GL} \cdot \frac{FC}{CD} = 1$$
即
$$\frac{DG}{GL} \cdot \frac{LH}{HF} \cdot \frac{FC}{CD} = 1$$

再对 $\triangle DFL$ 应用梅涅劳斯定理的逆定理,知 G,H,C 三点共线,于是 EG,EH,EC 的中点 M,N,P 三点共线.

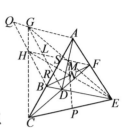

图 42.3

证法 4 如图 42.3 所示,取点 G,H 使四边形 $DEAG$, $BEFH$ 均为平行四边形.

设 DG 交 AC 于点 R,FH 交 AC 于点 S,则
$$\frac{AR}{RC} = \frac{FD}{DC}, \frac{SB}{BC} = \frac{FD}{DC}$$
则
$$\frac{AR}{RC} = \frac{SB}{BC}$$
即
$$\frac{AR}{SB} = \frac{RC}{BC}$$
由 $\triangle AGR \backsim \triangle SHB$,有
$$\frac{AR}{SB} = \frac{GR}{BH}$$
从而
$$\frac{GR}{BH} = \frac{RC}{BC}$$
而
$$\angle GRC = \angle HBC$$
则
$$\triangle GRC \backsim \triangle HBC$$
即 $\angle GCR = \angle HCB$. 从而 G,H,C 三点共线.

于是 EG,EH,EC 的中点 M,N,P 三点共线.

证法 5 如图 42.4 所示,过点 D 分别作 $DG \parallel AF$ 交 AB 于点 G,作 $DH \parallel AB$ 交 AF 于点 H,则四边形 $AGDH$ 为平行四边形. 取 BH,BE 的中点 R,S.

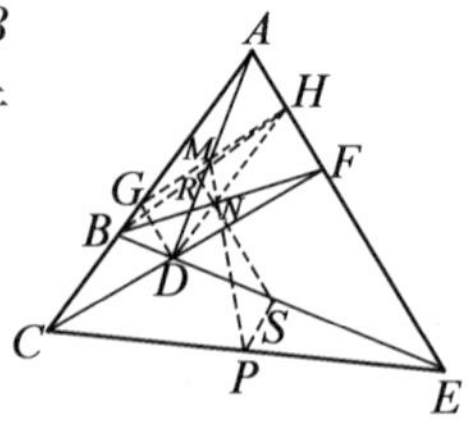

由 $\triangle FHD \backsim \triangle DGC$,有
$$\frac{FH}{DG} = \frac{HD}{GC}$$
即
$$HF \cdot GC = DG \cdot HD$$
由 $\triangle GBD \backsim \triangle HDE$,有
$$GB \cdot HE = HD \cdot DG$$
从而
$$HF \cdot GC = GB \cdot HE$$

图 42.4

即
$$\frac{HF}{HE} = \frac{GB}{GC}$$

于是
$$\frac{HF}{HE-HF} = \frac{GB}{GC-GB}$$

即
$$\frac{HF}{EF} = \frac{GB}{BC}$$

亦即
$$\frac{GB}{HF} = \frac{BC}{EF}$$

又 $MR \underline{\underline{\parallel}} \frac{1}{2}GB, RN \underline{\underline{\parallel}} \frac{1}{2}HF, NS \underline{\underline{\parallel}} \frac{1}{2}EF, SP \underline{\underline{\parallel}} \frac{1}{2}BC$

所以 $\angle MRN = \angle PSN$

且 $\frac{MR}{RN} = \frac{GB}{HF}, \frac{SP}{NS} = \frac{BE}{EF}$

故 $\triangle MRN \sim \triangle PSN$

有 $\angle MNR = \angle PNS$

又 R, N, S 三点在一直线上($\triangle BEH$ 的中位线),所以 M, N, P 三点共线.

证法 6 如图 42.5 所示,作 $\square BDFX, \square CDEY$,延长 FX 交 AB 于点 I,延长 EY 与 AC 的延长线交于点 J.

由 $BX \parallel CF \parallel JE, FX \parallel EB \parallel YC$,有
$$\frac{AJ}{AC} = \frac{AE}{AF} = \frac{AB}{AI}$$

令 $\frac{AC}{AI} = \frac{AJ}{AB} = k$

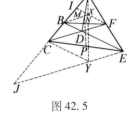

图 42.5

则知 $\triangle XIB$ 与 $\triangle YCJ$ 是位似的(即以点 A 为位似中心,k 为位似比的位似形). 于是,A, X, Y 三点共线,从而 DA, DX, DY 的中点 M, N, P 三点共线.

证法 7 先看引理 1:在 $\square ABCD$ 内取一点 P,过点 P 引两邻边的平行线 EF, GH 交 AB 于点 G, BC 于点 F, CD 于点 H, AD 于点 E(图 42.6).

则 $S_{\square GBFP} = S_{\square EPHD}$ 的充要条件是点 P 在对角线 AC 上.

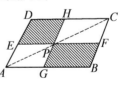

图 42.6

事实上,联结 AP, PC,则
$$S_{\triangle AGP} = S_{\triangle AEP}, S_{\triangle PFC} = S_{\triangle PHC}$$
$$S_{\square GBFP} = S_{\square EPHD} \Leftrightarrow S_{\square GBFD} + S_{\triangle AGP} + S_{\triangle PFC}$$
$$= S_{\square EPHD} + S_{\triangle AEP} + S_{\triangle PHC}$$

$$=\frac{1}{2}S_{\square ABCD} \Leftrightarrow 点 P 在 AC 上$$

如图 42.7 所示,分别过点 C,B,D,F 作与 AC,AE 平行的直线,得到一系列平行四边形. 有关字母如图所示,由引理 1,用对角线表示平行四边形知

$$S_{\square AD}=S_{\square DR}, S_{\square AD}=S_{\square DH}$$

从而
$$S_{\square DR}=S_{\square DH}$$

又由引理 1,知点 G 在对角线 DS 上,所以 D,G,S 三点共线.

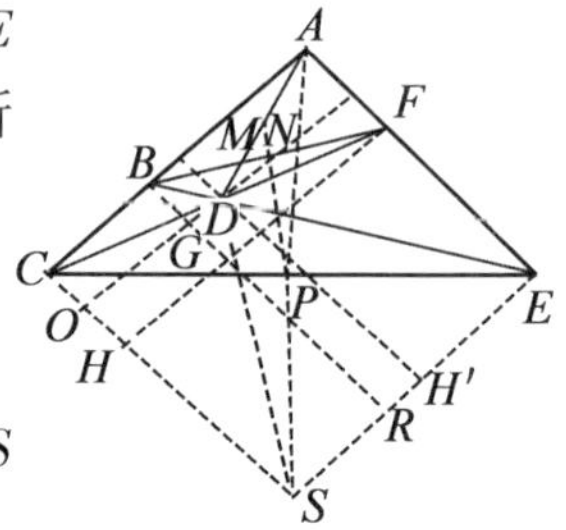

从而 DA,GA,SA 的中点 M,N,P 三点共线.

图 42.7

证法 8(张景中证法) 由

$$\frac{EP}{CP}=\frac{S_{\triangle EMN}}{S_{\triangle CMN}}=\frac{\frac{1}{2}(S_{\triangle BEM}-S_{\triangle FEM})}{\frac{1}{2}(S_{\triangle ACN}-S_{\triangle DCN})}=\frac{\frac{1}{2}(S_{\triangle BEA}-S_{\triangle FED})}{\frac{1}{2}(S_{\triangle ACF}-S_{\triangle DCB})}=\frac{S_{\triangle BCD}}{S_{\triangle BCD}}=1$$

即知
$$S_{\triangle EMN}=S_{\triangle CMN}$$

故 MN 过 CE 的中点 P,即 M,N,P 三点共线.

证法 9 先看引理 2:在 $\square ABCD$ 内取一点 P,过点 P 作两邻边平行的直线,分别交 AB 于点 E、交 DC 于点 F、交 AD 于点 G、交 BC 于点 H,则三直线 GF,AC,EH 或者共点或者相互平行.

事实上,如图 42.8 所示,若 $GF/\!/AC$,则

$$\frac{DG}{GA}=\frac{DF}{FC}$$

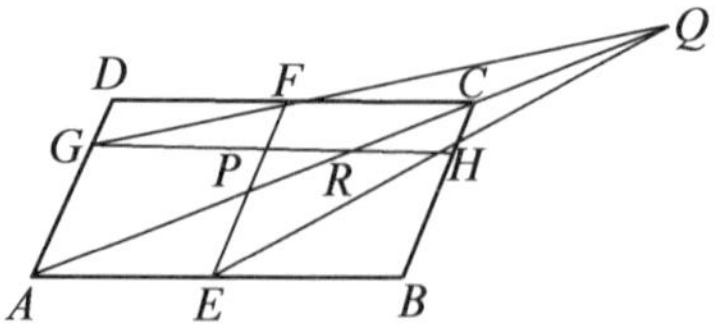

图 42.8

即
$$\frac{HC}{HB}=\frac{AE}{EB}$$

从而 $AC/\!/EH$. 故 GF,AC,EH 相互平行.

若 GF 与 AC 不平行,设直线 GF 与 AC 交于点 Q,只须证:E,H,Q 三点共线即可.

运用梅涅劳斯定理的逆定理,只须证:对 $\triangle GPF$,有
$$\frac{GH}{HP} \cdot \frac{PE}{EF} \cdot \frac{FQ}{QG} = 1$$

设 AC 与 GH 交于点 R. 由平行四边形性质,有
$$\frac{DC}{AD} = \frac{GR}{AG}$$

即
$$\frac{DC}{GR} = \frac{AD}{AG}$$

且
$$\frac{GH}{HP} \cdot \frac{DE}{EF} \cdot \frac{FQ}{QG} = \frac{DC}{CF} \cdot \frac{GA}{AD} \cdot \frac{FC}{GR} = \frac{DC}{GR} \cdot \frac{AG}{AD} = 1$$

故引理 2 获证.

如图 42.3 所示,作 $\square DEAG$, $\square BEFH$,延长 AG, BH 交于点 Q,则四边形 $BEAQ$ 也为平行四边形. 由引理 2 知,直线 GH, AB, FD 交于点 C,即知 G, H, C 三点共线. 从而 EG, EH, EC 的中点 M, N, P 三点共线.

证法 10 先看引理 3:共底等积的两三角形顶点的连线被公共底所在的直线平分.

事实上,如图 42.9 所示,设 $S_{\triangle ABC} = S_{\triangle ABD}$,联结 CD 交直线 AB 于点 M. 作 $CE \perp AB$ 于点 E,作 $DF \perp AB$ 于点 F,则
$$CE = DF$$

从而
$$\text{Rt} \triangle CEM \cong \text{Rt} \triangle DFM$$

于是
$$CM = MD$$

即直线 AB 平分 CD,引理 3 获证.

如图 42.10 所示,取 BD 的中点 G,联结 GM, GN,有

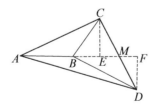

图 42.9

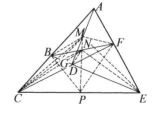

图 42.10

$$GM /\!/ CB, GN /\!/ CD$$

从而
$$S_{\triangle CGM} = S_{\triangle BGM}, S_{\triangle CGN} = S_{\triangle DGN}$$

设 AD 与 BF 所成的角为 θ，则

$$S_{\triangle CMN} = S_{\triangle CGM} + S_{\triangle GMN} + S_{\triangle CGN} = S_{\triangle BGM} + S_{\triangle GMN} + S_{\triangle DGN}$$

$$= S_{\text{四边形}BDNM} = \frac{1}{2} BN \cdot DM \cdot \sin\theta$$

$$= \frac{1}{2} \cdot \frac{1}{2} BF \cdot \frac{1}{2} AD \cdot \sin\theta$$

$$= \frac{1}{4} \cdot S_{\text{四边形}ABCD}$$

同理 $$S_{\triangle EMN} = \frac{1}{4} S_{\text{四边形}ABCD}$$

故 $$S_{\triangle CMN} = S_{\triangle EMN}$$

由引理 3，知直线 MN 平分 CE，即 CE 的中点 P 在直线 MN 上．

证法 11 如图 42.10 所示，有

$$S_{\text{四边形}BCNM} - S_{\text{四边形}EFMN} = S_{\triangle BCN} - S_{\triangle FEN} \quad (\text{因 } S_{\triangle BNM} = S_{\triangle FNM})$$

$$= \frac{1}{2} S_{\triangle BCF} - \frac{1}{2} S_{\triangle FEB} = \frac{1}{2}(S_{\triangle BCF} - S_{\triangle FEB}) = \frac{1}{2}(S_{\triangle BCD} - S_{\triangle FED})$$

$$= S_{\triangle BCM} - S_{\triangle FEM} = (S_{\triangle BCM} + S_{\triangle CMN}) - (S_{\triangle FEM} + S_{\triangle EMN}) + S_{\triangle EMN} - S_{\triangle CMN}$$

$$= S_{\text{四边形}BCNM} + S_{\text{四边形}FEMN} + S_{\triangle EMN} - S_{\triangle CMN}$$

故 $$S_{\triangle CMN} = S_{\triangle EMN}$$

由引理 3，可推知 CE 的中点 P 在直线 MN 上．

证法 12 先看引理 4：在四边形 $ABCD$ 中，如果点 E 为 AD 的中点，则

$$S_{\triangle EBC} = \frac{1}{2}(S_{\triangle ABC} + S_{\triangle DBC})$$

事实上，如图 42.11 所示，作 $AG \perp BC$ 于点 G，$EF \perp BC$ 于点 F，$DH \perp BC$ 于点 H．则

$$AG + DH = 2EF$$

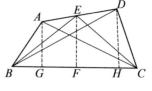

图 42.11

从而

$$\frac{1}{2} BC \cdot AG + \frac{1}{2} BC \cdot DH = \frac{1}{2} BC \cdot 2EF$$

故 $$S_{\triangle EBC} = \frac{1}{2}(S_{\triangle ABC} + S_{\triangle DBC})$$

引理 4 证毕．

如图 42.11 所示，应用引理 4，由

$$S_{\triangle FMN} = \frac{1}{2} S_{\triangle FMB} = \frac{1}{4}(S_{\triangle ABF} - S_{\triangle DBF})$$

$$S_{\triangle FNP} = \frac{1}{2} S_{\triangle FBP} = \frac{1}{4}(S_{\triangle BFC} + S_{\triangle BFE})$$

又 $$S_{\triangle FMP} = \frac{1}{2}(S_{\triangle FMC} + S_{\triangle FME}) = \frac{1}{4}(S_{\triangle AFC} + S_{\triangle DFE})$$

所以
$$S_{\triangle FMN} + S_{\triangle FNP} = \frac{1}{4}(S_{\triangle ABF} + S_{\triangle BFC} + S_{\triangle BFE} - S_{\triangle DBF})$$
$$= \frac{1}{4}(S_{\triangle AFC} + S_{\triangle DFE}) = S_{\triangle FMP}$$

故 M, N, P 三点共线.

证法 13 如图 42.12 所示,设直线 MN 交 CE 于点 P'. 过点 A, B, D, F 分别作直线 MN 的平行线交 CE 于点 A', B', D', F'.

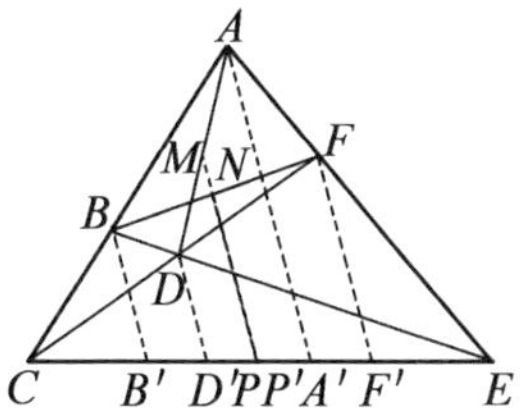

$$\frac{S_{\triangle ABE}}{S_{\triangle ACF}} = \frac{AB \cdot AE}{AC \cdot AF} = \frac{B'A' \cdot A'E}{CA' \cdot A'F}$$

$$\frac{S_{\triangle ACF}}{S_{\triangle BCD}} = \frac{CA \cdot CF}{CB \cdot CD} = \frac{CA' \cdot CF'}{CB' \cdot CD'}$$

$$\frac{S_{\triangle BCD}}{S_{\triangle DEF}} = \frac{DB \cdot DC}{DE \cdot DF} = \frac{B'D' \cdot CD'}{D'E \cdot D'F'}$$

$$\frac{S_{\triangle DEF}}{S_{\triangle ABE}} = \frac{ED \cdot EF}{EA \cdot EB} = \frac{D'E \cdot F'E}{A'E \cdot B'E}$$

图 42.12

以上四式连乘,并注意 $B'A' = D'F', B'D' = A'F'$,化简得

$$1 = \frac{CF' \cdot F'E}{CB' \cdot B'E}$$

即 $$CB' \cdot B'E = CF' \cdot F'E$$

亦即 $$(CE - B'E) \cdot B'E = F'E \cdot (CE - F'E)$$

即 $$CE \cdot (B'E - F'E) - (B'E^2 - F'E)^2 = 0$$

亦即 $$(B'E - F'E)(CE - F'E - B'E) = 0$$

于是 $$B'F' \cdot (CB' - F'E) = 0$$

即 $$CB' = F'E$$

又 $$B'P' = P'F'$$

所以 $$CP' = P'E$$

即点 P' 为 CE 边的中点,亦即点 P' 与 P 重合.

故 M, N, P 三点共线.

证法 14 如图 42.12 所示，作图同上述证法.

对 $\triangle ACF$ 及截线 BDE 应用梅涅劳斯定理，有
$$\frac{AB}{BC} \cdot \frac{CD}{DF} \cdot \frac{FE}{EA} = 1$$

即
$$\frac{B'A'}{CB'} \cdot \frac{CD'}{D'F'} \cdot \frac{F'E}{A'E} = 1$$

同理，对 $\triangle ABE$ 及截线 CDF 应用梅涅劳斯定理，有
$$\frac{A'F'}{F'E} \cdot \frac{D'E}{B'D'} \cdot \frac{CB'}{CA'} = 1$$

此两式相乘，并注意 $B'A' = D'F', B'D' = A'F'$，化简得
$$\frac{CD' \cdot D'E}{CA' \cdot A'E} = 1$$

从而
$$CD' \cdot (CE - CD') = (CE - A'E) \cdot A'E$$

即
$$CE(CD' - A'E) - (CD'^2 - A'E^2) = 0$$

亦即
$$(CD' - A'E) \cdot D'A' = 0$$

从而
$$CD' = A'E$$

又
$$D'P' = P'A'$$

所以
$$CP' = P'E$$

即点 P' 为 CE 边的中点，亦即点 P' 与 P 重合.

故 M, N, P 三点共线.

第43章 对边相等的四边形性质定理

对边相等的四边形性质定理1 在四边形 $ABCD$(凸、凹、折)中,$AD=BC$,点 E,F 分别为 DC,AB 的中点,直线 EF 与 AD 及 BC 的延长线分别交于点 H, G,则 $\angle AHF = \angle BGF$.

证法1 如图43.1所示,联结 AC.设点 M 是 AC 边的中点,联结 EM,MF,则 EM 是 $\triangle CDA$ 的中位线,有 $EM \underline{\underline{\parallel}} \frac{1}{2}AD$,从而 $\angle 1 = \angle 3$.

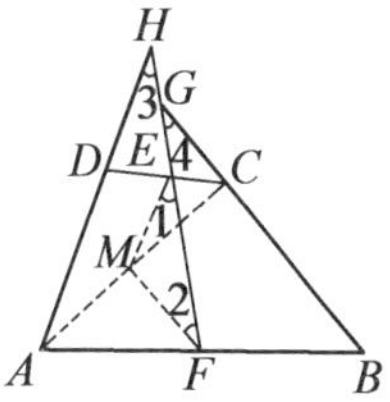

同理 $\qquad FM \underline{\underline{\parallel}} \frac{1}{2}CB$

从而 $\qquad \angle 2 = \angle 4$

又 $\qquad AD = CB$

所以 $\qquad ME = MF$

即 $\qquad \angle 1 = \angle 2$

所以 $\qquad \angle 3 = \angle 4$

即 $\qquad \angle AHF = \angle BGF$

图 43.1

证法2 如图43.2所示,过点 D 作 $DK \parallel CB$,过点 B 作 $BK \parallel DC$,两直线交于点 K,联结 AK.

设点 M 是 AK 边的中点,联结 DM,MF,由作法知:四边形 $DKBC$ 是平行四边形,则

$$KB \underline{\underline{\parallel}} DC, DK \underline{\underline{\parallel}} CB$$

又 $MF \underline{\underline{\parallel}} \frac{1}{2}KB, KB \underline{\underline{\parallel}} DC$,点 E 是 DC 边的中点,所以

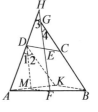

图 43.2

$$MF \underline{\underline{\parallel}} DE$$

所以四边形 $DMFE$ 是平行四边形,则

$$DM \parallel EF$$

有 $\qquad \angle 1 = \angle 3, \angle 2 = \angle 4$

在等腰 $\triangle DAK$ 中,$DA = CB = DK$,点 M 是 AK 边的中点,则 DM 等分 $\angle ADK$,

从而 $\qquad \angle 1 = \angle 2$

所以 $\qquad \angle 3 = \angle 4$

证法 3 如图 43.3 所示,作 ▱ADER 及 ▱BCES,联结 RS.
则易证四边形 ARBS 为平行四边形.

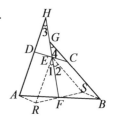

图 43.3

从而 RS 与 AB 必互相平分于点 F,则
$$RF = FS$$
又
$$AD = RE, BC = SE$$
所以
$$AD = BC$$
则
$$RE = SE$$

因为 EF 是等腰 △ERS 底上的中线,所以又是顶角 ∠RES 的角平分线.
则
$$\angle 1 = \angle 2$$
又
$$\angle 1 = \angle 3, \angle 2 = \angle 4$$
所以
$$\angle 3 = \angle 4$$

证法 4 如图 43.4 所示,过点 D,A,B,C 分别作 EF 的垂线 DD′,AA′,BB′,CC′.

则由
$$DE = EC$$
可得
$$DD' = CC'$$
同理
$$AA' = BB'$$

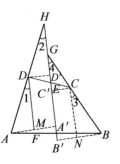

图 43.4

作 DM⊥AA′,CN⊥BB′,则四边形 DMA′D′ 及四边形 CNB′C′ 都是矩形.

故 ∠1 = ∠2, ∠3 = ∠4, DD′ = MA′, CC′ = NB′
从而
$$AM = AA' - MA' = AA' - DD' = BB' - CC' = BB' - NB' = BN$$
又
$$DA = CB, \angle DMA = \angle CNB = 90°$$
所以
$$\triangle DAM \cong \triangle CBN$$
有
$$\angle 1 = \angle 3$$
故
$$\angle 2 = \angle 4$$

证法 5 如图 43.5 所示,过点 B 作 BK∥FE 与 AE 的延长线交于点 K,联结 CK,则由点 F 为 AB 的中点,知点 E 为 AK 的中点.

又点 E 为 CD 的中点,则由 △ADE ≌ △KCE(或四边形 ACKD 为平行四边形)知 CK ≜ AD,从而 △BCK 为等腰三角形,有 ∠1 = ∠3.

而 ∠4 = ∠1, ∠2 = ∠3,故 ∠2 = ∠4.

证法 6 如图 43.6 所示,过点 B 作 BS∥DA 与 DF 的延长线交于点 S,则由点 F 为 AB 的中点,知点 F 为 DS 的中点,从而由三角形全等或平行四边形性质知 BS ≜ DA.于是 △SBC 为等腰三角形,且 CS∥GF(三角形中位线性质).

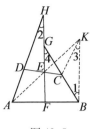
图 43.5

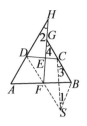
图 43.6

于是 $\angle 1 = \angle 3$,且 $\angle 4 = \angle 3$,$\angle 1 = \angle 2$,故 $\angle 2 = \angle 4$.

证法 7 如图 43.7 所示,延长 CF 至点 R,使 $FR = CF$,注意到点 E 为 CD 的中点,则知 $DR // EF$,且四边形 $ARBC$ 为平行四边形.

从而 $AR = BC = AD$
即知 $\triangle ADR$ 为等腰三角形,即
$$\angle 1 = \angle 3$$
注意 $AR // GB$,$DR // HF$,知
$$\angle 4 = \angle 1, \angle 3 = \angle 2$$
故 $\angle 2 = \angle 4$.

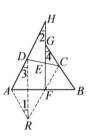
图 43.7

证法 8 如图 43.8 所示,延长 BG 交 AH 于点 K,设 $AD = BC = l$. 对 $\triangle CDK$ 及截线 EGH 应用梅涅劳斯定理,有
$$\frac{CE}{ED} \cdot \frac{DH}{HK} \cdot \frac{KG}{GC} = 1$$
对 $\triangle BAK$ 及截线 FGH 应用梅涅劳斯定理,有
$$\frac{BF}{FA} \cdot \frac{l+DH}{HK} \cdot \frac{KG}{GC+l} = 1$$
注意到 $CE = ED$,$BF = FA$,有
$$DH \cdot KG = HK \cdot GC \qquad ①$$
$$l \cdot KG + DH \cdot KG = HK \cdot GC + l \cdot HK \qquad ②$$

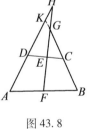
图 43.8

② $-$ ① 得 $l \cdot KG = l \cdot HK$
即 $KG = KH$
从而 $\triangle HKG$ 为等腰三角形. 由此即可证得结论成立.

证法 9 如图 43.8 所示,设 $AD = BC = l$,$HD = m$,$GC = n$.
则由三角形正弦定理,有

$$\frac{DE}{\sin \angle DHE} = \frac{m}{\sin \angle HED}, \frac{CE}{\sin \angle EGC} = \frac{n}{\sin \angle GEC}$$

注意 $DE = EC, \sin \angle HED = \sin \angle GEC$,有

$$m \cdot \sin \angle DHE = n \cdot \sin \angle EGC$$

同理 $\qquad (l+m) \cdot \sin \angle AHF = (l+n) \cdot \sin \angle FGB$

由上两式,有 $\qquad l \cdot \sin \angle AHF = l \cdot \sin \angle FGB$

即 $\qquad \sin \angle AHF = \sin \angle FGB$

而 $\angle AHF, \angle FGB$ 均为锐角,则 $\angle AHF = \angle FGB$.

故结论成立.

证法 10 如图 43.9 所示,设 MN, PQ 分别是直线 EF 过点 E, F 的垂线,且是以 EF 为轴的对称线段,即图中的 $\triangle AFH$ 与 $\triangle A'FH$ 关于 EF 对称,点 D 与 D' 关于 EF 对称.

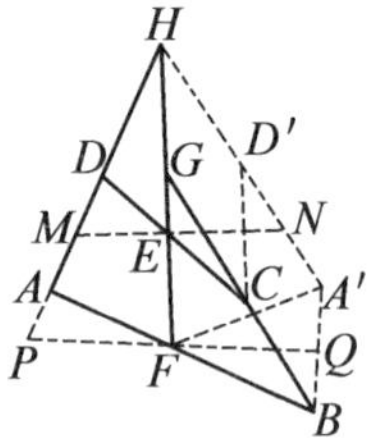

由于点 D, C 关于点 E, F 对称,则点 D', C 关于 MN 对称.

从而 $\qquad CD' \perp MN, CD' // EF$

同理 $\qquad BA' \perp PQ, BA' // EF$

从而 $\qquad CD' // BA'$

图 43.9

在四边形 $CBA'D'$ 中,$CD' // BA', BC = AD = A'D'$.

此时,四边形 $BA'D'C$ 或是平行四边形,或是等腰梯形.

但由于 $\angle CD'A'$ 是锐角,$\angle D'CB$ 是钝角,故不构成等腰梯形.

故四边形 $BA'D'C'$ 只能是平行四边形. 从而 $BC // A'D'$.

故 $\qquad \angle FGB = \angle FHA' = \angle AHF$

证法 11 如图 43.10 所示,以点 F 为原点,FH 所在的直线为 x 轴的正方向建立平面直角坐标系,并设点 $A(a,b), B(-a,-b), F(0,0), E(c,0), D(c+d,h), C(c-d,-h)$.

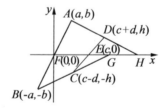

图 43.10

由于 $\qquad |AD| = |BC|$

则

$$(b-h)^2 + (a-c-d)^2 = (-b+h)^2 + (-a-c+d)^2$$

整理得 $(a-c-d)^2 = (a+c-d)^2$

即 $|a-c-d| = |a+c-d|$

由 $k_{AD} = \dfrac{h-b}{c+d-a}, k_{BC} = \dfrac{-h+b}{c-d+a}$

从而 $|k_{AD}| = |k_{BC}|$

即说明 AD 与 BC 分别与 EF 所成的角(锐角)相等,故 $\angle AHF = \angle BGF$.

注:此定理的逆定理也是成立的,其证明可由证法1逆推即得.

此定理可推广到更一般的情形:

在四边形 $ABCD$ 的边 CD 和 AB 上分别取点 E,F,使 $\dfrac{DE}{EC} = \dfrac{AF}{FB} = \dfrac{AD}{BC}$ 的充分必要条件是直线 EF 与 AD,BC 所在的直线成等角.

事实上,如图 43.1 所示,设直线 EF 分别与直线 AD,BC 交于点 H,G,联结 AC,作 $EM // DA$ 交 AC 于点 M,联结 MF,则

$\dfrac{DE}{EC} = \dfrac{AF}{FB} = \dfrac{AD}{BC}$ 且 $EM // DA \Leftrightarrow \dfrac{AM}{MC} = \dfrac{DE}{EC} = \dfrac{AF}{FB}$ 且 $\dfrac{EM}{DA} = \dfrac{CM}{CA} \Leftrightarrow MF // CB$

有 $\dfrac{CB}{MF} = \dfrac{CA}{MA}$ 且

$$\dfrac{EM}{DA} = \dfrac{CM}{CA}$$

$\Leftrightarrow \dfrac{CB \cdot EM}{DA \cdot FM} = \dfrac{CB}{FM} \cdot \dfrac{EM}{DA} = \dfrac{CM}{MA} = \dfrac{EC}{DE} = \dfrac{CB}{DA}$

$\Leftrightarrow \dfrac{EM}{FM} = 1$ 且 $ME // AD, MF // CB$

$\Leftrightarrow \angle AHF = \angle MEF = \angle MFE = \angle FGB$

$\Leftrightarrow$ 直线 EF 与 AD,BC 所在的直线成等角

对边相等的四边形性质定理 2 在凸四边形 $BCED$ 中,$BD = CE$,对边 BD, CE 延长后交于点 A,对边 BC,DE 延长后交于点 F,则

$$\dfrac{AB}{AC} = \dfrac{FE}{FD} \text{ 或 } AB \cdot DF = AC \cdot EF$$

证法 1 如图 43.11 所示,过点 D 作 AC 的平行线,交 BC 于点 G,易知

$$\dfrac{EF}{DF} = \dfrac{EC}{DG} = \dfrac{BD}{DG} = \dfrac{AB}{AC}$$

即 $\dfrac{EF}{DF} = \dfrac{AB}{AC}$

故 $AC \cdot EF = AB \cdot DF$.

证法 2 如图 43.12 所示,过点 E 作 AB 的平行线交 BC 于点 G,易知

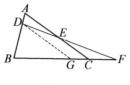
图 43.11

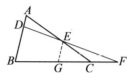
图 43.12

$$\frac{EF}{DF} = \frac{EG}{DB} = \frac{EG}{EC} = \frac{AB}{AC}$$

即

$$\frac{EF}{DF} = \frac{AB}{AC}$$

故 $AC \cdot EF = AB \cdot DF$.

证法 3 如图 43.13 所示,过点 D 作 BC 的平行线,交 AC 于点 G,有

$$\frac{EF}{DE} = \frac{EC}{GE}$$

则

$$\frac{EF}{DE+EF} = \frac{EC}{GE+EC}$$

即

$$\frac{EF}{DF} = \frac{EC}{GC} = \frac{DB}{GC} = \frac{AB}{AC}$$

得

$$\frac{EF}{DF} = \frac{AB}{AC}$$

故 $AC \cdot EF = AB \cdot DF$.

证法 4 如图 43.14 所示,过点 E 作 CB 的平行线,交 AB 于点 G,有

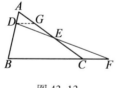
图 43.13

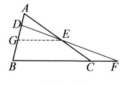
图 43.14

$$\frac{EF}{DF} = \frac{GB}{DB} = \frac{GB}{EC} = \frac{AB}{AC}$$

即

$$\frac{EF}{DF} = \frac{AB}{AC}$$

故 $AC \cdot EF = AB \cdot DF$.

证法 5 如图 43.15 所示,分别以 BC,CE 为邻边作 $\square BCEG$,EG 交 AB 于点

H,易知
$$BG = CE = BD$$

有
$$\frac{AC}{AB} = \frac{BG}{BH} = \frac{BD}{BH} = \frac{DF}{EF}$$

即
$$\frac{AC}{AB} = \frac{DF}{EF}$$

故 $AC \cdot EF = AB \cdot DF$.

证法 6 如图 43.16 所示,分别以 BD, DE 为邻边作 $\square BDEG$, EG 交 BC 于点 H.

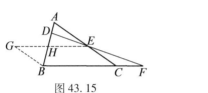

图 43.15　　　　　图 43.16

可知
$$EG = DB = EC$$

有
$$\frac{EF}{DE} = \frac{EF}{BG} = \frac{EH}{HG}$$

得
$$\frac{EF}{EF+DE} = \frac{EH}{EH+HG}$$

即
$$\frac{EF}{DF} = \frac{EH}{EG} = \frac{EH}{EC} = \frac{AB}{AC}$$

得
$$\frac{EF}{DF} = \frac{AB}{AC}$$

故 $AC \cdot EF = AB \cdot DF$.

对边相等的四边形性质定理 3　在圆内接四边形中,若一组对边相等,则另一组对边也相等. 如图 43.17 所示,在四边形 $ABCD$ 中,若 $AD = BC$,则 $AB = CD$. 反之亦真.

证法 1　如图 43.17 所示,由 $AD = BC$,有 $\overparen{AD} = \overparen{BC}$. 又有 $\overparen{DAC} = \overparen{ACB}$,所以
$$AB = CD$$

证法 2　如图 43.18 所示,由 $AD = BC$, $\angle D = \angle B$, $\angle A = \angle C$,有

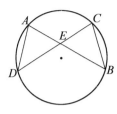 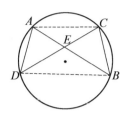

图 43.17　　　　　　　　　图 43.18

$$\triangle ADE \cong \triangle BCE$$

得　　　　　　　　$DE = EB, EC = AE$

则　　　　　　　　$DE + EC = EB + AE$

即　　　　　　　　　　$DC = AB$

证法 3　如图 43.18 所示,联结 AC, BD.

由 $AD = BC$,有 $\overset{\frown}{AD} = \overset{\frown}{BC}$,从而 $AC \parallel DB$.

故四边形 $ADBC$ 为等腰梯形.

则 $AB = CD$.

证法 4　如图 43.19 所示,联结 DB.

由 $AD = BC$,有 $\overset{\frown}{AD} = \overset{\frown}{BC}$. 又有 $\overset{\frown}{DAC} = \overset{\frown}{ACB}$,所以

$$\angle ABD = \angle CDB, \angle ADB = \angle CBD$$

又有 $DB = DB$,所以

$$\triangle ABD \cong \triangle CDB$$

则　　　　　　　　　　$AB = CD$

证法 5　如图 43.20,联结 AC.(与上证法类似,略)

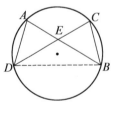 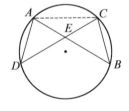

图 43.19　　　　　　　　　图 43.20

证法 6　如图 43.18 所示,易知

$$\triangle ADE \backsim \triangle CBE$$

有　　　　　　$\dfrac{AE}{EC} = \dfrac{DE}{EB} = \dfrac{AD}{BC} = 1$

则 $\qquad AE=EC, DE=EB$
于是 $\qquad DE+EC=AE+EB$
即 $\qquad AB=CD$

证法 7 若 AD 与 BC 平行,显然有
$$AB=CD$$

如图 43.21 所示,若 AD 与 BC 不平行,设交点为点 P,联结 PO.由 $AD=BC$,有点 O 到 PD,PB 的距离相等.

从而 PO 平分 $\angle DPB$,则
$$\frac{PD}{PC}=\frac{DE}{EC}=\frac{PA+AD}{PC}, \frac{PB}{PA}=\frac{EB}{AE}=\frac{PC+BC}{PA}$$

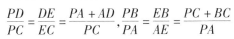

图 43.21

所以 $\qquad \dfrac{DE}{EC} \cdot \dfrac{AE}{EB}=\dfrac{PA+AD}{PC} \cdot \dfrac{PA}{PC+BC}$

其中 $\qquad \dfrac{AE}{EC}=\dfrac{DE}{EB}$

于是 $\qquad PA(PA+AD)=PC(PC+BC)$

代入 $AD=BC$,得
$$(PA-PC)(PA+PC+BC)=0$$

只有 $PA-PC=0$,得 $PA=PC$,又得 $PD=PB$.

则 $\qquad \triangle PDC \cong \triangle PAB$

故 $\qquad AB=CD$

证法 8 如图 43.22 所示,过点 O 分别作 AD,BC 的垂线,点 P,Q 为垂足.由点 P,Q 分别为 AD,BC 的中点,且 $OP=OQ$.

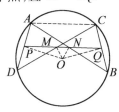

图 43.22

联结 PQ,分别交 DC,AB 于点 M,N,联结 OM,ON.可知点 M,N 分别为 DC,AB 的中点,有
$$ON \perp AB, OM \perp DC$$

则 $\qquad PM=\dfrac{1}{2}AC=NQ$

又 $\angle OPQ = \angle OQP$

所以 $\triangle POM \cong \triangle QON$

于是 $OM = ON$

故 $AB = CD$

证法 9 如图 43.23 所示,联结 OA, OB, OC, OD.

由 $AD = BC$

有 $\angle AOD = \angle COB$

又 $\angle DOC = \angle AOB$

所以 $AB = CD$

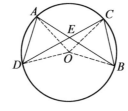

图 43.23

第44章 贝利契纳德公式

贝利契纳德公式 将凸四边形和凹四边形统称为简单四边形. 若简单四边形的四边长为 a,b,c,d, 两对角线长为 e,f, 则该四边形的面积

$$S = \frac{1}{4}\sqrt{4e^2 f^2 - (a^2 - b^2 + c^2 - d^2)}$$

此公式由贝利契纳德（Bretschneide, 1808 – 1878）于 1842 年提出, 它是秦九韶的三斜求积公式的推广. 若在上述公式中令 $d=0, e=c, f=a$, 则得到三角形面积公式

$$S_{\triangle} = \frac{1}{2}\sqrt{c^2 a^2 - \left(\frac{c^2 + a^2 - b^2}{2}\right)^2}$$

证法 1 如图 44.1 所示, 在简单四边形 $ABCD$ 中, 设 $AB=a, BC=b, CD=c, DA=d, AC=e, BD=f$. 作 $CF \perp BD$ 于点 F, $AE \perp BD$ 于点 E, 作 $CP \parallel BD$ 交 AE 或其延长线于点 P, 则

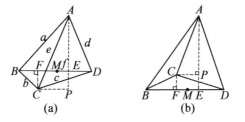

图 44.1

$$S_{四边形 ABCD} = S_{\triangle ABD} \pm S_{\triangle BCD} = \frac{1}{2} BD(AE \pm CF)$$

$$= \frac{1}{2} BD \cdot AP = \frac{1}{2} f AP \qquad ①$$

设点 M 是 BD 的中点, 则

$$a^2 - d^2 = AB^2 - AD^2 = (AB^2 - AE^2) - (AD^2 - AE^2) = \overrightarrow{BE}^2 - \overrightarrow{DE}^2$$

$$= (\overrightarrow{BE} + \overrightarrow{ED})(\overrightarrow{BE} - \overrightarrow{ED})$$

$$= \overrightarrow{BD}(\overrightarrow{BM} + \overrightarrow{ME} - \overrightarrow{EM} - \overrightarrow{MD})$$

$$= \overrightarrow{BD} \cdot 2\overrightarrow{ME}$$

亦即
$$a^2 - d^2 = 2 \overrightarrow{BD} \cdot \overrightarrow{ME} \qquad ②$$

$$b^2 - c^2 = BC^2 - CD^2 = \overrightarrow{BF}^2 - \overrightarrow{FD}^2$$
$$= (\overrightarrow{BF} + \overrightarrow{FD})(\overrightarrow{BF} - \overrightarrow{FD})$$
$$= \overrightarrow{BD}(\overrightarrow{BM} + \overrightarrow{MF} - \overrightarrow{FM} - \overrightarrow{FD})$$
$$= 2\overrightarrow{BD} \cdot \overrightarrow{MF}$$

即 $$b^2 - c^2 = 2\overrightarrow{BD} \cdot \overrightarrow{MF} \qquad ③$$

②-③得
$$a^2 - b^2 + c^2 - d^2 = 2\overrightarrow{BD}(\overrightarrow{ME} - \overrightarrow{MF}) = 2\overrightarrow{BD} \cdot \overrightarrow{FE}$$

即 $$a^2 - b^2 + c^2 - d^2 = 2\overrightarrow{BD} \cdot \overrightarrow{FE} \qquad ④$$

则
$$4e^2f^2 - (a^2 - b^2 + c^2 - d^2)^2 = 4e^2f^2 - 4(\overrightarrow{BD} \cdot \overrightarrow{FE})^2 = 4f^2(e^2 - \overrightarrow{FE}^2)$$

又 $$e^2 - FE^2 = AP^2$$

所以 $$4e^2f^2 - (a^2 - b^2 + c^2 - d^2)^2 = 4f^2 \cdot AP^2 \qquad ⑤$$

比较式①与⑤,知
$$16S^2 = 4f^2 \cdot AP^2 = 4e^2f^2 - (a^2 - b^2 + c^2 - d^2)^2$$

故 $$S = \frac{1}{4}\sqrt{4e^2f^2 - (a^2 - b^2 + c^2 - d^2)^2}$$

证法 2 如图 44.1 所示,在简单四边形 $ABCD$ 中,已知 $AB = a, BC = b, CD = c, DA = d, AC = e, BD = f$,两对角线 AC 与 BD 所夹的锐角为 α,则由三角形面积公式,有

$$S = S_{\triangle ABC} + S_{\triangle CDA} = \frac{1}{2}ef \cdot \sin\alpha$$

又设 AC, BD 所在的直线交于点 P,令 $PA = e_1, PC = e_2, DP = f_1, PB = f_2$,不妨设 $\angle APB = \alpha$,则由三角形的余弦定理,有
$$a^2 = e_1^2 + f_2^2 - 2e_1f_2 \cdot \cos\alpha$$
$$b^2 = f_2^2 + e_2^2 - 2e_2f_2 \cdot \cos(180° - \alpha) = f_2^2 + e_2^2 + 2e_2f_2 \cdot \cos\alpha$$
$$c^2 = e_2^2 + f_1^2 - 2e_2f_1 \cdot \cos\alpha$$
$$d^2 = e_1^2 + f_1^2 + 2e_1f_1 \cdot \cos\alpha$$

于是
$$a^2 + c^2 - b^2 - d^2 = 2(e_1f_2 + e_2f_1 + e_2f_2 + e_1f_1) \cdot \cos\alpha = 2ef \cdot \cos\alpha$$

若 $\angle APB = 180° - \alpha$,则
$$a^2 + c^2 - b^2 - d^2 = -2ef \cdot \cos\alpha$$

故
$$S^2 = \frac{1}{4}e^2f^2(1-\cos^2\alpha) = \frac{1}{4}e^2f^2 - \frac{(a^2-b^2+c^2-d^2)^2}{4e^2f^2}$$

由此即证结论.

第 45 章 九点圆定理

九点圆定理 三角形三条高的垂足、三边的中点以及垂心与顶点的三条连线段的中点,这九点共圆.

如图 45.1 所示,设 $\triangle ABC$ 三条高 AD, BE, CF 的垂足分别为点 D, E, F,三边 BC, CA, AB 的中点分别为点 L, M, N. 又 AH, BH, CH 的中点分别为点 P, Q, R,所以点 $D, E, F, L, M, N, P, O, R$ 九点共圆.

证法 1 如图 45.1 所示,联结 PQ, QL, LM, MP,则
$$LM \underline{\underline{\parallel}} \frac{1}{2} BA \underline{\underline{\parallel}} QP$$
即知四边形 $LMPQ$ 为平行四边形.

又 $LQ // CH \perp AB // LM$

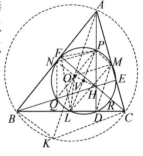

图 45.1

知四边形 $LMPQ$ 为矩形. 从而 L, M, P, Q 四点共圆,且圆心 V 为 PL 与 QM 的交点. 同理,四边形 $MNQR$ 为矩形,从而 L, M, N, P, Q, R 六点共圆,且 PL, QM, NR 均为这个圆的直径.

由 $\angle PDL = \angle QEM = \angle RFN = 90°$,知 D, E, F 三点也在这个圆上,故 $D, E, F, L, M, N, P, Q, R$ 九点共圆.

证法 2 如图 45.1 所示,由 $\angle NQD = 180° - \frac{1}{2}\angle BQD = 180° - \angle BHD$,以及注意到 DE 是圆 N 与圆 R 的公共弦,知 $NR \perp DE$,有
$$\angle NRD = \frac{1}{2}\angle DRE = \angle C$$
亦即
$$\angle NRD = 180° - \angle EHD$$
从而知
$$\angle NQD + \angle NRD = 360° - (\angle BHD + \angle EHD) = 180°$$
因此,N, Q, D, R 四点共圆.

同理,Q, L, D, R 四点共圆,即知 N, Q, L, D, R 五点共圆.

同理,L, D, R, M, E 以及 R, M, E, P, F;E, P, F, N, Q;F, N, Q, L, D 分别五点共圆.

故 $D, E, F, L, M, N, P, Q, R$ 九点共圆.

证法 3 如图 45.1 所示,联结 $PL, PN, PQ, PF, LQ, LF, QN, FL$,则 $\angle PDL =$

$90°$. 注意到 $PN \parallel BH, NL \parallel AC, BE \perp AC$,则 $PN \perp NL$,即 $\angle PNL = 90°$.

又 $PQ \parallel AB, QL \parallel CH$,而 $CH \perp AB$,所以 $QL \perp PQ$,即 $\angle PQL = 90°$.

注意到 $PF = PH$,则
$$\angle PFH = \angle PHF = \angle CHD$$

由 $LF = LC$,有
$$\angle CFL = \angle HCD$$

因为
$$\angle CHD + \angle HCD = 90°$$

所以
$$\angle PFL = \angle PFH + \angle CFL = 90°.$$

同理,$\angle PML, \angle PEL, \angle PRL$ 皆等于 $90°$,即 D,N,Q,F,M,E,R 各点皆在以 PL 为直径的圆周上.

故 D,E,F,L,M,N,P,Q,R 九点共圆.

证法 4 如图 45.1 所示,注意到四边形 $LQHR$ 为平行四边形,$QP \parallel BA$,$RP \parallel CA$,则
$$\angle QLR = \angle QHR = 180° - \angle A = 180° - \angle QPR$$

即知 L,Q,P,R 四点共圆.

又
$$\angle QDR = \angle QDH + \angle RDH = \angle QHD + \angle RHD = \angle QHR$$
$$= 180° - \angle A = 180° - \angle QPR$$

(注意 $QP \parallel BA, RP \parallel CA$),则知 D,Q,P,R 四点共圆,即知点 D,L 在圆 PQR 上.

同理,E,M,F,N 四点也在圆 PQR 上.

故 D,E,F,L,M,N,P,Q,R 九点共圆.

证法 5 设 $\triangle ABC$ 的外心为点 O,取 OH 的中点并设为点 V,联结 AO,以点 V 为圆心,$\frac{1}{2}AO$ 为半径作圆 V,如图 45.1 所示.

由 $VP \underline{\underline{\parallel}} \frac{1}{2}OA$,知点 P 在圆 V 上. 同理,Q,R 两点也在圆 V 上.

由 $OL \underline{\underline{\parallel}} \frac{1}{2}AH$(可由延长 AO 交 $\triangle ABC$ 的外接圆于点 K,得四边形 $HBKC$ 为平行四边形,此时点 L 为 KH 的中点,则 OL 为 $\triangle AKH$ 的中位线即得),知 $OL \underline{\underline{\parallel}} PH$. 又 $OV = VH$,知 $\triangle OLV \cong \triangle HPV$,从而 $VL = VP = \frac{1}{2}OA$,且 L,V,P 三点共线,故点 L 在圆 V 上.

同理,M,N 两点在圆 V 上.

由 L,V,P 三点共线知 LP 为圆 V 的一条直径.

又 $\angle LDP = 90°$, $\angle MEQ = 90°$, $\angle NFR = 90°$, 知 D, E, F 三点在圆 V 上. 故 $D, E, F, L, M, N, P, Q, R$ 九点共圆.

证法 6 如图 45.1 所示,因为 $NQ \perp BC$ 及 $\triangle QBD$ 为等腰三角形,所以
$$\angle NQD = 180° - \frac{1}{2}\angle BQD = 180° - \angle BHD$$

注意 DE 为圆 N 与圆 R 的公共弦,有 $NR \perp DE$. 亦有
$$\angle NRD = \frac{1}{2}\angle DRE = \angle C$$

从而
$$\angle NRD = 180° - \angle EHD$$

于是
$$\angle NQD + \angle NRD = 360° - (\angle BHD + \angle EHD) = 180°$$

因此, N, Q, D, R 四点共圆.

同理, R, M, Q, D 四点共圆,即知 M, N, Q, D, R 五点共圆.

同理, N, L, R, E, P 五点共圆, L, M, P, F, Q 五点共圆.

故 $D, E, F, L, M, N, P, Q, R$ 九点共圆.

注:上述圆通常被称为九点圆,也有人叫费尔巴哈(Feuerbach)圆或欧拉圆. 显然,正三角形的九点圆即为其内切圆.

由上述定理及其证明,我们可得如下一系列推论:

推论 1 $\triangle ABC$ 九点圆的圆心是其外心与垂心所联结线段的中点,九点圆的半径是 $\triangle ABC$ 的外接圆半径的 $\frac{1}{2}$.

注意到 $\triangle PQR$ 与 $\triangle ABC$ 是以垂心 H 为外位似中心的位似形,位似比是 $HP:HA = 1:2$,因此,可得.

推论 2 三角形的九点圆与其外接圆是以三角形的垂心为外位似中心,位似比是 $1:2$ 的位似形;垂心与三角形外接圆上任一点的连线段被九点圆截成相等的两部分.

注意到欧拉定理(欧拉线),又可得:

推论 3 $\triangle ABC$ 的外心 O,重心 G,九点圆圆心 V,垂心 H,这四点(心)共线,且 $OG:GH = 1:2$, $GV:VH = 1:3$,或点 O 和 V 对于 G 和 H 是调和共轭的,即 $\dfrac{OG}{GV} = \dfrac{OH}{HV}$.

推论 4 $\triangle ABC$ 的九点圆与 $\triangle ABC$ 的外接圆又是以 $\triangle ABC$ 的重心 G 为内位似中心,位似比为 $1:2$ 的位似形.

事实上,因为点 G 为两相似三角形 $\triangle LMN$ 与 $\triangle ABC$ 的相似中心,所以 $\triangle LMN$ 的外接圆即 $\triangle ABC$ 的九点圆.

推论 5 一垂心组的四个三角形有一个公共的九点圆,已知圆以已知点为垂心的所有内接三角形有共同的九点圆.

第46章 婆罗摩及多定理

婆罗摩及多(Brahmagupta)定理 内接于圆的四边形 $ABCD$ 的对角线 AC 与 BD 垂直交于点 K,过点 K 的直线与 AD,BC 边分别交于点 H 和 M.

(1)如果 $KH \perp AD$,那么 $CM = MB$;

(2)如果 $CM = MB$,那么 $KH \perp AD$.

证法1 如图46.1所示.

(1)因为 $KH \perp AD$,$AC \perp BD$,所以
$$\angle 1 = \angle 2 = \angle 4$$
又 $\angle 2 = \angle 3$,所以
$$\angle 3 = \angle 4$$
$$MB = MK$$
同理
$$MC = MK$$

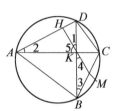

图 46.1

故
$$BM = CM$$

(2)由 $CM = MB$,即 KM 为 $\mathrm{Rt}\triangle BKC$ 斜边 BC 上的中线,因此
$$KM = MB$$
$$\angle 3 = \angle 4$$
又 $\angle 3 = \angle 2$,$\angle 4 = \angle 1$,所以
$$\angle 2 = \angle 1$$
而 $\angle 1 + \angle 5 = 90°$,则
$$\angle 2 + \angle 5 = 90°$$
即
$$KH \perp AD$$

证法2 (1)如图46.1所示,由三角形角平分线性质定理的推广,有
$$\frac{BM}{MC} = \frac{KB\sin\angle 4}{KC\sin(90°-\angle 4)} = \frac{KB}{KC} \cdot \frac{\sin\angle 4}{\cos\angle 4} = \frac{KB}{KC}\tan\angle 4$$

因为 $KD \perp AD$,所以
$$\angle 1 = \angle 2 = \angle 4$$
即
$$\tan\angle 4 = \tan\angle 2 = \frac{DK}{AK}$$
从而
$$\frac{BM}{MC} = \frac{KB}{KC} \cdot \frac{DK}{KA} = 1$$
故
$$BM = MC$$

（2）由 $BM = MC$,得
$$\frac{KB\sin\angle 4}{KC\cos\angle 4} = \frac{BM}{MC} = 1$$
即
$$\tan\angle 4 = \frac{KC}{KB}$$
又 $\dfrac{KC}{KB} = \dfrac{KD}{KA}$,所以
$$\tan\angle 4 = \frac{KD}{KA}$$
因为 $\angle 4 = \angle 3 = \angle 2$,又 $\angle 1 = \angle 4$,所以
$$\angle 1 = \angle 2$$
即
$$\angle 2 + \angle 5 = \angle 1 + \angle 5 = 90°$$
故 $KH \perp AD$. 婆罗摩及多定理得证.

注:接着我们指出,婆罗摩及多定理还有下面的逆定理.

逆定理 若四边形的两对角线互相垂直,并且:

(1)过对角线交点向一边所作的垂线平分其边.

(2)对角线交点与一边中点的连线垂直于对边.

(3)对角线交点、交点在一边上的射影及对边中点三点共线.

这三条中只要一条成立,则四边形内接于圆.

下面仅给出(1)的证明,(2),(3)的证明可类似得到.

事实上,如图 46.2 所示, $KT \perp CD$, $KH \perp AD$, HK, TK 分别交 BC, AB 于点 M, N,且点 M, N 分别为 BC, AB 的中点,所以
$$\angle 1 = \angle 2 = \angle 3, \angle 5 = \angle 6 = \angle 7$$
又 $\angle 4 + \angle 3 = 90°$, $\angle 8 + \angle 7 = 90°$,所以
$$\angle 4 + \angle 1 = 90°, \angle 8 + \angle 5 = 90°$$
$$\angle BAD + \angle DCB = 180°$$

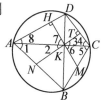

图 46.2

从而四边形 $ABCD$ 内接于圆.

波罗摩及多定理还可推广如下:

如图 46.3 所示,设点 K 是圆内接四边形 $ABCD$ 对角线的交点,自 K 向四边形一边 CD 作垂线 KH(H 为垂足),直线 HK 交 AB 于点 S,则:

(1)直线 KS 过 $\triangle ABK$ 的外心;

(2) $\dfrac{AS}{SB} = \dfrac{\sin 2\angle KBA}{\sin 2\angle KAB}$.

证明 （1）如图 46.3 所示,过点 B 作 DB 的垂线交直线 KS 于点 N,过 BK

的中点 M 作 BK 的垂线交直线 KS 于点 D',则点 O' 为 KN 的中点.

由 $\angle BNK = \angle BDC = \angle BAK$,知 B,N,A,K 四点共圆,且 KN 为其直径.

故知 O' 为 $\triangle ABC$ 的外心,即结论获证.

(2)在 $\triangle ABK$ 中,由正弦定理,有 $\dfrac{KA}{KB} = \dfrac{\sin\angle KBA}{\sin\angle KAB}$. 于是

$$\dfrac{AS}{SB} = \dfrac{S_{\triangle AKS}}{S_{\triangle BKS}} = \dfrac{KA}{KB} \cdot \dfrac{\sin\angle AKS}{\sin\angle BKS}$$

$$= \dfrac{\sin\angle KBA}{\sin\angle KAB} \cdot \dfrac{\cos\angle HCK}{\cos\angle HDK} = \dfrac{\sin 2\angle KBA}{\sin 2\angle KAB}$$

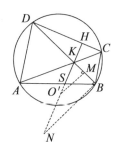

图 46.3

注:显然,当四边形两对角线 AC 和 BD 垂直时,$\triangle ABK$ 为直角三角形,则:(1)AB 的中点即为 $\triangle ABK$ 的外心;(2)由 $2\angle KBA = 180° - 2\angle KAB$ 知 $\sin 2\angle KBA = \sin 2\angle KAB$,即知 S 为 AB 的中点.

第47章 三角形内切点与旁切点线段长公式

三角形内切点与旁切点线段长公式 三角形一边上的内切圆切点与旁切圆切点间的线段长等于另两边之差的绝对值.

如图 47.1 所示,$\triangle ABC$ 的内切圆切 BC 于点 D,作 $DE \perp BC$ 交内切圆于点 E. 联结 AE 的延长线交 BC 于点 F(点 F 为其旁切圆的切点),则 $DF = |AB - AC|$.

证法 1 如图 47.1 所示,设内切圆在 AC, AB 的切点为点 $P(AB > AC), Q$,过点 A 作 BC 的平行线交 DP, DQ 于点 D', D''.

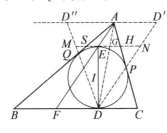

图 47.1

由 $\triangle CPD \backsim \triangle APD'$

知 $\dfrac{CP}{AP} = \dfrac{CD}{AD'}$

又因 $CP = CD$

所以 $AP = AD'$

同理 $AQ = AD''$

又由 $AP = AQ$

知 $AD' = AP = AQ = AD''$

过点 E 作 $MN \parallel BC$ 分别交 DD'', AB, AC, DD' 于点 M, S, H, N,联结 AD 交 MN 于点 G,则

$$MG : D''A = DG : GA = GN : AD'$$

因为 $D''A = AD''$

所以 $MG = GN$

即 $ME + EG = EN - EG$

从而 $EG = \dfrac{1}{2}(EN - ME)$

又 $\angle EPN = 90°$

所以 $HN = HP - HE$

则 $EN = 2HE$

同理 $EM = 2ES$

从而 $EG = |EH - ES|$

$$\frac{EG}{FD} = \frac{EH}{FC} = \frac{ES}{BF} = \frac{EH - ES}{FC - BF}$$

得 $FD = FC - BF$

但 $DF = FC - DC$，从而 $BF = DC$.

即 $BD - FD = DC$，即

$$s - b - DF = s - c \quad \left(\text{其中} s = \frac{1}{2}(a + b + c)\right)$$

故 $DF = c - b$

证法2 如图47.2所示，不妨设 $AB > AC$，作 $AH \perp BC$ 于点 H，则 $\triangle FDE \backsim \triangle FHA$，从而

$$\frac{FD}{DE} = \frac{FH}{AH} = \frac{FH - FD}{AH - DE} = \frac{DH}{AH - DE} = \frac{DC - HC}{AH - DE}$$

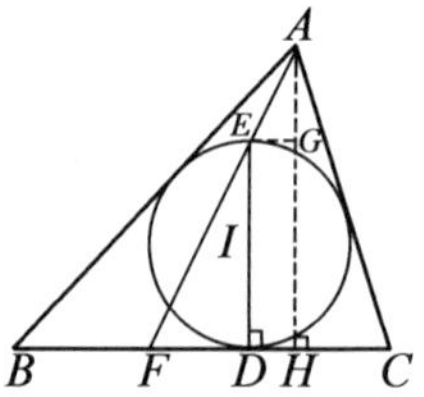

而

$$DE = 2(s-c)\tan\frac{C}{2}, DC = s-c, HC = b\cos C, AH = b\sin C$$

图47.2

有

$$FD = \frac{2(s-c)\tan\dfrac{C}{2}(s-c-b\cos C)}{b\sin C - 2(s-c)\tan\dfrac{C}{2}} = \frac{2(s-c)\dfrac{1}{\cos\dfrac{C}{2}}(s-c-b\cos C)}{2b\cos\dfrac{C}{2} - 2(s-c)\dfrac{1}{\cos\dfrac{C}{2}}}$$

$$= \frac{2(s-c)(s-c-b\cos C)}{2b\cos^2\dfrac{C}{2} - 2(s-c)} = \frac{2(s-c)(s-c-b\cos C)}{2b\dfrac{s(s-c)}{ab} - 2(s-C)}$$

$$= \frac{2(s-c-b\cos C)}{\dfrac{2s}{a} - 2} = \frac{a\left(a+b-c-2b\cdot\dfrac{a^2+b^2-c^2}{2ab}\right)}{2s - 2a}$$

$$= \frac{ab - ac - b^2 + c^2}{b+c-a} = c - b$$

故 $FD = c - b$.

证法3 如图47.2所示,不妨设 $AB > AC$,作 $EG \perp AH$ 于点 G,则
$$\triangle DEF \backsim \triangle HAF$$
从而
$$\frac{FD}{DH} = \frac{DE}{AG}$$
即
$$\frac{FD}{s - c - b\cos C} = \frac{2r}{AH - 2r}$$
而 $AH = \dfrac{sr}{\frac{1}{2}a}$,于是

$$FD = \left(s - c - b \cdot \frac{a^2 + b^2 - c^2}{2ab}\right)\frac{2r}{\frac{2sr}{a} - 2r} = \frac{\frac{1}{2}(ba + c^2 - ca - b^2)}{s - a}$$

$$= \frac{(b + c - a)(c - b)}{b + c - a} = c - b$$

故 $FD = c - b$.

证法4 如图47.3所示,不妨设 $AB > AC$,设 $\angle A$ 所对的旁切圆圆 I_1 切 BC 边于点 F',则 $I_1 F' \perp BC$. 设内切圆、旁切圆半径分别为 r, r_1.

此时 $I_1 F' \parallel IE (IE \perp BC)$,则
$$\angle AIE = \angle AI_1 F' \quad ①$$
又
$$\frac{AI}{IE} = \frac{AI}{r} = \frac{AI_1}{r_1} = \frac{AI_1}{I_1 F'} \quad ②$$

由式①,②知,$\triangle AIE \backsim \triangle AI_1 F'$,所以
$$\angle IAE = \angle I_1 AF'$$
即 A, E, F' 三点共线,即点 F' 与 F 重合. 于是
$$FD = F'D = a - BF' - CD = a - (s - c) - (s - c) = c - b$$
故 $FD = c - b$.

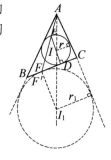

图47.3

第 48 章　曼海姆定理

曼海姆(Mannheim)定理　一圆切 $\triangle ABC$ 的两边 AB, AC 及外接圆于点 P, Q, T,则 PQ 必通过 $\triangle ABC$ 的内心(还可证内心为 PQ 的中点).

证法 1　如图 48.1 所示,设已知圆与 $\triangle ABC$ 的外接圆圆心分别为点 O_1, O. 该两圆内切于点 T,设 R, r 分别为圆 O_1,圆 O 的半径. 显然 O, O_1, T 三点共线,延长 TO 交圆 O 于点 L,则 $TL = 2R$ 是 $\triangle ABC$ 的外接圆直径,且

$$BE = 2R \cdot \sin\frac{A}{2}, O_1P \perp AB, AI \perp PQ$$

$$\angle O_1PI = 90° - \angle PO_1A = \frac{\angle A}{2}$$

于是
$$O_1I = r \cdot \sin\frac{A}{2}$$

从而
$$EO_1 = \frac{O_1T \cdot O_1L}{O_1A} = \frac{r(2R-r)}{\frac{r}{\sin\frac{A}{2}}} = (2R-r)\sin\frac{A}{2} = BE - O_1I$$

于是
$$BE = EO_1 + O_1I = EI$$

所以
$$\angle 4 + \angle 5 = \angle EBI = \angle EIB = \angle 2 + \angle 3 = \angle 3 + \angle 1$$

但
$$\angle 5 = \angle 1$$

故
$$\angle 3 = \angle 4$$

即 BI 平分 $\angle ABC$. 又 AI 平分 $\angle PAC$,所以点 I 为 $\triangle ABC$ 的内心.

证法 2　如图 48.2 所示,因为圆 O_1 切 AB 于一点 P,切 AC 于点 Q,所以 $AP = AQ$. 又点 I 为 PQ 的中点,所以 AI 平分 $\angle PAQ$,且 A, I, O_1 三点共线.

延长 AI 交圆 O 于点 E,联结 EC,圆 O 与圆 O_1 相切于点 T,故 O, O_1, T 三点共线,联结并延长 TO 交圆 O 于点 L,设圆 O 与圆 O_1 的半径分别为 $R, r, O_1A = m$,联结 O_1Q,则 $O_1Q \perp AC$.

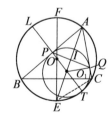

图 48.2

又 $O_1A \perp PQ$,由射影定理,$O_1Q^2 = O_1I \cdot O_1A$,所以 $O_1I = \dfrac{r^2}{m}$.

设 $EI = p, EC = q$,圆 O 的弦 AE 与 LT 相交于点 O_1,由相交弦定理,得
$$AO_1 \cdot O_1E = O_1T \cdot O_1L$$

即
$$m\left(p - \dfrac{r^2}{m}\right) = r(2R - r) \Rightarrow mp = 2pr \qquad ①$$

又联结并延长 EO 交圆 O 于点 F,所以 FE 为圆 O 的直径,联结 EC,从而
$$\angle ECF = 90°$$

又
$$\angle O_1QA = 90°$$

所以
$$\angle ECF = \angle O_1QA$$

又
$$\angle EFC = \angle EAC = \angle O_1AQ$$

所以
$$\triangle FEC \backsim \triangle AO_1Q$$

于是
$$\dfrac{AO_1}{FE} = \dfrac{O_1Q}{EC}$$

即
$$mq = 2pr \qquad ②$$

$\dfrac{①}{②}$ 得 $p = q$,即
$$IE = EC$$

则
$$\angle EIC = \angle ECI$$

即
$$\angle IAC + \angle ICA = \angle BCE + \angle BCI$$

因为
$$\angle BCE = \angle BAE = \angle EAC = \angle IAC$$

所以
$$\angle ICA = \angle BCI$$

即 CI 平分 $\angle ABC$.又 AI 平分 $\angle BAC$,所以点 I 为 $\triangle ABC$ 的内心.

证法3 (1)先计算点 A 到内心的距离 x,则
$$x \cdot \sin \dfrac{A}{2} = r$$
$$r = \dfrac{AB \cdot AC}{BC + AB + AC} \cdot \sin A$$

则
$$x = 4R \cdot \sin \dfrac{B}{2} \cdot \sin \dfrac{C}{2}$$

(2)由已知可得 A, I, O_1 三点共线;O, O_1, T 三点共线,$O_1Q = O_1T$,不妨设 $\angle C \geqslant \angle B$.设 $O_1Q = x$,考查 $\triangle OAO_1$,得

$$\begin{cases} \angle OAO_1 = \dfrac{1}{2}\angle A - \angle BAO = \dfrac{1}{2}\angle A + \angle C - 90° \\ AO = R \\ AO_1 = \dfrac{x}{\sin\dfrac{A}{2}} \\ OO_1 = R - x \end{cases}$$

由余弦定理,有

$$\cos\angle OAO_1 = \dfrac{AO^2 + AO_1^2 - OO_1^2}{2AO \cdot AO_1}$$

即

$$\cos\left(\dfrac{1}{2}A + C - 90°\right) = \dfrac{R^2 + \dfrac{x^2}{\sin^2\dfrac{A}{2}} - (R-x)^2}{2 \cdot R \cdot \dfrac{x}{\sin\dfrac{A}{2}}}$$

因为 $x \neq 0$,所以

$$\dfrac{2R\sin\left(\dfrac{A}{2} + C\right)}{\sin\dfrac{A}{2}} = x \cdot \left(\dfrac{1}{\sin^2\dfrac{A}{2}} - 1\right) + 2R$$

从而

$$x = \dfrac{4R \cdot \sin\dfrac{A}{2} \cdot \sin\dfrac{B}{2} \cdot \sin\dfrac{C}{2}}{\cos^2\dfrac{A}{2}}$$

于是

$$AP = AQ = x \cdot \cot\dfrac{A}{2} = 4R \cdot \dfrac{\sin\dfrac{B}{2} \cdot \sin\dfrac{C}{2}}{\cos\dfrac{A}{2}}$$

故

$$AI = AP \cdot \cos\dfrac{A}{2} = 4R \cdot \sin\dfrac{B}{2} \cdot \sin\dfrac{C}{2}$$

综合(1)(2),有 $AI = x$,又因为 AI 在 $\angle A$ 的平分线上,所以点 I 是 $\triangle ABC$ 的内心.

证法 4 如图 48.3 所示,设已知圆与 $\triangle ABC$ 的外接圆的圆心分别为点 O_1,O,PQ 的中点为 I,则 A,I,O_1 三点共线.

设直线 AI 交圆 O 于点 E,注意到 T,O_1,O 三点共线,设过点 O_1,圆 O 的直

径的另一端点为 L,则由相交弦定理,有
$$O_1L \cdot O_1T = O_1A \cdot O_1E$$
由 $O_1P \perp AB, O_1A \perp PQ$,有
$$O_1P^2 = O_1I \cdot O_1A$$
注意到 $O_1P = O_1T$,③ + ④得
$$O_1P \cdot TL = O_1A \cdot EI$$
作圆 O 的直径 EF,由 $\mathrm{Rt}\triangle BEF \backsim \mathrm{Rt}\triangle PO_1A$,有
$$O_1P \cdot EF = O_1A \cdot BE$$

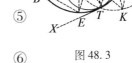

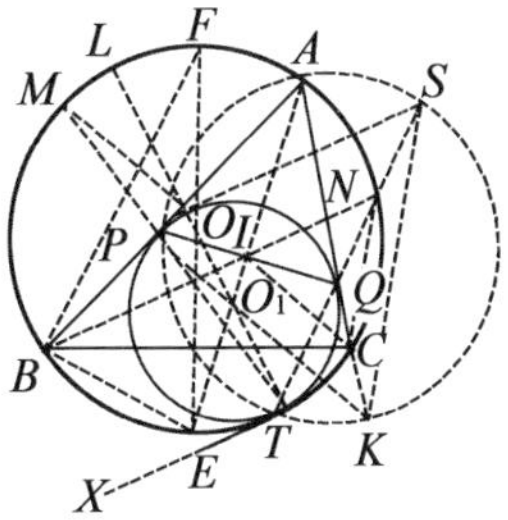

图 48.3

由式⑤,⑥,并注意 $TL = EF$,知 $BE = EI$.

又点 E 为 $\overset{\frown}{BC}$ 的中点,所以知点 I 为 $\triangle ABC$ 的内心,且点 I 在 PQ 上.

证法 5 如图 48.3 所示,设过点 A, P, T 的圆交直线 TQ 于点 S,交直线 AC 于点 K,则由 $\angle KST = \angle KAT = \angle CNT$(点 N 为 TS 与圆 O 的交点),知 $NC // SK$.

设直线 TP 交圆 O 于点 M,则知点 M 为 $\overset{\frown}{AB}$ 的中点(读者可自证或参见下面的证法 7).

同理,知点 N 为 $\overset{\frown}{AC}$ 的中点,从而 $\triangle ABC$ 的内心 I 为 BN 与 CM 的交点.

又由 $\angle QKP = \angle ATP = \angle ACM$,知 $PK // MC$.

由 $\angle PST = \angle PAT = \angle BNT$,知 $BN // PS$.

于是,知 $\triangle SPK$ 与 $\triangle NIC$ 位似,且点 Q 为位似中心,故点 I 在直线 PQ 上.

证法 6 同证法 4 所设,延长 AO_1 交圆 O 于点 E,则 AE 平分 $\angle BAC$ 及 $\overset{\frown}{BC}$.
设 R, r 分别为圆 O、圆 O_1 的半径. 此时,点 O_1 关于圆 O 的幂为
$$O_1A \cdot O_1E = (2R - r) \cdot r$$
且
$$AO_1 = \frac{r}{\sin \frac{A}{2}}$$
则
$$O_1E = (2R - r) \cdot \sin \frac{A}{2}$$

设 AO_1 交 PQ 于点 I,则
$$EI = EO_1 + O_1I = (2R - r) \cdot \sin \frac{A}{2} + r \cdot \sin \frac{A}{2} = 2R \cdot \sin A = BE$$

于是,由三角形内心的判定定理,知点 I 为 $\triangle ABC$ 的内心且点 I 在直线 PQ 上.

证法 7 如图 48.3 所示,设直线 TP 交 $\triangle ABC$ 的外接圆于点 M,联结 MC,则知 MC 平分 $\angle ACM$(也可这样证:过点 T 作公切线 TX,由 $\angle XTP = \frac{1}{2}\overset{\frown}{TP} =$

$\angle BPT \stackrel{m}{=} \frac{1}{2}(\overset{\frown}{BT} + \overset{\frown}{AM})$，$\angle XTP = \angle MCT \stackrel{m}{=} \frac{1}{2}\overset{\frown}{TM} = \frac{1}{2}(\overset{\frown}{TB} + \overset{\frown}{BM})$，有 $\overset{\frown}{BM} = \overset{\frown}{MA}$。

设直线 TQ 交 $\triangle ABC$ 的外接圆于点 N，同理，知 BN 平分 $\angle ABC$。

在圆内接六边形 $ABNTMC$ 中，应用帕斯卡（Pascal）定理，知三组对边 AB 与 TM 的交点 P，BN 与 MC 的交点 I，TN 与 AC 的交点 Q 三点共线。而点 I 为 $\triangle ABC$ 的内心，则知内心在 PQ 上。（若注意到 $AP = AQ$，$\angle BAC$ 的平分线交 PQ 于其中点，即知点 I 为 PQ 的中点）。

注：有时候，也把圆 O_1 外切于 $\triangle ABC$ 的外接圆的情形称为曼海姆定理。

两圆外切的曼海姆定理 两圆外切于点 T，一个圆的内接 $\triangle ABC$ 的边 AB，AC 的延长线与另一圆切于 P，Q 两点，则 PQ 的中点为 $\triangle ABC$ 的 $\angle A$ 内的旁心。

证明 如图 48.4 所示，设两圆的圆心分别为 O_1，O，PQ 的中点为 I_A，显然 A，I_A，O_1 三点共线，O，T，O_1 三点共线。又设直线 AI_A 交圆 O 于点 E，则 E 为劣弧 $\overset{\frown}{BC}$ 的中点。设过 O_1 的圆 O 的直径的另一端点为 L，则由割线定理，有

$$O_1 L \cdot O_1 T = O_1 E \cdot O_1 A \qquad ⑦$$

由 $O_1 P \perp AB$，$O_1 A \perp PQ$，有

$$O_1 P^2 = O_1 I_A \cdot O_1 A \qquad ⑧$$

注意到 $O_1 T = O_1 P$，由 ⑦ − ⑧ 得

$$O_1 P \cdot TL = O_1 A \cdot EI_A \qquad ⑨$$

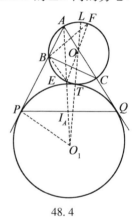

48.4

作圆 O 的直径 EF，由 $\mathrm{Rt}\triangle BEF \sim \mathrm{Rt}\triangle PO_1 A$，有

$$O_1 P \cdot EF = O_1 A \cdot BE \qquad ⑩$$

注意 $TL = EF$，由式 ⑨，⑩ 知 $BE = EI_A$。

由于点 I_A 在 $\angle BAC$ 的平分线上，则由旁心的判定方法知 I_A 为 $\triangle ABC$ 在 $\angle A$ 的旁心。

上述结论还可进一步推广为下述结论：

已知 $\triangle ABC$ 在 $\angle A$ 内的旁心 I_A。

下面证明这个结论：

设 $\triangle ABC$ 在点 C 处的外角平分线与圆 O 交于点 E（与点 C 不重合），则点 E 为 $\overset{\frown}{ACB}$ 的中点。

所以，$OE \perp AB$。

又 $O_1 N \perp AB$，所以 $O_1 N \parallel OE$。

令圆 O 与圆 O_1 相切于点 T,由于 O,T,O_1 三点共线,且 $O_1N=O_1T, OE=OT$,得 E,T,N 三点共线. 由 $\angle ETA=\angle EBA=\angle EAN$,知 $\triangle EAT \backsim \triangle ENA$.

从而,有
$$EB^2=EA^2=EN \cdot ET$$

设直线 CE 与 MN 交于点 $I_A{}'$(图 48.5),则
$$\angle TMN = \frac{1}{2}\angle TO_1N = \frac{1}{2}\angle TOE = \angle TAE = \angle TCI_A{}'$$

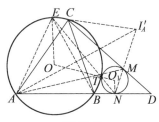

图 48.5

因此,$T,M,I_A{}',C$ 四点共圆,从而
$$\angle ETI_A{}' = 180° - \angle NTI_A{}' = 180° - (\angle NTM + \angle MTI_A{}')$$
$$= 180° - (\angle I_A{}'MC + \angle MCI_A{}') = \angle MI_A{}'C$$

于是 $\triangle ETI_A{}' \backsim \triangle EI_A{}'N$

有 $EI_A'^2 = EN \cdot ET = EA^2 = EB^2$

从而点 E 为过 $A,B,I_A{}'$ 三点的圆的圆心.

所以
$$\angle BAI_A{}' = \frac{1}{2}\angle BEI_A{}' = \frac{1}{2}\angle BAC$$

即 $AI_A{}'$ 平分 $\angle BAC$.

第49章 曼海姆定理的推广

曼海姆定理的推广 设点 H 为 $\triangle BCD$ 的边 BD 上一点,一圆切 $\triangle BCH$ 的两边 HB,HC 于点 P,Q,又与 $\triangle BCD$ 的外接圆内切于点 T,所以 PQ 必通过 $\triangle BCD$ 的内心.

证法 1 如图 49.1 所示,设直线 TP,TQ 分别交 $\triangle BCD$ 的外接圆 Γ 于点 E,Q',则 $EQ' \parallel PQ$.（可作公切线 TS 来证）

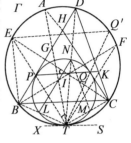

图 49.1

可证点 E 为 $\overset{\frown}{BD}$ 的中点（设 TB,TD 分别交小圆于点 L,N,由 $LN \parallel BD$ 来证）,则 CE 平分 $\angle BCD$. 设直线 CE 交 PQ 于点 I.

由 $\angle ETB = \angle DCE = \angle DBE$,知

$$\triangle ETB \sim \triangle EBP$$

从而

$$EP \cdot ET = EB^2$$

又

$$\angle PQT = \angle EQ'T = \angle ECT = \angle ICT$$

所以知 T,C,Q,I 四点共圆.

设直线 CH 与圆 Γ 交于点 A,则

$$\angle QTI = \angle QCI = \angle ACE = \angle ATE$$

因此

$$\angle ATQ = \angle ETI$$

于是由 T,C,Q,I 四点共圆及 TQ' 平分 $\angle ATC$,有

$$\angle EIP = \angle QIC = \angle QTC = \angle ATQ = \angle ETI$$

从而知 EI 与圆 PTI 相切.

于是

$$EI^2 = EP \cdot ET = EB^2$$

即知

$$EI = EB$$

故由内心性质知,点 I 为 $\triangle BCD$ 的内心,即知 PQ 必通过 $\triangle BCD$ 的内心.

证法 2 如图 49.1 所示,过点 T 作公切线 XS,延长 PQ 交 CD 于点 K,延长 TP 交 $\triangle BCD$ 的外接圆 Γ 于点 E,联结 EC 交 BD 于点 G,交 PQ 于点 I,TC,TD 分别交已知圆于点 M,N.

由

$$\angle XTB + \angle BTP = \angle XTP = \angle BPT = \angle PDT + \angle DTP, \angle XTB = \angle PDT$$

从而

$$\angle BTP = \angle DTP$$

即点 E 为 $\overparen{BD}$ 的中点,因此,CI 平分 $\angle BCD$.

由直线 GIC,PQK 分别截 $\triangle PDK,\triangle CDH$,应用梅涅劳斯定理,有

$$\frac{PI}{IK} \cdot \frac{KC}{CD} \cdot \frac{DG}{GP} = 1 \qquad \text{①}$$

$$\frac{DK}{KC} \cdot \frac{CQ}{QH} \cdot \frac{HP}{PD} = 1 \qquad \text{②}$$

注意到 $HP = HQ$,则式②变为

$$KC = \frac{DK \cdot CQ}{PD} \qquad \text{③}$$

因为 $\triangle EDP \backsim \triangle ETD$,所以

$$\frac{DG}{GP} = \frac{ED \cdot \sin \angle DEG}{EP \cdot \sin \angle PEG} = \frac{TD}{DP} \cdot \frac{CD}{TC} \qquad \text{④}$$

由 $\angle TNM = \angle MTS = \angle TDC$,得

$$MN /\!/ CD$$

从而

$$\frac{DP^2}{CQ^2} = \frac{TD \cdot DN}{TC \cdot CM} = \frac{TD^2}{TC^2}$$

即

$$\frac{TD}{TC} = \frac{DP}{CQ} \qquad \text{⑤}$$

将式⑤代入式④,得

$$\frac{DG}{GP} = \frac{CD}{CQ} \qquad \text{⑥}$$

将式⑥及式③代入式①,得

$$\frac{PI}{IK} = \frac{PD}{DK}$$

故 DI 平分 $\angle BDC$.因此,$\triangle BCD$ 的内心在 PQ 上.

证法 3 如图 49.1 所示,设已知圆与 $\triangle BCD$ 的外接圆 Γ 内切于点 T,射线 TP 交 Γ 于点 E,则点 E 为 $\overparen{BD}$(不含点 C)的中点,CE 为 $\angle BCD$ 的角平分线.

设 TC,TD 交已知圆于点 M,N,则 $MN /\!/ CD$.

注意 $CQ^2 = CM \cdot CT, DP^2 = DN \cdot DT$,有

$$\frac{MC}{ND} = \frac{TC}{TD}, \frac{CQ}{DP} = \frac{\sqrt{CM \cdot CT}}{\sqrt{DN \cdot DT}} = \frac{TC}{TD}$$

又设直线 PQ 与 CD 交于点 K,对 $\triangle CDH$ 及截线 PQK 应用梅涅劳斯定

理,有
$$\frac{DP}{PH} \cdot \frac{HQ}{QC} \cdot \frac{CK}{KD} = 1 \xRightarrow{HP=HQ} \frac{CK}{KD} = \frac{CQ}{DP} = \frac{TC}{TD}.$$

因此,TK 平分 $\angle CTD$.

设直线 TK 交圆 Γ 于点 F,则点 F 为 $\overparen{CD}$ 的中点,即 BF 平分 $\angle CBD$.

于是,CE 与 BF 交于 $\triangle BCD$ 的内心 I.

又对圆内接六边形 $TECDBF$ 应用帕斯卡定理,即知 P, I, K 三点共线. 又点 K 在直线 PQ 上,所以 PQ 必通过 $\triangle BCD$ 的内心 I.

第 50 章 帕斯卡定理

帕斯卡定理 设六边形 $ABCDEF$ 内接于圆(与顶点次序无关,即六边形 $ABCDEF$ 无须为凸六边形),直线 AB 与 DE 交于点 X,直线 CD 与 FA 交于点 Z,直线 EF 与 BC 交于点 Y,则 X,Y,Z 三点共线.

证法 1 如图 50.1 所示,设直线 BA 与 FE 交于点 K,直线 AB 与 CD 交于点 M,直线 CD 与 EF 交于点 N.

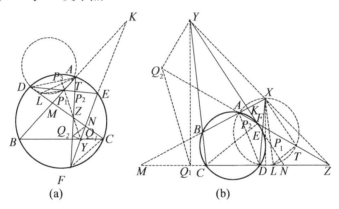

图 50.1

对 $\triangle KMN$ 及截线 XED,ZFA,YBC 分别应用梅涅劳斯定理,有

$$\frac{KX}{XM}\cdot\frac{MD}{DN}\cdot\frac{NE}{EK}=1,\frac{MZ}{ZN}\cdot\frac{NF}{FK}\cdot\frac{KA}{AM}=1,\frac{NY}{YK}\cdot\frac{KB}{BM}\cdot\frac{MC}{CN}=1$$

将上述三式相乘,并运用圆幂定理,有

$$MA\cdot MB=MD\cdot MC,ND\cdot NC=NE\cdot NF,KA\cdot KB=KE\cdot KF$$

从而

$$\frac{KX}{XM}\cdot\frac{MZ}{ZN}\cdot\frac{NY}{YK}=1$$

其中点 X,Y,Z 分别在直线 KM,NK,MN 上.

对 $\triangle KMN$ 应用梅涅劳斯定理的逆定理,知 X,Y,Z 三点共线.

证法 2 如图 50.1 所示,设过点 A,D,X 的圆交直线 AZ 于点 T,交直线 CD 于点 L.

联结 TL,FC,则 $\angle DAT$ 与 $\angle DLT$ 互补(或相等).又 $\angle DAT$ 与 $\angle DCF$ 相等,从而 $\angle DLT$ 与 $\angle DCF$ 互补或相等,即知 $CF /\!/ LT$.

同理,$TX /\!/ FY, LX /\!/ CY$.

于是，$\triangle TLX$ 与 $\triangle FCY$ 为位似图形. 由位似三角形三组对应顶点的连线共点（共点于位似中点），这里，直线 TF 与 LC 交于点 Z，则另一组对应的点 X,Y 的连线 XY 也应过点 Z. 故 X,Y,Z 三点共线.

证法 3 如图 50.1 所示，联结 XZ, YZ，过点 X 分别作 $XP_1 \perp DC$ 于点 P_1，作 $XP_2 \perp AF$ 于点 P_2，作 $XP_3 \perp AD$ 于点 P_3，过点 Y 分别作 $YQ_1 \perp DC$ 于点 Q_1，$YQ_2 \perp AF$ 于点 Q_2. 则

$$\frac{\sin \angle XZP_2}{\sin \angle XZP_1} \cdot \frac{\sin \angle EDZ}{\sin \angle ADE} \cdot \frac{\sin \angle DAX}{\sin \angle XAZ} = \frac{XP_2/XZ}{XP_1/XZ} \cdot \frac{XP_1/XD}{XP_3/XD} \cdot \frac{XP_3/XA}{XP_2/XA} = 1$$

同理

$$\frac{\sin \angle YZQ_2}{\sin \angle YZQ_1} \cdot \frac{\sin \angle ZCB}{\sin \angle YCF} \cdot \frac{\sin \angle CFY}{\sin \angle YFZ} = 1$$

注意到

$$\angle EDZ = \angle YFC, \angle ADE = \angle YFZ, \angle DAX = \angle ZCB, \angle XAZ = \angle YCF$$

所以

$$\frac{\sin \angle XZP_2}{\sin \angle XZP_1} = \frac{\sin \angle YZQ_2}{\sin \angle YZQ_1}$$

即

$$\frac{\sin \angle XZA}{\sin \angle XZD} = \frac{\sin \angle YZF}{\sin \angle YZC}$$

于是

$$\frac{XP_1}{XP_2} = \frac{YQ_1}{YQ_2}$$

联结 P_1P_2, Q_1Q_2，则 Z, P_1, X, P_2 及 Z, Q_1, Y, Q_2 分别四点共圆.

从而 $\triangle XP_1P_2 \backsim \triangle YQ_1Q_2$

亦即 $\angle XZP_2 = \angle YZQ_2$

故 X, Z, Y 三点共线.

证法 4 如图 50.2 所示，联结 AC, CE, AE，在圆内接四边形 $ACEF$ 中，有 $\angle YEC$ 与 $\angle ZAC$ 相等；在圆内接四边形 $ABCE$ 中，有 $\angle YCE$ 与 $\angle XAE$ 相等或互补；在圆内接四边形 $ACDE$ 中，$\angle ACZ$ 与 $\angle AEX$ 相等或互补. 故可在 $\triangle ACE$ 的边 CE 上或其延长线上取一点 P，使 $\angle YPC = \angle AEX, \angle YPE = \angle ACZ$，从而

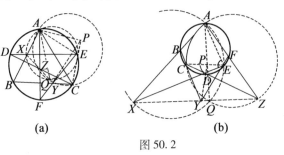

图 50.2

$$\triangle PYE \backsim \triangle CZA, \triangle CYP \backsim \triangle AEX$$

设圆 AXE 与圆 ACZ 相交于点 Q,则

$$\angle AQX = \angle AEX = \angle CPY, \angle AQZ = \angle ACZ = \angle EPY$$

所以 $\angle AQX$ 与 $\angle AQZ$ 相等或互补. 故 Z,Q,X 三点共线.

又

$$\angle EQC = \angle AQE + \angle CQA = \angle AXE + \angle CZA = \angle PYC + \angle PYE = \angle EYC$$

于是,C,Y,Q,E 四点共圆.

所以

$$\angle CQY = \angle CEY = \angle PEY(或 180° - \angle PEY) = \angle CAZ$$
$$= 180° - \angle CQZ \quad (或 \angle CQZ)$$

从而 Y,Q,Z 三点共线. 故 X,Y,Z 三点共线.

证法 5 如图 50.3 所示,设直线 XZ 分别与 BC,EF 交于点 P,Q. 只要证明点 P 与点 Q 重合即可. 为此,只需证明 $\dfrac{PX}{PZ} = \dfrac{QX}{QZ}$ 即可.

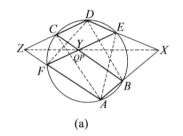 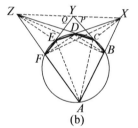

(a) (b)

图 50.3

由于

$$\frac{PX}{PZ} \cdot \frac{QZ}{QX} = \frac{S_{\triangle XBC}}{S_{\triangle ZBC}} \cdot \frac{S_{\triangle ZEF}}{S_{\triangle XEF}} = \frac{S_{\triangle XBC}}{S_{\triangle ABC}} \cdot \frac{S_{\triangle ABC}}{S_{\triangle DBC}} \cdot \frac{S_{\triangle DBC}}{S_{\triangle ZBC}} \cdot \frac{S_{\triangle ZEF}}{S_{\triangle AEF}} \cdot \frac{S_{\triangle AEF}}{S_{\triangle DEF}} \cdot \frac{S_{\triangle DEF}}{S_{\triangle XEF}}$$

$$= \frac{BX}{BA} \cdot \frac{AB \cdot AC}{DB \cdot DC} \cdot \frac{DC}{ZC} \cdot \frac{ZF}{AF} \cdot \frac{AE \cdot AF}{DE \cdot DF} \cdot \frac{DE}{XE}$$

$$= \frac{BX}{XE} \cdot \frac{ZF}{ZC} \cdot \frac{AC}{DB} \cdot \frac{AE}{DF} = \frac{DB}{AE} \cdot \frac{DF}{AC} \cdot \frac{AC}{DB} \cdot \frac{AE}{DF} = 1$$

故 X,Y,Z 三点共线.

注:在此定理中,当内接于圆的六边形 $ABCDEF$ 的六顶点改变其字序,两两取对边 $AB,DE;BC,EF;CD,AF$ 共有 60 种不同的情形,相应有 60 条帕斯卡线.

当六边形中有两顶点重合,即对于内接圆的五边形,亦有结论成立;圆内接五边形 $A(B)CDEF$ 中 A(与 B 重合)点处的切线与 DE 的交点 X,BC 与 FE 的交点 Y,CD 与 AF 的交点 Z 三点共线,如图 50.4(a)所示.

当六边形变为四边形 $AB(C)DE(F)$ 或 $A(B)C(D)EF$ 等时,如图 50.4(b),(c),结论仍成立.

当六边形变为 $\triangle A(B)C(D)E(F)$ 时,三组边 AB,CD,EF 变为点,如图 50.4(d)所示,仍有结论成立.此时三点所共的线也称为莫莱恩(lemoine)线.

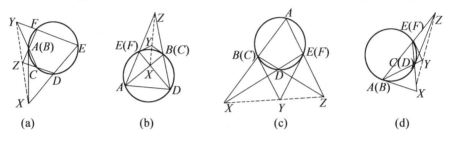

图 50.4

下面,我们给出图 50.4(c)中结论的几种证法:

证法 1 如图 50.5 所示,作 $\triangle BXY$ 的外接圆交 XE 于点 M,联结 BM,YM,则 $\angle YMX = \angle YBX = \angle BEA$,从而 $\angle YME = \angle ZEB$.

又 $\angle YEM = \angle ZBE$,所以 $\triangle YEM \backsim \triangle ZBE$,从而,有

$$\frac{YE}{EM} = \frac{ZB}{BE}.$$

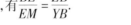

图 50.5

注意到 $YE = YB$,有 $\dfrac{BE}{EM} = \dfrac{ZB}{YB}$.

又因 $\angle BEM = \angle ZBY$,所以 $\triangle BEM \backsim \triangle ZBY$.

于是,有 $\angle BME = \angle ZYB$.

由 B,X,Y,M 四点共圆,有 $\angle BMX = \angle BYX$.

而 $\angle BME + \angle BMX = 180°$,则 $\angle ZYB + \angle BYX = 180°$.故 X,Y,Z 三点共线.

证法 2 如图 50.5 所示,过点 E 作圆的切线交直线 XZ 于点 Y',则 $\angle XEY' = \angle EBZ$,$\angle ZEY' = \angle ABE = 180° - \angle EBX$.于是

$$\frac{XY'}{Y'Z} = \frac{S_{\triangle EXY'}}{S_{\triangle EY'Z}} = \frac{EX \cdot \sin\angle XEY'}{EZ \cdot \sin\angle ZEY'} = \frac{EX \cdot \sin\angle EBZ}{EZ \cdot \sin\angle EBX} = \frac{EX}{\sin\angle EBX} \cdot \frac{\sin\angle EBZ}{EZ}$$

$$= \frac{BE}{\sin \angle X} \cdot \frac{\sin \angle Z}{BE} = \frac{\sin \angle Z}{\sin \angle X} \quad (\text{其中} \angle X = \angle BXE, \angle Z = \angle BZE)$$

同理,设过点 B 的圆的切线交 XZ 于 Y'',也有 $\frac{XY''}{Y''Z} = \frac{\sin \angle Z}{\sin \angle X}$.

从而 $\frac{XY'}{Y'Z} = \frac{XY''}{Y''Z}$,即 $\frac{XY'}{XZ} = \frac{XY''}{XZ}$,亦即 Y' 与 Y'' 重合于点 Y. 故 X,Y,Z 三点共线.

证法 3 如图 50.5 所示,联结 AD,过 Y 作 DE 的平行线交 BZ 于点 I,过 I 作 AD 的平行线交 AZ 于点 J,联结 YJ. 由 $YI /\!/ XE$,知 $\angle IYE = \angle DEY$.

又 $\angle DBE = \angle DEY = \angle IYE$,知 I,E,B,Y 四点共圆.

同理,I,Y,E,J 四点共圆,从而 B,Y,I,J,E 五点共圆.

于是,$\angle YJZ = \angle YBE = \angle BAJ$,所以 $YJ /\!/ AX$.

从而,$\triangle AXD$ 和 $\triangle JYZ$ 的三组对边分别平行,且两组对应顶点 A,J 和 D,I 的连线交于点 Z,所以 X 为位似中心. 故 X,Y,Z 三点共线.

第51章 三角形的莱莫恩线定理

三角形的莱莫恩线定理 过三角形的顶点作它的外接圆的切线与对边相交,这样的三个交点在同一直线上.

对于帕斯卡定理的特殊情形,如图 50.4(d) 所示,设过点 $A(B)$ 的切线与过点 $E(F)$ 的切线交于点 U,过点 $A(B)$ 的切线与过点 $C(D)$ 的切线交于点 V,过点 $C(D)$ 的切线与过点 $E(F)$ 的切线交于点 W,则该圆成为 $\triangle UVW$ 的内切圆或旁切圆.

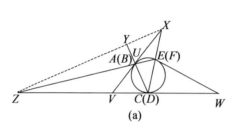 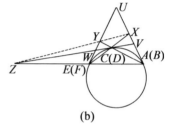

(a)   (b)

图 51.1

证法 1 当 AE 与 VW 平行时,则视 Z 为无穷远点,此时 $YX \parallel AE$,也视 X,Y,Z 三点共线. 下面讨论 AE 与 VW 不平行时的情形.

如图 51.1 所示,分别对 $\triangle UAE$ 及截线 ZVW,$\triangle VCA$ 及截线 YEW,$\triangle CWE$ 及截线 XUV 应用梅涅劳斯定理,有

$$\frac{UV}{VA} \cdot \frac{AZ}{ZE} \cdot \frac{EW}{WU} = 1, \frac{VW}{WC} \cdot \frac{CY}{YA} \cdot \frac{AU}{UV} = 1, \frac{CV}{VW} \cdot \frac{WU}{UE} \cdot \frac{EX}{XC} = 1$$

注意到 $UA = UE$,$VA = VC$,$WC = WE$,上述三式相乘,得

$$\frac{AZ}{ZE} \cdot \frac{EX}{XC} \cdot \frac{CY}{YA} = 1$$

对 $\triangle AEC$ 应用梅涅劳斯定理的逆定理,知 X,Y,Z 三点共线.

证法 2 同证法 1,讨论 AE 与 VW 不平行时的情形.

如图 51.1 所示,由弦切角定理,有 $\angle CEZ = \angle ACZ$,即 $\triangle CEZ \backsim \triangle ACZ$. 从而

$$\frac{EZ}{ZA} = \frac{S_{\triangle CEZ}}{S_{\triangle CZA}} = \left(\frac{CE}{AC}\right)^2$$

同理

$$\frac{CX}{XE}=\frac{S_{\triangle ACX}}{S_{\triangle AXE}}=\left(\frac{CA}{AE}\right)^2,\frac{AY}{YC}=\frac{S_{\triangle EAY}}{S_{\triangle EYC}}=\left(\frac{EA}{EC}\right)^2$$

从而

$$\frac{CX}{XE}\cdot\frac{EZ}{ZA}\cdot\frac{AY}{YC}=1$$

对 $\triangle AEC$ 应用梅涅劳斯定理的逆定理,知 X,Y,Z 三点共线.

第 52 章 帕普斯定理

帕普斯定理 设 A, C, E 是一条直线上的三点,B, D, F 是另一条直线上的三点. 若直线 AB, CD, EF 分别与 DE, FA, BC 相交,则这三个交点 L, M, N 共线.

证法 1 如图 52.1 所示,延长 DC 和 FE 交于点 X,设直线 AB 与 EF, CD 分别交于点 Y 和 Z. 对 $\triangle XYZ$ 及 5 条截线 LDE, AMF, BCN, ACE, BDF 分别应用梅涅劳斯定理,有

$$\frac{YL}{LZ} \cdot \frac{ZD}{DX} \cdot \frac{XE}{EY} = 1$$

$$\frac{YA}{AZ} \cdot \frac{ZM}{MX} \cdot \frac{XF}{FY} = 1, \frac{YB}{BZ} \cdot \frac{ZC}{CX} \cdot \frac{XN}{NY} = 1$$

$$\frac{YA}{AZ} \cdot \frac{ZC}{CX} \cdot \frac{XE}{EY} = 1, \frac{YB}{BZ} \cdot \frac{ZD}{DX} \cdot \frac{XF}{FY} = 1$$

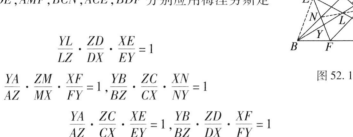

图 52.1

将前三式相乘后再除以后两式的积,得 $\frac{YL}{LZ} \cdot \frac{ZM}{MX} \cdot \frac{XN}{NY} = 1$.

对 $\triangle XYZ$ 应用梅涅劳斯定理的逆定理,知 N, L, M 三点共线.

证法 2 如图 52.1 所示,联结 AD, BE, NL,对 $\triangle BLE$ 及点 N 应用塞瓦定理的角元形式,有

$$\frac{\sin\angle BEF}{\sin\angle FED} \cdot \frac{\sin\angle ABC}{\sin\angle CBE} \cdot \frac{\sin\angle ELN}{\sin\angle NLB} = 1$$

由 $\frac{BF}{FD} = \frac{S_{\triangle BEF}}{S_{\triangle FED}} = \frac{BE \cdot \sin\angle BEF}{ED \cdot \sin\angle FED}$,亦有 $\frac{EB}{ED} \cdot \frac{\sin\angle BEF}{\sin\angle FED} = \frac{BF}{FD} = \frac{AB}{AD} \cdot \frac{\sin\angle BAF}{\sin\angle FAD}$.

同理

$$\frac{BA}{BE} = \frac{\sin\angle ABC}{\sin\angle CBE} = \frac{AC}{CE} = \frac{DA}{DE} \cdot \frac{\sin\angle ADC}{\sin\angle CDE}$$

注意 $\angle DLN$ 与 $\angle ELN$ 互补,$\angle NLA$ 与 $\angle NLB$ 互补,于是

$$\frac{\sin\angle BAF}{\sin\angle FAD} \cdot \frac{\sin\angle ADC}{\sin\angle CDE} \cdot \frac{\sin\angle DLN}{\sin\angle NLA} = \frac{AD}{AB} \cdot \frac{EB}{ED} \cdot \frac{\sin\angle BEF}{\sin\angle FED} \cdot \frac{DE}{DA} \cdot \frac{BA}{BE} \cdot$$

$$\frac{\sin\angle ABC}{\sin\angle CBE} \cdot \frac{\sin\angle ELN}{\sin\angle NLB} = \frac{\sin\angle BEF}{\sin\angle FED} \cdot \frac{\sin\angle ABC}{\sin\angle CBE} \cdot \frac{\sin\angle ELN}{\sin\angle NLB} = 1$$

应用塞及定理的角元形式,知 FA, CD, NL 三线共点或平行. 但 FA 与 CD 交于点 M. 故三线共点于 M. 即 N, L, M 三点共线.

第53章 布利安香定理

布利安香(Brianchon)定理 若一个六边形的六条边与一个圆相切,则它的三条相对顶点的连线共点或者彼此平行.

证法1 如图53.1所示,设六边形 $ABCDEF$ 是凸六边形,且六条边与一个圆相切,点 R,Q,T,S,P,U 分别是切点,对角线 AD,BE,CF 都是内切圆的割线,因此不可能互相平行.在线段 EF,CB,AB,ED,CD,AF 的延长线上取点 P',Q',R',S',T',U',使得 $PP'=QQ'=RR'=SS'=TT'=UU'$.容易证明,可作圆 O_1 与 PP' 和 QQ' 在点 P',Q' 相切,可作圆 O_2 与 RR' 和 SS' 在点 R',S' 相切,可作圆 O_3 与 TT' 和 UU' 在点 T',U' 相切.

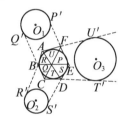

图53.1

因为 $AR=AU,RR'=UU'$,相加后得 $AR'=AU'$.又因为 $DS=DT,SS'=TT'$,相减后得 $DS'=DT'$.于是 A,D 关于圆 O_2 和圆 O_3 是等幂的,连线 AD 是这两个圆的根轴.同理 BE 是圆 O_1 和圆 O_2 的根轴,CF 是圆 O_3 和圆 O_1 的根轴.

因为以不共线的三点为圆心的三个圆,有且只有一点关于这三个圆的幂是相等的,这个点就是三条根轴的公共点,又称这三个圆的根心.

如果这个六边形不是凸六边形,那么三条相对顶点的连线,即三条根轴就可能是相互平行的.

证法2 如图53.2所示,设外切六边形 $ABCDEF$ 的边 AB,BC,CD,DE,EF,FA 与圆分别相切于点 G,H,I,J,K,L.

在过顶点 A 的两切线及过顶点 D 的两切线所构成的圆外切四边形中,由牛顿定理知,三直线 AD,GJ,LI 共点于 P.同理可知 BE,HK,GJ 共点于 Q;CF,IL,HK 共点于 R.

在 $\triangle LPA$ 与 $\triangle GPA$ 中分别由正弦定理得

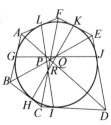

图53.2

$$\sin \angle LPA = \frac{AL}{AP}\sin \angle ALP$$

$$\sin \angle APG = \frac{AG}{AP}\sin \angle AGP$$

则

$$\frac{\sin \angle LPA}{\sin \angle APG} = \frac{\sin \angle ALP}{\sin \angle AGP}$$

又 $\angle LPA = \angle RPD, \angle APG = \angle DPQ$,所以

$$\frac{\sin \angle RPD}{\sin \angle DPQ} = \frac{\sin \angle ALP}{\sin \angle AGP}$$

同理

$$\frac{\sin \angle PQB}{\sin \angle BQR} = \frac{\sin \angle EJQ}{\sin \angle EKQ}, \frac{\sin \angle QRF}{\sin \angle FRP} = \frac{\sin \angle CHR}{\sin \angle CIR}$$

又 $\angle ALP = \angle CIR, \angle EJQ = \angle AGP, \angle CHR = \angle EKQ$,所以

$$\frac{\sin \angle RPD}{\sin \angle DPQ} \cdot \frac{\sin \angle PQB}{\sin \angle BQR} \cdot \frac{\sin \angle QRF}{\sin \angle FRP} = \frac{\sin \angle ALP}{\sin \angle AGP} \cdot \frac{\sin \angle EJQ}{\sin \angle EKQ} \cdot \frac{\sin \angle CHR}{\sin \angle CIR} = 1$$

因此在 $\triangle PQR$ 中,由角元形式的塞瓦定理的逆定理知,PD,QB,RF 也即 AD,BE,CF 共点. 同样,当六边形不是凸六边形时,可由角元形式的塞瓦定理知三线平行.

证法 3 如图 53.3 所示,设点 G,H,I,J,K,S 是六边形与圆的切点,由牛顿定理知,过切点 G,H,I,S 的四边形,GJ,IS,AD 共点于 X;过切点 H,I,K,S 的四边形,HK,IS,CF 共点于 Y;过切点 H,K,G,J 的四边形,HK,GJ,BE 共点于 Z.

设直线 AF 与 DE 交于点 P',直线 CD 与 FE 交于点 Q',则知新四边形 $AQ'EP'$ 有旁切圆,此时由牛顿定理的推广,知直线 KS,AE,JG 共点于 P. 所以 $\triangle XYZ$ 和 $\triangle AFE$ 对应边所在直线的交点 K,S,P 三点共线. 由戴沙格定理的逆定理知,其对应顶点的连线 XG,YS,ZK 三线共点或平行,即直线 AD,BE,CF 共点或平行.

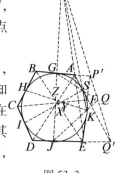

图 53.3

注:(1)在特殊情形,外切六边形的两邻边接成一条线段,如 AF 和 EF 接成一条线段 AE,则得一圆外切五边形,原 AF 与 EF 的公共点 F 就是接成线段 AE 与内切圆的切点. 这个圆外切五边形 $ABCDE(F)$ 可看成是在点 F 为平角的退化六边形 $ABCDEF$,这时用布利安香定理可得关于圆外切五边形的定理:圆外切五边形的边 AE 的切点 F 落在顶点 C 与 AD 和 BE 交点的连线上.

同样也可把圆外切四边形看作圆外切六边形的退化情形,用布利安香定理可得关于圆外切四边形的定理:圆外切四边形的对角线交点在一组对边切点的连线上.

(2)此定理的逆定理也成立,即"若一个六角形的三条对角线共点,则它的六条边与圆相切".

第54章 牛顿定理

牛顿定理 圆外切四边形的对角线的交点和以切点为顶点的四边形的对角线的交点重合.

此定理是说,若凸四边形 $ABDF$ 外切于圆,AB,BD,DF,FA 边上的切点分别为点 P,Q,R,S,则四条直线 AD,BF,PR,QS 交于形内一点.

证法1 如图 54.1 所示,设 AD 与 PR 交于点 M,AD 与 QS 交于点 M'. 下面证点 M' 与 M 重合.

由切线的性质,知 $\angle ASM' = \angle BQM'$,则

$$\frac{AM' \cdot SM'}{QM' \cdot DM'} = \frac{S_{\triangle AM'S}}{S_{\triangle DM'Q}} = \frac{AS \cdot SM'}{DQ \cdot QM'}$$

即

$$\frac{AM'}{DM'} = \frac{AS}{DQ}$$

同理

$$\frac{AM}{DM} = \frac{AP}{DR}$$

注意到 $AP = AS, DR = DQ$,则

$$\frac{AM}{DM} = \frac{AS}{DQ} = \frac{AM'}{DM'}$$

再由合比定理,有 $\frac{AM}{AD} = \frac{AM'}{AD}$. 于是点 M' 与 M 重合,即知 AD,PR,QS 三线共点.

同理,BF,PR,QS 三线共点,故 AD,BF,PR,QS 四直线共点.

注:此证法由熊斌先生给出.

证法2 如图 54.1 所示,过点 A 作 $AX \parallel FD$ 交直线 RP 于点 X,过点 A 作 $AY \parallel BD$ 交直线 QS 于点 Y,设 AD 与 PR,QS 分别交于点 M,M',则由 $\triangle MAX \backsim \triangle MDR$,$\triangle M'AY \backsim \triangle M'DQ$,注意到 $AX = AP, AY = AS$,有

$$\frac{MA}{MD} = \frac{AX}{DR} = \frac{AP}{DR}, \frac{M'A}{M'D} = \frac{AY}{DQ} = \frac{AS}{DR} = \frac{AP}{DR}$$

即

$$\frac{MA}{MD} = \frac{M'A}{M'D}$$

从而点 M' 与 M 重合. 同证法1,即知 AD,BF,PR,QS 四直线共点.

注:此证法由尚强先生给出.

证法3 如图 54.2 所示,过点 F 作 BD 的平行线,交 QS 于点 Z,则

$$\angle FZS = \angle DQS = \angle FSQ = \angle FSZ$$

从而 $FZ = FS$.

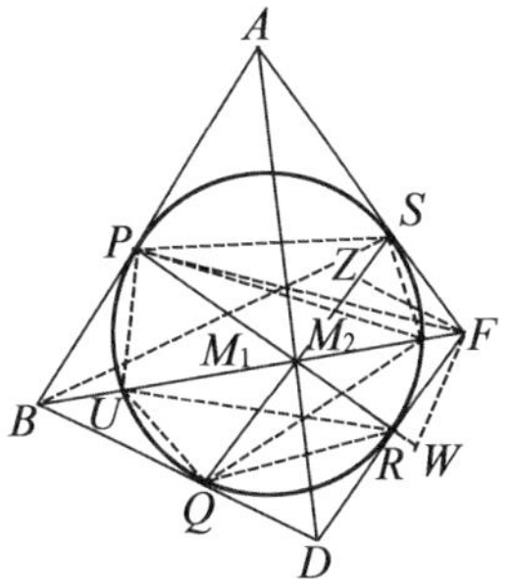

同理,过点 F 作 AB 的平行线交直线 PR 于点 W,有 $FW = FR$.

而 $FR = FS$,所以
$$FZ = FW \qquad ①$$

设 QS 与 BF 交于点 M_1,PR 与 BF 交于点 M_2,则
$$\frac{FM_1}{M_1B} = \frac{FZ}{BQ}, \frac{FM_2}{M_2B} = \frac{FW}{BP} \qquad ②$$

图 54.2

注意到 $BQ = BP$,由式①,②得
$$\frac{FM_1}{M_1B} = \frac{FM_2}{M_2B}$$

由合比定理有 $FM_1 = FM_2$.

即知点 M_1 与 M_2 重合,从而知 BF, QS, PR 三线共点.

同理 AD, QS, PR 三点共线. 故 AD, BF, PR, QS 交于形内一点.

证法 4 如图 54.1 所示,设 AD 与 PR 交于点 M,在射线 PB 上取点 K,使 $\angle PMK = \angle DMR$,而 $\angle MPK = \angle MRD$,从而 $\triangle MPK \backsim \triangle MRD$,即
$$\frac{MK}{KP} = \frac{MD}{DR} \qquad ③$$

由 $\angle AMP = \angle DMR = \angle PMK$ 及角平分线性质,有
$$\frac{MK}{KP} = \frac{MA}{AP} \qquad ④$$

由式③,④得
$$\frac{MA}{MD} = \frac{AP}{DR} \qquad ⑤$$

同理,若 AD 与 QS 交于点 M',有
$$\frac{M'A}{M'D} = \frac{AS}{DQ} \qquad ⑥$$

由式⑤,⑥即有
$$\frac{MA}{MD} = \frac{AP}{DR} = \frac{AS}{DQ} = \frac{M'A}{M'D}$$

以下同证法 1.

证法 5 如图 54.1 所示,设 PR 与 QS 交于点 M,联结 MA, MB, MD, MF. 设 $\angle PMS = \angle QMR = \alpha, \angle AMS = \beta, \angle DMQ = \gamma$,则 $\angle AMP = \alpha - \beta, \angle DMR = \alpha - \gamma$.

在 $\triangle AMS$ 中应用正弦定理有

即
$$\frac{AS}{\sin\beta} = \frac{AM}{\sin\angle ASM}$$
$$\frac{\sin\beta}{\sin\angle ASQ} = \frac{AS}{AM}$$

同理，在 $\triangle APM$ 中，有 $\dfrac{\sin(\alpha-\beta)}{\sin\angle APR} = \dfrac{AP}{AM}$，于是
$$\frac{\sin\beta}{\sin\angle ASQ} = \frac{\sin(\alpha-\beta)}{\sin\angle APR} \qquad ⑦$$

同理，在 $\triangle DMR$，$\triangle DMQ$ 中，亦有
$$\frac{\sin\gamma}{\sin\angle DQS} = \frac{\sin(\alpha-\beta)}{\sin\angle DRP} \qquad ⑧$$

注意到弦切角性质，有 $\angle ASQ + \angle DQS = 180°$，有 $\sin\angle ASQ = \sin\angle DQS$.
同理，$\sin\angle APR = \sin\angle DRP$.

由式⑦，⑧得 $\dfrac{\sin\beta}{\sin\gamma} = \dfrac{\sin(\alpha-\beta)}{\sin(\alpha-\gamma)}$，展开化简得 $\sin\alpha \cdot \sin(\beta-\gamma) = 0$.

而 $\sin\alpha \neq 0$，$\beta-\gamma \in (-\pi,\pi)$，从而 $\sin(\beta-\gamma) = 0$，有 $\beta = \gamma$，即 A,M,D 三点共线.

同理，B,M,F 三点共线. 故 AD,BF,PR,QS 四直线共点.

注：如图54.1所示，同证法1所设，对 $\triangle SMF$，$\triangle BMQ$ 分别应用正弦定理，有 $\dfrac{FM}{BM} = \dfrac{SF}{BQ}$. 对 $\triangle RM'F$，$\triangle PM'B$ 分别应用正弦定理，有 $\dfrac{FM'}{BM'} = \dfrac{RF}{BP}$. 注意 $SF = RF$，$BQ = BP$. 可证得点 M' 与 M 重合，也可证得结论成立.

证法6 如图54.1所示，从点 B 引 AF 的平行线与 SQ 的延长线交于点 G，则 $\angle SGB = \angle QSF$，而 $\angle DQS = \angle QSF$，从而 $\angle BGQ = \angle BQG$，于是
$$BG = BQ = BP$$

同理，从点 F 引 AB 的平行线与 PR 的延长线交于点 H，则 $FH = FS$.

所以，$\triangle BGP$ 和 $\triangle FSH$ 均为等腰三角形. 注意到 $BG \parallel SF$，$FH \parallel PB$，有 $\angle PBG = \angle HFS$，从而 $\triangle PBG \backsim \triangle HFS$. 于是，推知 BF 经过 PR 与 QS 的交点 M.

同理，AD 经过 PR 与 QS 的交点 M. 故 AD,BF,PR,QS 四直线共点.

证法7 设 BF 交内切圆于 U,V，联结有关线段，如图54.2所示.
由 $\triangle BUP \backsim \triangle BPV$，$\triangle BUQ \backsim \triangle BQV$，有
$$\frac{UP}{PV} = \frac{BP}{BV}, \frac{UQ}{QV} = \frac{BQ}{BV}$$

而 $BP = BQ$，则 $\dfrac{UP}{PV} = \dfrac{UQ}{QV}$，从而

$$\frac{UP}{UQ}=\frac{PV}{QV} \qquad ⑨$$

同理
$$\frac{SV}{RV}=\frac{SU}{RU} \qquad ⑩$$

⑨×⑩得
$$\frac{SV\cdot PU}{RV\cdot QU}=\frac{SU\cdot PV}{RU\cdot QV}$$

在圆内接四边形 $PUVS,QUVR$ 中，分别应用托勒密定理，有
$$SU\cdot PV=VS\cdot PU+SP\cdot UV,\ RU\cdot QV=UQ\cdot RV+QR\cdot UV$$

于是
$$\frac{SV\cdot PU}{RV\cdot QU}=\frac{VS\cdot PU+SP\cdot UV}{UQ\cdot RV+QR\cdot UV}$$

由此化简得
$$SV\cdot PU\cdot QR=SP\cdot UQ\cdot RV$$

即
$$\frac{VS}{SP}\cdot\frac{PU}{UQ}\cdot\frac{QR}{RV}=1$$

从而由塞瓦定理的角元形式的推论，知 BF,QS,PR 三线共点．

同理，AD,QS,PR 三线共点．故 AD,BF,PR,QS 交于形内一点．

证法 8 如图 54.3 所示，设四边形 $ABDF$ 的边 AB, BD,DF,FA 分别与内切圆切于点 P,Q,R,S. 又设直线 BA 与 DF 交于点 Z，直线 BD 与 AF 交于点 X，直线 QP 与 RS 交于点 W，由帕斯卡定理知 X,Z,W 共点．

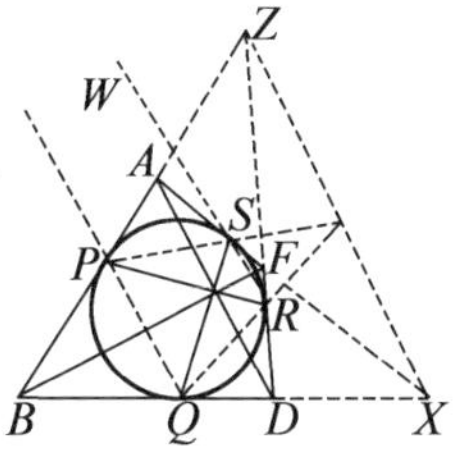

对 $\triangle BXZ$ 及截线 QPW 应用梅涅劳斯定理，有
$$\frac{BP}{PZ}\cdot\frac{ZW}{WX}\cdot\frac{XQ}{QB}=1$$

注意到 $BP=BQ$，则 $\dfrac{ZW}{WX}=\dfrac{PZ}{XQ}$.

图 54.3

从而，在 $\triangle FXZ$ 中，有
$$\frac{FR}{RZ}\cdot\frac{ZW}{WX}\cdot\frac{XS}{SF}=\frac{FR}{RZ}\cdot\frac{PZ}{XQ}\cdot\frac{XS}{SF}=\frac{FR}{FS}\cdot\frac{ZP}{ZR}\cdot\frac{XS}{XQ}=1$$

其中 $FR=FS,ZP=ZR,XS=XQ$．

于是，由梅涅劳斯定理的逆定理，知 R,S,W 三点共线，即直线 QP,RS,XZ 三线共点于 W. 此结果又可看作是 $\triangle BPQ$ 与 $\triangle FRS$ 的对应边 BP 与 FR，BF 与 FS，QP 与 RS 所在直线的三个交点 Z,X,W 三点共线．故由戴沙格定理，知 BF,

PR,QS 三线共点.

同理,可证 AD,PR,QS 三线共点.

故 AD,BF,PR,QS 四线交于一点.

注:圆的外切四边形也可以是折四边形,因而有结论:四边形两条对角线所在的直线与四个切点每两个切点所在直线中的两条直线,这四条直线共点.

第 55 章 勃罗卡定理

勃罗卡(Brocard)定理 凸四边形 $ABCD$ 内接于圆 O, 延长 AB,DC 交于点 E, 延长 BC,AD 交于点 F, AC 与 BD 交于点 G, 联结 EF, 则 $OG \perp EF$.

证法 1 如图 55.1 所示, 在射线 EG 上取一点 N, 使得 N,D,C,G 四点共圆(即取完全四边形 $ECDGAB$ 的密克尔点 N), 从而 B,G,N,A 及 E,D,N,B 分别四点共圆.

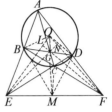

图 55.1

分别注意到点 E,G 对圆 O 的幂, 圆 O 的半径为 R, 则
$$EG \cdot EN = EC \cdot ED = OE^2 - R^2$$
$$EG \cdot GN = BG \cdot GD = R^2 - OG^2$$
以上两式相减, 得
$$EG^2 = OE^2 - R^2 - (R^2 - OG^2)$$
即
$$OE^2 - EG^2 = 2R^2 - OG^2$$
同理
$$OF^2 - FG^2 = 2R^2 - OG^2$$
又由上述两式, 有
$$OE^2 - EG^2 = OF^2 - FG^2$$
于是, 由定差幂定理, 知 $OG \perp EF$.

证法 2 如图 55.1 所示, 注意到完全四边形的性质, 在完全四边形 $ECDGAB$ 中, 其密克尔点 N 在直线 EG 上, 且 $ON \perp EG$, 由此知 N 为过点 G 的圆 O 的弦的中点, 亦即知 O,N,F 三点共线, 从而 $EN \perp OF$.

同理, 在完全四边形 $FDAGBC$ 中, 其密克尔点 L 在直线 FG 上, 且 $OL \perp FG$, 亦有 $FL \perp OE$.

于是, 知点 G 为 $\triangle OEF$ 的垂心. 故 $OG \perp EF$.

证法 3 如图 55.1 所示, 注意到完全四边形的性质, 在完全四边形 $ABECFD$ 中, 其密克尔点 M 在直线 EF 上, 且 $OM \perp EF$. 联结 BM,CM,DM,DB,OD.

此时, 由密克尔点的性质, 知 E,M,C,B 四点共圆, M,F,D,C 四点共圆, 即
$$\angle BME = \angle BCE = \angle DCF = \angle DMF$$
从而
$$\angle BMO = \angle DMO = 90° - \angle DMF = 90° - \angle DCF = 90° - (180° - \angle BCD)$$
$$= \angle BCD - 90° = \left(180° - \frac{1}{2}\angle BOD\right) - 90°$$

$$= 90° - \frac{1}{2}\angle BOD = \angle BDO$$

即知点 M 在 $\triangle OBD$ 的外接圆上.

同理,知点 M 也在 $\triangle OAC$ 的外接圆上,亦即知 OM 为圆 OBD 与圆 OAC 的公共弦.

由于三圆圆 O、圆 OBD、圆 OAC 两两相交,由根心定理,知其三条公共弦 BD, AC, OM 共点于 G,即知 O, G, M 三点共线,故 $OG \perp EF$.

证法4 如图 55.2 所示,作 $\triangle BCD$ 的外接圆交 OF 于点 N,联结相应线段. 由割线定理,有

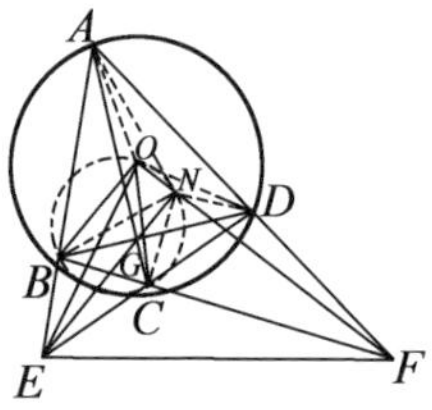

$$FN \cdot FO = FC \cdot FB = FD \cdot FA$$

从而知 O, N, D, A 四点共圆. 所以

$$\angle CND = \angle CNF + \angle FND = \angle OBC + \angle OAD$$
$$= \angle DBC + \angle OBD + \angle ODA = \angle DBC + \angle ODB + \angle ODA$$
$$= \angle DBC + \angle ADB = \angle DBC + \angle ACB = \angle CGD$$

图 55.2

于是, C, G, N, D 四点共圆.

又 $\angle CNA = \angle CNO + \angle ONA = 180° - \angle OBC + \angle ODA$
$\angle AEC = \angle ACD - \angle EAC = \angle ABD - \angle BAC$

及

$$\angle OBC + \angle BAC = \angle OBD + \angle CAD + \angle BAC = \angle OBD + \angle BAD = 90°$$
$$\angle ABD + \angle ODA = \angle ABO + \angle ODB + \angle ODA = \angle ABO + \angle BDA = 90°$$

所以 $\angle CNA + \angle AEC = 180°$,知 A, E, C, N 四点共圆.

于是 $\angle ENC = \angle EAC = \angle BDC = \angle GNC$

故 E, G, N 三点共线.

又 $\angle ENF = \angle ENC + \angle CNF = \angle BAC + \angle OBC = 90°$

所以 $EG \perp OF$.

同理,$FG \perp OE$. 故点 O 为 $\triangle EFG$ 的垂心.

故 $OG \perp EF$.

第56章 莫利定理

莫利(Frank Morley)定理 一个三角形的角的三等分线分别靠近三边的三个交点,构成正三角形.

证法1 如图 56.1 所示,设 $\triangle ABC$ 中,各角的三等分线构成 $\triangle DEF$(莫利三角形),又设 $\triangle ABC$ 的三个内角分别为 $3\alpha,3\beta,3\gamma$,三边边长分别为 a,b,c,外接圆半径为 R,则可证

$$EF = 8R\sin\alpha\sin\beta\sin\gamma \qquad ①$$

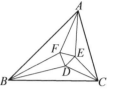

图 56.1

由于式①关于 α,β,γ 对称,同样 DE,FD 也由式①表出,所以 $\triangle DEF$ 是正三角形.

我们分两步来证明式①.

第一步,在 $\triangle ABF$ 中,由正弦定理,得

$$AF = \frac{c\sin\beta}{\sin(\alpha+\beta)} = \frac{2R\sin\beta\sin 3\gamma}{\sin\left(\frac{\pi}{3}-\gamma\right)} \qquad ②$$

而由积化和差公式

$$2\sin\left(\frac{\pi}{3}-\gamma\right)\sin\left(\frac{\pi}{3}+\gamma\right) = \cos 2\gamma - \cos\frac{2\pi}{3} = \cos 2\gamma + \frac{1}{2}$$

$$2\sin\gamma\left(\cos 2\gamma + \frac{1}{2}\right) = \sin 3\gamma - \sin\gamma + \sin\gamma = \sin 3\gamma$$

所以

$$AF = \frac{2R\sin\beta\sin 3\gamma}{\sin\left(\frac{\pi}{3}-\gamma\right)} = \frac{4\sin\beta\sin\gamma\left(\cos 2\gamma+\frac{1}{2}\right)}{\sin\left(\frac{\pi}{3}-\gamma\right)}$$

$$= 8R\sin\beta\sin\gamma\sin\left(\frac{\pi}{3}+\gamma\right) \qquad ③$$

同理

$$AE = 8R\sin\beta\sin\gamma\sin\left(\frac{\pi}{3}+\beta\right) \qquad ④$$

第二步,在 $\triangle AEF$ 中,由余弦定理

$$EF^2 = AE^2 + AF^2 - 2\cdot AE\cdot AF\cos\alpha \qquad ⑤$$

因此要证式①只需证明

$$\sin^2\left(\frac{\pi}{3}+\beta\right)+\sin^2\left(\frac{\pi}{3}+\gamma\right)-2\sin\left(\frac{\pi}{3}+\beta\right)\sin\left(\frac{\pi}{3}+\gamma\right)\cos\alpha=\sin^2\alpha \qquad ⑥$$

由倍角公式及三角恒等变形

$$\begin{aligned}
\text{式⑥左边} &= \cos^2\left(\frac{\pi}{6}-\beta\right)+\cos^2\left(\frac{\pi}{6}-\gamma\right)-2\cos\left(\frac{\pi}{6}-\beta\right)\cos\left(\frac{\pi}{6}-\gamma\right)\cos\alpha \\
&= \frac{1+\cos\left(\frac{\pi}{3}-2\beta\right)}{2}+\frac{1+\cos\left(\frac{\pi}{3}-2\gamma\right)}{2}-\cos\alpha\left[\cos(\beta-\gamma)+\cos\alpha\right] \\
&= 1+\frac{1}{2}\left[\cos\left(\frac{\pi}{3}-2\beta\right)+\cos\left(\frac{\pi}{3}-2\gamma\right)\right]-\cos^2\alpha-\cos\alpha\cos(\beta-\gamma) \\
&= \sin^2\alpha
\end{aligned}$$

因此式⑥成立,从而式①成立,△DEF 是等边三角形.

证法 2[①] 设 $\angle A=3\alpha, \angle B=3\beta, \angle C=3\gamma$,则

$$\alpha+\beta+\gamma=60°$$

作 $\triangle PB'C' \cong \triangle DBC$. 在 $\angle PB'C'$ 外再作 $\triangle RB'P$ 和 $\triangle QPC'$,使 $\angle RB'P=\beta$,$\angle B'PR=60°+\gamma, \angle PC'Q=\gamma, \angle C'PQ=60°+\beta$. 此时显然有

$$\angle B'RP=\angle PQC'=60°+\alpha$$

联结 RQ,并在四边形 $B'C'QR$ 外作 $\triangle A'RQ$,使 $\angle A'RQ=60°+\beta, \angle A'QR=60°+\gamma$,从而 $\angle RA'Q=\alpha$,联结 $A'B', A'C'$.

下面证 $\triangle PQR$ 是正三角形. 首先

$$\angle RPQ=360°-\angle B'PC'-\angle B'PR-\angle C'PQ=$$
$$360°-(180°-\beta-\gamma)-(60°+\gamma)-(60°+\beta)=60°$$

过点 P 作直线 ST 交 $B'R$ 于点 S,交 $C'Q$ 于点 T,使

$$\angle RPS=\angle QPT=60°$$

则 $\qquad \angle B'PS=\gamma, \angle C'PT=\beta$

从而 $\qquad \triangle SB'P \backsim \triangle TPC' \backsim \triangle PB'C'$

则 $\qquad SP=\dfrac{B'P \cdot PC'}{B'C'}=PT$

即 $\qquad \triangle RPS \cong \triangle QPT$

故 $RP=PQ$. 于是 $\triangle RPQ$ 是正三角形.

---

① 张映东. 莫利定理的一个新证[J]. 数学通讯, 1997(7):21.

过点 Q 作直线 $IJ /\!/ RP$,分别交 $C'P$ 于点 I,交 $A'R$ 于点 J,则可推出
$$\triangle IPQ \cong \triangle JRQ$$
则 $$IQ = JQ$$
且 $$\triangle IC'Q \backsim \triangle JQA'$$
有 $$\frac{A'Q}{QC'} = \frac{A'J}{IQ} = \frac{A'J}{JQ}$$
而
$$\angle A'QC' = 360° - (60°+\gamma) - (60°+\alpha) - 60° = 180° - (\alpha+\gamma) = \angle A'JQ$$
故 $$\triangle A'QC' \backsim \triangle A'JQ$$
即 $$\angle C'A'Q = \alpha, \angle A'C'Q = \gamma$$
同理推出 $$\angle B'A'R = \alpha, \angle A'B'R = \beta$$
故 $$\triangle A'B'C' \cong \triangle ABC$$
从而 $$\triangle A'QC' \cong \triangle AEC, \triangle PQC' \cong \triangle DEC$$
故 $$PQ = DE$$
同理 $$PR = DF, RQ = FE$$

从而 $\triangle DEF$ 是正三角形.

证法 3[①] 如图 56.2 所示,设 $\angle A = 3\alpha, \angle B = 3\beta, \angle C = 3\gamma$,又构造凹六边形 $A'F'B'D'C'E'$ 且使其各内角为图 56.3 所示中的参数,再延长 $B'D'$ 与 $C'D'$ 交直线 $E'F'$ 于点 E_2, F_1,联结 $B'F_1, C'E_2$,则
$$\angle E'F_1 C' = \beta, \angle F'E_2 B' = \gamma$$
故显然 B', D', F', F_1 四点共圆,C', D', E', E_2 四点共圆,则
$$\angle F_1 B' E_2 = \angle D'F'E' = 60° = \angle D'E'F' = \angle F_1 C' E_2$$
故 B', C', E_2, F_1 四点共圆,即
$$\angle E_2 B'C' = \angle E_2 F_1 C' = \beta$$
$$\angle F_1 C'B' = \angle F_1 E_2 B' = \gamma$$
同理可证 $$\angle F'B'A' = \beta, \angle F'A'B' = \alpha$$
$$\angle E'C'A' = \gamma, \angle E'A'C' = \alpha$$

再对照图 56.2 与图 56.3 便知图 56.2 中的 $\triangle DEF$ 也是正三角形.

---

① 梁卷明. Morley 定理的更简证明[J]. 中学数学,2000(11):21.

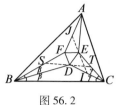
图 56.2

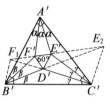
图 56.3

证法 4 采用构造性证法.①

如图 56.4 所示,任作一正 $\triangle D'E'F'$(边长为 l),取点 A' 使

$$\angle A'E'F' = 60° + \gamma, \angle A'F'E' = 60° + \beta$$

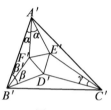
图 56.4

同理,取点 B',C',使

$$\angle B'D'F' = 60° + \gamma, \angle B'F'D' = 60° + \alpha$$
$$\angle C'D'E' = 60° + \beta, \angle C'E'D' = 60° + \alpha$$

$\left(\text{其中 } \alpha,\beta,\gamma \text{ 分别为} \triangle ABC \text{ 各内角的} \dfrac{1}{3}, \text{即 } \alpha = \dfrac{\angle A}{3}, \beta = \dfrac{\angle B}{3}, \gamma = \dfrac{\angle C}{3}.\right)$ 联结 $A'B'$,$B'C'$,$C'A'$,则

$$\angle E'A'F' = \alpha, \angle D'B'F' = \beta, \angle E'C'D' = \gamma$$

又

$$\angle A'F'B' = 360° - [60° + (60° + \beta) + (60° + \alpha)] = 180° - (\alpha + \beta) \quad ⑦$$

在 $\triangle A'E'F'$ 和 $\triangle B'D'F'$ 中,由正弦定理有

$$\frac{l}{\sin\alpha} = \frac{A'F'}{\sin(60° + \gamma)}, \frac{l}{\sin\beta} = \frac{B'F'}{\sin(60° + \gamma)}$$

此两式相除,得

$$\frac{A'F'}{B'F'} = \frac{\sin\beta}{\sin\alpha} \quad ⑧$$

又令 $\angle F'A'B' = \alpha'$,$\angle F'B'A' = \beta'$,则由式⑦可见

---

① 满其伦,孔令恩. Morley 三角形中的共点线[J]. 数学通讯,1997(6):33.

$$\alpha + \beta = \alpha' + \beta' \qquad ⑨$$

在 $\triangle A'B'F'$ 中,有

$$\frac{A'F'}{B'F'} = \frac{\sin \beta'}{\sin \alpha'} \qquad ⑩$$

由式⑧,⑩得

$$\sin \alpha \sin \beta' = \sin \alpha' \sin \beta \qquad ⑪$$

对式⑪两边积化和差,有

$$\cos(\alpha - \beta') - \cos(\alpha + \beta') = \cos(\alpha' - \beta) - \cos(\alpha' + \beta)$$

由于 $\alpha - \beta' = \alpha' - \beta$(由式⑨知),则知

$$\cos(\alpha + \beta') = \cos(\alpha' + \beta) \qquad ⑫$$

注意 $\alpha + \beta' < \alpha + \angle A'F'E' = \alpha + 60° + \beta < 180°$(因 α,β 皆小于 $60°$),同样 $\alpha' + \beta < 180°$,故由式⑫知

$$\alpha + \beta' = \alpha' + \beta \qquad ⑬$$

由式⑨,⑬即 $\alpha = \alpha', \beta = \beta'$,由此同理而知其他,便见 $\angle A' = 3\alpha, \angle B' = 3\beta, \angle C' = 3\gamma$,则 $\triangle A'B'C' \backsim \triangle ABC$,故知 $\triangle D'E'F' \backsim \triangle DEF$,则 $\triangle DEF$ 为正三角形.

第57章 费尔巴哈定理

费尔巴哈定理 三角形的九点圆与其内切圆相切,九点圆也与其三个旁切圆相切.

证法1 如图57.1所示,内切圆圆I切$\triangle ABC$三边于点P,Q,R,又点M,N为BC,AB的中点,$AD\perp BC$于点D.

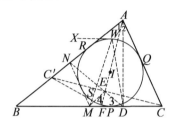

图57.1

联结AI并延长交BC于点F,过点F作FC'(异于FP)切圆I于点S,交AB于点C',则$\triangle AFC'\cong\triangle AFC$,$AC'=AC$,$C'C\perp AF$.

设$AF,C'C$交于点E,则点E为CC'中点,联结ME,则

$$EM=\frac{1}{2}BC'=\frac{1}{2}(AB-AC)=\frac{1}{2}[AR+BR-(AQ+QC)]$$

$$=\frac{1}{2}(BP-PC) \quad (因 AR=AQ,BR=BP,CQ=CP)$$

$$=\frac{1}{2}[BM+MP-(MC-MP)] \quad (因 BM=MC)=MP$$

又$\angle AEC=\angle ADC=90°$,所以$A,E,D,C$四点共圆,且$ME/\!/AB$,即

$$\angle 4=\angle MEF=\angle BAF=\angle 1=\angle 2=\angle FAC=\angle EDF=\angle 3$$

所以 $\triangle MEF\backsim\triangle MDE$

即 $MF\cdot MD=ME^2=MP^2$

联结MS交圆I于另一点W,又

$$MP^2=MS\cdot MW$$

所以 $MF\cdot MD=MS\cdot MW$

从而F,D,W,S四点共圆. 联结WD,则

$$\angle DWM=\angle BFC'=\angle AC'F-\angle B=\angle ACB-\angle B$$

又$MN/\!/AC$,点N是$Rt\triangle ADB$斜边AB的中点,所以

$$\angle MND = \angle NMB - \angle NDM = \angle ACB - \angle B$$

则 $\angle MWD = \angle MND$,故 W,N,M,D 四点共圆,即点 W 在九点圆 NMD 上.

下面证明九点圆与圆 I 切于点 W.

过点 W 作圆 I 的切线 WX,使 WX 与 SC' 在 SW 的同侧,则 $\angle XWS = \angle C'SW = \angle MDW$,则 WX 与过 D,M,W 三点的圆相切,即 WX 与九点圆相切.

类似可证,九点圆与旁切圆也相切.

证法 2 如图 57.2 所示,设点 M,L,P 为中点,点 D,E,F 为切点,内切圆为圆 I,费尔巴哈定理即为 $\triangle MLP$ 外接圆与圆 I 相切.

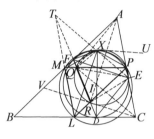

图 57.2

于是,可设 $CR \perp AI$,与 AB 交于点 V. 显然,点 R 为 CV 的中点.

故 L,R,P 三点共线,且
$$\angle FRA = \angle ERA$$

又 C,D,R,I,E 五点共圆,$CD = CE$,所以 $\angle DRC = \angle ERC \Rightarrow D,R,F$ 三点共线.

类似地,若 $AQ \perp CQ$,则 M,Q,P,F,Q,D 分别三点共线. 故
$$\angle EQD = 2\angle DQC = \angle BAC = \angle RPC$$

于是,Q,R,E,P 四点共圆,设此圆为 Γ.

设圆 Γ 与 $\triangle MLP$ 的外接圆交于另一点 X,则 X 为完全四边形 $LRPQTM$ 的密克尔点.

故 $\qquad \angle MXQ = \angle MTQ = \dfrac{1}{2}(\angle ACB - \angle BAC)$

又 $\qquad \angle PXE = \angle PQE = \dfrac{1}{2}(\angle ACB - \angle BAC)$

所以 $\qquad \angle MXQ = \angle PXE$

故 $\qquad \angle TXQ = \angle LMP = \angle ACB = \angle QRE = 180° - \angle QXE$

因此,T,X,E 三点共线.

又由平行知

$$\frac{TF}{TR} = \frac{TM}{TL} = \frac{TQ}{TD} \Rightarrow TF \cdot TD = TQ \cdot TR = TX \cdot TE$$

$\Rightarrow F, D, E, X$ 四点共圆 $\Rightarrow$ 点 X 在圆 I 上.

设 XU 为圆 I 的切线,则

$$\angle XMP = \angle XQP - \angle MXQ = \angle XEP - \angle MXQ = \angle UXE - \angle PXE = \angle UXP$$

从而,UX 为 $\triangle MLP$ 外接圆的切线,即 $\triangle ABC$ 的九点圆与内切圆切于点 X. 类似可证,九点圆与旁切圆也相切.

证法 3 如图 57.3 所示,在 $\triangle ABC$ 中,点 A', B', C' 分别是 BC, CA, AB 的中点,圆 $A'B'C'$ 就是 $\triangle ABC$ 的九点圆. 圆 I 是 $\triangle ABC$ 的内切圆,它与 BC 相切于点 X,圆 I_a 是 $\triangle ABC$ 的旁切圆,它与 BC 相切于点 X_a.

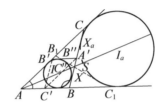

图 57.3

作圆 I 与圆 I_a 的另一条内公切线分别交 AC, AB 的延长线于点 B_1, C_1,交 $A'B', A'C'$ 于点 B'', C''.

设 $BC = a, CA = b, AB = c, p = \frac{1}{2}(a+b+c)$. 因为

$$CX_a = BX = p - b$$

所以

$$A'X = A'X_a = \frac{1}{2}a - (p-b) = \frac{1}{2}(b-c)$$

设 $B_1 C_1$ 交 BC 于点 S,显然点 A, I, S, I_a 均在 $\angle A$ 的平分线上,故

$$\frac{SC}{SB} = \frac{b}{c}, \frac{SC}{SC + SB} = \frac{b}{b+c}$$

故

$$SC = \frac{ab}{b+c}$$

同理

$$SB = \frac{ac}{b+c}$$

则

$$SA' = \frac{1}{2}(SC - SB) = \frac{a(b-c)}{2(b+c)}$$

由于 $A'B' // AB$，$\triangle SA'B' \backsim \triangle SBC_1$，$\dfrac{A'B''}{BC_1} = \dfrac{SA'}{SB}$，则

$$A'B'' = \dfrac{a(b-c)}{2(b+c)} \cdot \dfrac{b-c}{\dfrac{ac}{b+c}} = \dfrac{(b-c)^2}{2c}$$

同理可证 $$A'C'' = \dfrac{(b-c)^2}{2b}$$

又 $$A'B' = \dfrac{c}{2}, A'C' = \dfrac{b}{2}$$

所以 $$A'B'' \cdot A'B' = \left(\dfrac{b-c}{2}\right)^2, A'C'' \cdot A'C' = \left(\dfrac{b-c}{2}\right)^2$$

今以圆 $A'\left(\dfrac{b-c}{2}\right)$ 为反演基圆进行反演变换，则 B' 的反点是 B''，C' 的反点是 C''，圆 $A'B'C'$ 的像是直线 B_1C_1. 又由于圆 I，圆 I_a 均与反演基圆圆 $A'\left(\dfrac{b-c}{2}\right)$ 正交 $\left(因 A'X = A'X_a = \dfrac{1}{2}(b-c)\right)$，所以在上述反演变换下圆 I 和圆 I_a 都不变. 今已知 B_1C_1 与圆 I 和圆 I_a 相切，由于反演变换具有保角性，故原像圆 $A'B'C'$ 与圆 I，圆 I_a 均相切.

证法 4 （由湖南省绥宁县黄汉生给出）

在如图 57.4 所示的平面直角坐标系中，应用 $\triangle ABC$ 三顶点坐标及其六心坐标定理，有

$$A\left(\dfrac{y-z}{y+z}xr, \dfrac{2xyz}{y+z}r\right)$$

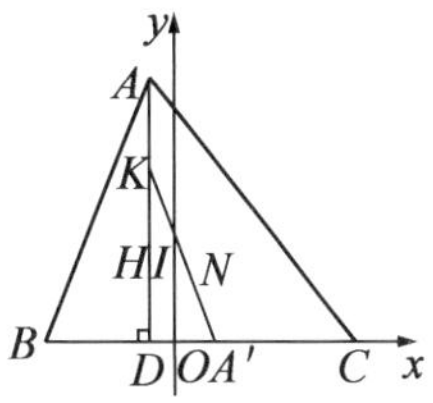

内心 $I(0, r)$.

三个旁心

$$I_A(z-y)r, yzr), I_B(z+x)r, rzx), I_C(-(x+y)r, rxy)$$

垂心 $$H\left(\dfrac{y-z}{y+z}r, \dfrac{(1-y^2)(1-z^2)}{2(y+z)}xr\right)$$

则 AH 的中点

$$K\left(\dfrac{y-z}{y+z}xr, \dfrac{(1+yz)^2-(y-z)^2}{4(y+z)}xr\right)$$

又 BC 边的中点 $A'\left(\dfrac{z-y}{2}r, 0\right)$，九点圆圆心

图 57.4

$$N\left(\frac{(y-z)(3-yz)}{4(y+z)}xr, \frac{(1+yz)^2-(y-z)^2}{8(y+z)}xr\right)$$

九点圆半径为 $\frac{R}{2}$.

$\triangle ABC$ 边 BC, CA, AB 上的旁切圆半径分别设为 r_A, r_B, r_C.

因为
$$r(y+z) = r_A\left(\frac{1}{y} + \frac{1}{z}\right)$$

所以
$$r_A = yzr$$

同理
$$r_B = zxr, r_C = xyr$$

在图所示的平面直角坐标系中 $\triangle ABC$ 的内切圆、旁切圆、九点圆方程为

$$X^2 + (Y-r)^2 = r^2 \qquad ①$$

$$[X-(z-y)r]^2 + (Y+yzr)^2 = (yzr)^2 \qquad ②$$

$$[X-(z+x)r]^2 + (Y-zxr)^2 = (zxr)^2 \qquad ③$$

$$[X+(x+y)r]^2 + (Y-xyr)^2 = (xyr)^2 \qquad ④$$

$$\left[X - \frac{(y-z)(3-yz)}{4(y+z)}xr\right]^2 + \left[Y - \frac{(yz+1)^2-(y-z)^2}{8(y+z)}xr\right]^2 = \frac{R^2}{4} \qquad ⑤$$

从而

$$NI^2 = \left[\frac{(y-z)(3-yz)}{4(y+z)}xr\right]^2 + \left[\frac{(1+yz)^2-(y-z)^2}{8(y+z)}xr - r\right]^2$$

$$= \left[\frac{(3-yz)^2 + (y-z)^2}{8(yz-1)}r\right]^2$$

$$NI = \frac{r}{8(yz-1)}(9 - 8yz + y^2z^2 + y^2 + z^2)$$

$$= \frac{r}{8}[9(1-yz) + yz(yz-1) + (y+z)^2]$$

$$= \frac{r}{8}[-9 + yz + x(y+z)]$$

$$= \frac{r}{8}\left(\frac{4R}{r} - 8\right) = \frac{R}{2} - r$$

故圆 N 与圆 I 内切.

$$NI_A^2 = \left[\frac{(y-z)(3-yz)}{4(yz-1)}r - (z-y)r\right]^2 + \left[\frac{(yz+1)^2-(y-z)^2}{8(yz-1)}r + yzr\right]^2$$

$$= \left\{\frac{r}{8(yz-1)}[(3yz-1)^2 + (y-z)^2]\right\}^2$$

$$NI_A^2 = \frac{r}{8(yz-1)}(9y^2z^2 - 8yz + 1 + y^2 + z^2)$$

$$= \frac{r}{8(yz-1)}(9y^2z^2 - 8yz + 1 + y^2 + z^2)$$

$$= \frac{r}{8}[9yz - 1 + x(y+z)]$$

$$= \frac{r}{8}(xy + yz + zx - 1 + 8yz)$$

$$= \frac{r}{8}\left(\frac{4R}{r} + 8yz\right) = \frac{R}{2} + yzr = \frac{R}{2} + r_A$$

从而圆 N 与圆 I_A 外切.

同理圆 N 与圆 I_B、圆 I_C 都外切.

综上所述,圆 N 与圆 I、圆 I_A、圆 I_B、圆 I_C 都相切.

注:费尔巴哈点 X 还有很多有趣的性质,例如,DX,MP,EF 三线共点;$XL = XM + XP$,点 X 与三条角平分线与对边的交点四点共圆等.

第58章 半圆的外切三角形的性质定理

半圆的外切三角形的性质定理 1 半圆圆 O 的外切 $\triangle ABC$ 的边 AB,AC 的切点分别为点 E,F,半圆的直径 MN 在 BC 边上. 作 $AD \perp BC$ 于点 D,设直线 MF 与 NE 交于点 P,则点 P 在直线 AD 上.

证法 1 如图 58.1 所示,设 ME 与 NF 交于点 J,则点 J 为 $\triangle PMN$ 的垂心,从而 $PJ \perp MN$,即 $PJ \perp BC$.

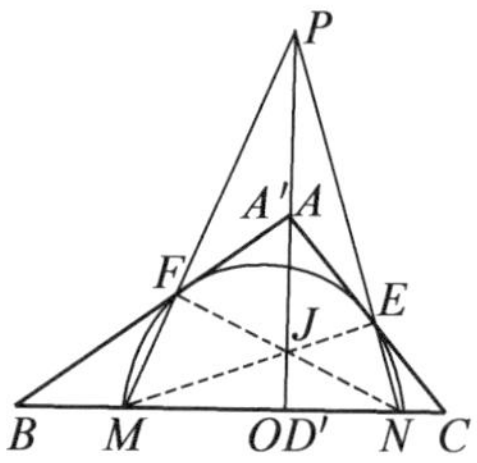

取 PJ 的中点 A',则 $PA' = EA'$,延长 PJ 交 MN 于点 D',则 $\angle PEA' = \angle EPD'$.

又 $\qquad \angle PEA = \angle CEN = \angle EMN = \angle EPD'$

所以 $\qquad \angle PEA = \angle PEA'$

同理 $\qquad \angle PFA = \angle PFA'$

从而点 A' 与 A 重合.

于是点 A 为 PJ 的中点,即点 P,A,J 三点共线,亦即 $PA \perp BC$,故点 P 在直线 AD 上.

图 58.1

证法 2 同证法 1,有 $PJ \perp MN$. 此时有
$$\angle MPJ = \angle FNM, \angle JPN = \angle EMN$$
于是
$$\frac{\sin \angle MPJ}{\sin \angle JPN} \cdot \frac{\sin \angle AFE}{\sin \angle AFP} \cdot \frac{\sin \angle AEP}{\sin \angle AEF}$$
$$= \frac{\cos \angle FMN}{\cos \angle ENM} \cdot \frac{\sin \angle AFE}{\sin \angle FNM} \cdot \frac{\sin \angle EMN}{\sin \angle AEF}$$
$$= \frac{\sin \angle FNM}{\sin \angle EMN} \cdot \frac{\sin \angle EMN}{\sin \angle FNM} = 1$$

由塞瓦定理角元形式之知,知 PJ,AE,AF 三线共点于点 A,即点 A 在 PJ 上. 亦有 $PA \perp MN$. 而 $AD \perp MN$,故点 P 在直线 AD 上.

证法 3 设 ME,NF 分别与直线 PA 交于点 M',N',则只需证 $\dfrac{M'P}{M'A} = \dfrac{N'P}{N'A}$ 即可. 由
$$\frac{N'P}{N'A} = \frac{M'A}{M'P} = \frac{S_{\triangle PFN}}{S_{\triangle AFN}} \cdot \frac{S_{\triangle AME}}{S_{\triangle PME}} = \frac{S_{\triangle PFN}}{S_{\triangle MFN}} \cdot \frac{S_{\triangle MFN}}{S_{\triangle AFN}} \cdot \frac{S_{\triangle AME}}{S_{\triangle NME}} \cdot \frac{S_{\triangle NME}}{S_{\triangle PME}}$$
$$= \frac{PF}{FM} \cdot \frac{FM \cdot MN}{FN \cdot FA} \cdot \frac{EM \cdot EA}{NM \cdot NE} \cdot \frac{NE}{EP} = \frac{PF}{FM} \cdot \frac{EM}{EP}$$

$$= \frac{EP}{EM} \cdot \frac{EM}{EP} = 1$$

故 P, A, J 三点共线,即证结论.

半圆的外切三角形的性质定理 2 半圆圆 O 的外切 $\triangle ABC$ 的 AB, AC 边上的切点分别为点 F, E,半圆的直径 MN 在 BC 边上. 作 $AD \perp BC$ 于点 D.

(1) 设 AM, AN 分别交半圆于点 X, Y,又 MY 与 NX 交于点 G,则 F, G, E 三点共线;

(2) 作 $FS \perp BC$ 于点 S,作 $ET \perp BC$ 于点 T. 又 SE 与 FT 交于点 K,则点 K 在 AD 上;

(3) 设 ME 与 NF 交于点 J,则点 J 在 AD 上.

证明 (1) 如图 58.2,由 A, F, O, D, E 五点共圆知,$\angle AFD$ 与 $\angle AED$ 互补,即 $\angle AFD + \angle AED = 180°$. 注意点 G 在 AD 上,则由 $AF^2 = AX \cdot AM = AG \cdot AD$,知 $\triangle AFG \sim \triangle ADF$,有 $\angle AGF = \angle AFD$.

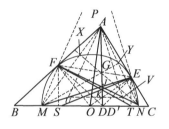

图 58.2

同理,$\angle AGE = \angle AED$. 故 $\angle AGF + \angle AGE = \angle AFD + \angle AED = 180°$,即 F, G, E 三点共线.

(2) 由 A, F, D, E 四点共圆及 AD 平分 $\angle EDF$,知 $\angle BDF = \angle CDE$,$\angle BFD$ 与 $\angle CED$ 互补. 由正弦定理,有

$$\frac{BF}{BD} = \frac{\sin \angle BDF}{\sin \angle BFD} = \frac{\sin \angle CDE}{\sin \angle CED} = \frac{CE}{CE}$$

即
$$\frac{AF}{FB} \cdot \frac{BD}{DC} \cdot \frac{CE}{EA} = 1 \qquad ①$$

又由 $FS // AD // ET$,所以

$$BD = \frac{AD}{FS} \cdot BS, \quad CE = \frac{ET}{AD} \cdot CA, \quad \frac{AF}{FB} = \frac{D'S}{SD}$$

此三式代入上面的式①,并注意 $\frac{ET}{FS} = \frac{EK}{KS}$,得

$$\frac{SD}{DC} \cdot \frac{CA}{AE} \cdot \frac{EK}{KS} = 1$$

对 $\triangle SCE$ 应用梅涅劳斯定理的逆定理知 A, K, D 三点共线.

(3)**证法** 1 延长 AJ 交 BC 于点 D'，由 $\angle FOA = \angle FMJ$ 知 $\mathrm{Rt}\triangle FOA \sim \mathrm{Rt}\triangle FMJ$，有 $\dfrac{FA}{FJ} = \dfrac{FO}{FM}$.

又 $\angle AFJ = 90° - \angle NFO = \angle OFM$，所以 $\triangle AFJ \sim \triangle OFM$，即
$$\angle FMO = \angle FJA = \angle NJD'$$

于是, $\angle JD'N = \angle MFN = 90°$，即知点 D' 与点 D 重合，故点 J 在 AD 上.

证法 2 设直线 MF 与 NE 交于点 P，则点 J 为 $\triangle PMN$ 的垂心，即 $PJ \perp MN$.
此时
$$\angle MPJ = \angle FNM, \angle JPN = \angle EMN$$

于是

$$\frac{\sin\angle MPJ}{\sin\angle JPN} \cdot \frac{\sin\angle AFE}{\sin\angle AFP} \cdot \frac{\sin\angle AEP}{\sin\angle AEF}$$

$$= \frac{\cos\angle FMN}{\cos\angle ENM} \cdot \frac{\sin\angle AFE}{\sin\angle FNM} \cdot \frac{\sin\angle EMN}{\sin\angle AEF}$$

$$= \frac{\sin\angle FNM}{\sin\angle EMN} \cdot \frac{\sin\angle EMN}{\sin\angle FNM} = 1$$

由塞瓦定理角元形式之逆知 PJ, AE, AF 三线共点于点 A，即点 A 在 PJ 上，有 $AJ \perp MN$. 故点 J 在 AD 上.

证法 3 由题设可推知 A, F, D, E 四点共圆，知 $\angle FAD = \angle FED$.
注意到 F, O, D, E 四点共圆. 有

$$\angle FOM = \angle FED = \angle FAD \qquad ②$$

又由

$$\angle AOF = \frac{1}{2}\angle FOE = \angle FMJ$$

知

$$\mathrm{Rt}\triangle FOA \sim \mathrm{Rt}\triangle FMJ$$

即

$$\frac{FA}{FJ} = \frac{FO}{FM}$$

注意到

$$\angle AFJ = 90° - \angle NFO = \angle OFM$$

所以

$$\triangle AFJ \sim \triangle OFM$$

有

$$\angle FAJ = \angle FOM \qquad ③$$

由式②,③知, $\angle FAD = \angle FAJ$. 故点 J 在 AD 上.

证法 4 如图 58.2 所示，作 $AU \perp FN$ 交 ME 于点 U，作 $AV \perp ME$ 交 FN 于点

V,则点 J 为 $\triangle AUV$ 的垂心.

注意到 $\angle MFN = 90°$,知 $FM /\!/ AU$. 同理,$EN /\!/ AV$.

由 $\angle AFE = \angle FME = \angle AUE$,知 A,F,U,E 四点共圆. 同理 A,F,V,E 四点共圆. 因而由五点共圆,有 F,U,V,E 四点共圆,亦有 $\angle EUV = \angle EFV = \angle EFN = \angle EMF$. 于是 $UV /\!/ MN$. 由 $AJ \perp UV$ 知 $AJ \perp MN$. 从而知点 J 在 AD 上.

第 58 章 半圆的外切三角形的性质定理

第59章 五角星及正五边形的画法

如图 59.1 所示,如何画出五角星及正五边形呢?

画法1   如图 59.1 所示.

(1)任画一个圆.

(2)以圆心为顶点,连续画 $360° \div 5 = 72°$ 的角,角的边与圆交于 5 个点.

(3)联结每隔一点的两点,擦去虚线就得五角星.

画法2   如图 59.2 所示,我国民间流传着正五边形的近似画法,画法口诀是"九五顶五九,八五两边分",它的意义如图 59.2 所示. 我们可依此不难画出五角星.

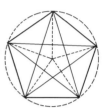

图 59.1

画法3   如图 59.3 所示,工人口诀:"四寸一寸三,五方把门关."

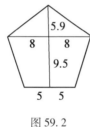

图 59.2   图 59.3

(1)作圆 O 的两条互相垂直的直径 AC,BD.

(2)在 OD(或 OD 的延长线)上截取等于任意长 l 的 4 份线段(设 $OE = 4l$).

(3)过点 E 作 $EF \perp OE$,且使 $EF = 1.3l$.

(4)联结 OF(或延长线)交圆 O 于点 G,那么 AG 就是圆 O 内接正五边形的一边长.

(5)在圆 O 上顺次作等于 AG 的弦就得正五边形,依此即可画出五角星.

画法4   如图 59.4 所示,工人口诀:"一六分当中,二八两边排."

(1)作 $AM = 16l$.

(2)在 AM 上取 $AN = 6l$.

(3)过点 N 作 $BE \perp AM$,且使 $BN = NE = 8l$. AB 就是正五边形的一边.

(4)过 A,B,E 三点作圆 O.

(5)在圆 O 上作弦 $BC = ED = AB$,并联结 CD,即得正五边形,亦可得正五角星.

画法 5 如图 59.5 所示,工人口诀:"两径相垂直,两心紧相连,以径为半径,弧交圆外边."

(1)作两条互相垂直的直径 AC,BD.

(2)分别以 B,C 为圆心,BD 为半径画弧交于点 E.

(3)在圆 O 上作等于 OE 长的弦,即得正五边形的一边长.

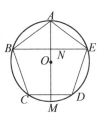

图 59.4

依此可作五角星.

画法 6 如图 59.6 所示,工人口诀:"径分三等分,一垂连两弦,又得两新点,再连两条弦."

(1)作圆 O 的直径 AF.

(2)三等分 AF 于 M,N 两点.

(3)过点 M 作 BE⊥AF 交圆 O 于 B,E 两点.

(4)过 EN 作弦 EC.

(5)过 BN 作弦 BD.

(6)联结 AC,AD,即得五角星.

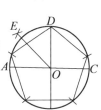

图 59.5

画法 7 如图 59.7 所示,工人口诀:"直径二十分,去一分边成."

图 59.6

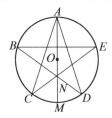

图 59.7

(1)作圆 O 的直径 AM.

(2)把 OM 分成 10 等份.

(3)取 $AN = \frac{19}{20}AM$,则 AN 即为圆 O 的内接正五角星形的边长.

画法 8 如图 59.8 所示,工人口诀:"直径十二分,取七得边长,顺次圆上取,相连成立方."

(1)作圆 O 的直径 AF.

(2)分 AF 为 12 等份.

(3)在圆 O 上连续作等于 $\frac{7}{12}AF$ 的弦,即得正五边形.

此外也常这样做:

先作弦 AB 等于半径,再作这弦的弦心距 OM 到 OA 上的射影 ON,那么 ON 与 MN 的和就是正五边形的边长.

画法 9 如图 59.9 所示(注:此方法称为莱纳基法,或比乌因法).

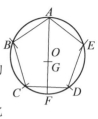

图 59.8

(1)在圆 O 内,任作一直径 AM.

(2)以 AM 为边作正 $\triangle AMN$.

(3)在 AM 上取一点 P,使 $AP = \frac{2}{5}AM$.

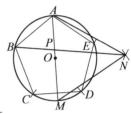

(4)联结 NP 交圆 O 于点 B.

(5)在圆周上依次取点 B,C,D,E,使 $BC = CD = DE = AB$,则五边形 $ABCDE$ 为正五边形.

图 59.9

画法 10 如图 59.10 所示(已知边长作正五边形).

(1)作 $AB = a$(已知边).

(2)分 AB 为二等份.

(3)分别以点 A,B 为圆心,AB 为半径画弧交于点 O.

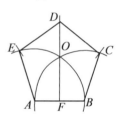

(4)过点 O 作 AB 的垂线 DF,并使 $OD = \frac{2}{3}AB$.

(5)以点 D 为圆心,AB 为半径画弧和前弧交于 C,E 两点.

图 59.10

(6)联结 BC,CD,DE,EA 即得正五边形.

画法 11 如图 59.11 所示(已知边长作正五边形),已知 AB 等于边长,以点 A,B 为圆心、AB 为半径画两圆交于点 C,D,联结 CD.以点 D 为圆心、AB 为半径画圆,交 CD 于点 E,交圆 A 于点 F,交圆 B 于点 G.联结 FE,CE 并延长交圆 B,A 于点 H,I. 分别以点 H,I 为圆心、AB 为半径画弧交于 J. 联结 JI,IA,BH,HJ,联结 AB 即所求正五边形.

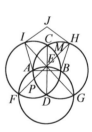

图 59.11

注:不难证明,这也只是近似作图. 提示:设 FH 交圆 A 于 M,交圆 B 于点 P,易知 $\triangle BME$ 为正三角形,$\triangle BMH \cong \triangle BEP$,可知 $\angle PBA \neq 18°$,则 $\angle EBP \neq 33°$,故 $\angle ABH \neq 108°$.

以下给出几种精确的尺、规作图方法,证明留给读者.

画法12 如图59.12所示.

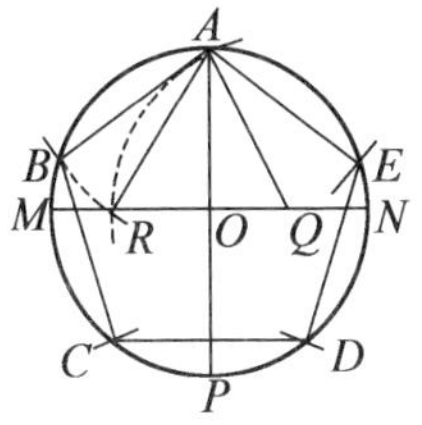

(1)作圆 O 的互相垂直的直径 AP,MN.

(2)取 ON 的中点 Q.

(3)在 MN 上取点 R,使 $RQ = AQ$.

(4)在圆周上取点 B,C,D,E,使 $AB = BC = CD = DE = AR$.

五边形 $ABCDE$ 为正五边形.

图59.12

画法13 如图59.13所示.

(1)作圆 O 的互相垂直的直径 AP,MN.

(2)以 ON 为直径作圆 Q,交 AQ 于点 R.

(3)以点 P 为圆心、AR 为半径画弧交圆 O 于点 C,D.

(4)分别以点 C,D 为圆心、CD 为半径画弧交圆 O 于点 B,E.

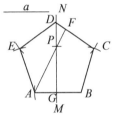

图59.13

如此得到的点 A,B,C,D,E 为圆 O 内接正五边形的五个顶点.

画法14 如图59.14所示(已知边长作正五边形).

(1)作 $AB = a$(已知边).

(2)作 AB 的垂直平分线 MN 交 AB 于点 G.

(3)在 GN 上取 $GP = AB$.

(4)联结 AP 并延长至点 F,使 $PF = AG$.

(5)以点 A 为圆心,AF 为半径画弧交 GN 于点 D.

(6)分别以点 A,B,D 为圆心、AB 为半径画弧得到 C,E 两点.

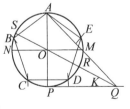

图59.14

(7)联结 BC,CD,DE,EA 即得正五边形.

画法15 如图59.15所示.

(1)作圆 O 的直径 $AOP \perp MON$.

(2)联结 AM 延长至点 Q,使 $MQ = AM$.

(3)联结 QO 交圆 O 于点 R,延长 QR 交圆 O 于点 S.

(4)取 RQ 的中点 K.

(5)以点 P 为圆心、RK 为半径画弧,在圆 O 上得到点 C,D.

图59.15

(6)联结 CD.以点 A 为圆心、CD 为半径画弧交圆 O 于点 B,E,则五边形 $ABCDE$ 为正五边形.

画法16 如图59.16所示.

(1)作 $\triangle ABC$,使 $AB = AC$,$\angle A = 36°$.

(2)作△ABC 的外接圆圆 O.

(3)分别作∠ABC,∠ACB 的角平分线交圆 O 于点 D,E,五边形 AEBCD 是正五边形.

画法 17 如图 59.17 所示.

(1)取对边平行的长纸条.

(2)按图 59.17 的方法系一个扣儿,拉紧压平后即得正五边形.

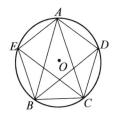

图 59.16

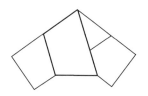

图 59.17

注:此章内容参看了田永海老师的著作——《平面几何一题多解》,东北师范大学出版社,1998.

第60章 三角形共轭中线的作图

在三角形中,与三角形中线关于某顶点的角平分线对称的线段称为三角形的共轭中线(或陪位中线).

在 $\triangle ABC$,当 $AB > AC$ 时,取 BC 的中点 M,联结 AM,作 $\angle CAD = \angle BAM$ 交 BC 于点 D,则称 AD 为 $\triangle ABC$ 的共轭中线. 这是三角形共轭中线的基本作图法.

下面给出三角形共轭中线的综合作图法:

作法1 在 $\triangle ABC$ 中,设 BC 边的中点为 M,在直线 AM 上任取一点 P,过 P 作 $PP_1 \perp AB$ 于点 P_1,$PP_2 \perp AC$ 于点 P_2,过点 A 作与 P_1P_2 垂直的直线交 BC 于点 D,则 AD 为 $\triangle ABC$ 的共轭中线.

证明 如图 60.1 所示,$AB > AC$,注意到 A, P_1, P, P_2 四点共圆,则

$$\angle BAM = \angle P_1AP = \angle P_1P_2P = 90° - \angle AP_2P_1 = \angle CAD$$

故 AD 为 $\triangle ABC$ 的共轭中线.

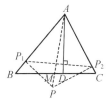

图 60.1

作法2 在 $\triangle ABC$ 中,设 BC 边的中点为 M,H 为 $\triangle ABC$ 的垂心,射线 AH 交 BC 于点 N,射线 MH 交 $\triangle ABC$ 的外接圆于点 L,直线 LN 交 $\triangle ABC$ 的外接圆于点 E,直线 AE 交 BC 于点 D,则 AD 为 $\triangle ABC$ 的共轭中线.

证明 如图 60.2 所示,$AB > AC$(以下作法相同),联结 AM,设直线 MH 交外接圆于另一点 K,则由垂心关于边的中点的对称点在外接圆上,且由相应顶点的对径点知 $\angle ALK = 90°$. 又 $\angle ANM = 90°$,从而知 A, L, N, M 四点共圆. 于是,

$$\angle AMB = \angle ALN = \angle ALE = \angle ACE$$

又 $\angle ABM = \angle ABC = \angle AEC$,知 $\triangle AMB \backsim \triangle ACE$,有

$$\angle BAM = \angle EAC = \angle DAC$$

故 AD 为 $\triangle ABC$ 的共轭中线.

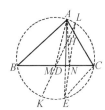

图 60.2

作法3 在 $\triangle ABC$ 中,设 BC 边的中点为 M,作与 $\triangle ABC$ 的外接圆内切于点 A 的圆 Γ 交直线 AM 于点 F,过点 F 作与 BC 平行的直线交圆 Γ 于点 E,直线 AE 交 BC 于点 D,则 AD 为 $\triangle ABC$ 的共轭中线.

证明 如图 60.3 所示,过点 A 作两圆的公切线

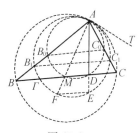

图 60.3

AT,设圆 Γ 与 AB,AC 分别交于点 B_1,C_1,则 $\angle ABC = \angle TAC = \angle AB_1C_1$,从而知 $B_1C_1 /\!/ BC /\!/ FE$,即有 $\overparen{B_1F} = \overparen{EC_1}$.

亦即 $\angle BAM = \angle CAD$. 故 AD 为 $\triangle ABC$ 的共轭中线.

注:如图 60.3 所示,可知 $\angle BAM = \angle CAD \Leftrightarrow \dfrac{AB^2}{AC^2} = \dfrac{BD}{DC}$.

事实上,$\angle BAM = \angle CAD \Leftrightarrow \angle B_1AF = \angle EAC_1 \Leftrightarrow \overparen{B_1F} = \overparen{EC_1} \Leftrightarrow FE /\!/ B_1C_1 /\!/ MD \Leftrightarrow$ 存在圆 AMD 与圆 ABC 内切于点 $A \Leftrightarrow B_0C_0 /\!/ BC \Leftrightarrow \dfrac{AB}{AC} = \dfrac{BB_0}{CC_0}$(其中 B_0,C_0 为圆 AMD 分别与 AB,AC 的交点)$\Leftrightarrow \dfrac{AB^2}{AC^2} = \dfrac{AB \cdot BB_0}{AC \cdot CC_0} = \dfrac{BM \cdot BD}{CM \cdot CD} = \dfrac{BD}{DC}$.

作法 4 在 $\triangle ABC$ 中,设 BC 边的中点为 M,过 A 作与 BC 平行的直线交 $\triangle ABC$ 的外接圆于点 N. 直线 NM 交外接圆于点 E,直线 AE 交 BC 于点 D,则 AD 为 $\triangle ABC$ 的共轭中线.

证明 如图 60.4 所示,联结 BN,CN,由 $NA /\!/ BC$,知四边形 $BCAN$ 为等腰梯形,有 $NB = AC$,$NC = AB$.

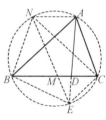

图 60.4

因为点 M 为 BC 的中点,所以 $S_{\triangle NBE} = S_{\triangle NCE}$.

于是
$$BN \cdot BE = NC \cdot EC$$

从而
$$\dfrac{BE}{CE} = \dfrac{CN}{BN} = \dfrac{AB}{AC}$$

于是
$$\dfrac{BD}{DC} = \dfrac{S_{\triangle ABE}}{S_{\triangle ACE}} = \dfrac{AB \cdot BE}{AC \cdot CE} = \dfrac{AB^2}{AC^2}$$

故 AD 为 $\triangle ABC$ 的共轭中线.

作法 5 在 $\triangle ABC$ 中,设 BC 边的中点为 M,作 $\triangle ABC$ 的外接圆在 B,C 处的切线交于点 P(若 BC 为 $\mathrm{Rt}\triangle ABC$ 的斜边,则 P 为无穷远点). 联结 AP 交 BC 于点 D(若 P 为无穷远点时,$AP \perp BC$ 于点 D),则 AD 为 $\triangle ABC$ 的共轭中线.

证明 当 BC 为 $\mathrm{Rt}\triangle ABC$ 的斜边时,点 M 为 $\triangle ABC$ 的外心,$AD \perp BC$. 显然有 $\angle BAM = \angle CAD$,结论成立.

当 BC 不是直角三角形的斜边时,如图 60.5 所示,BC

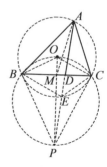

图 60.5

不为直径,设 AP 与外接圆交于点 E,联结 BE,EC,由
$$\triangle ABP \backsim \triangle BEP, \triangle ACP \backsim \triangle CEP$$
有
$$\frac{AB}{BE} = \frac{AP}{BP}, \frac{AC}{CE} = \frac{AP}{CP}$$

注意 $BP = CP$,则 $\frac{AB}{BE} = \frac{AC}{CE}$,即
$$AB \cdot CE = AC \cdot BE \qquad ①$$

在四边形 $ABEC$ 中,由托勒密定理,有
$$2AE \cdot BM = AE \cdot BC = AB \cdot CE + AC \cdot BE = 2AB \cdot CE$$

从而 $\frac{AB}{BM} = \frac{AE}{EC}$. 注意有 $\angle ABM = \angle AEC$,则 $\triangle ABM \backsim \triangle AEC$.

于是, $\angle BAM = \angle CAD$. 故 AD 为 $\triangle ABC$ 的共轭中线.

作法6 在 $\triangle ABC$ 中,设点 M 为 BC 边的中点,点 O 为 $\triangle ABC$ 的外心,直线 OM 交 $\triangle OBC$ 的外接圆于点 P,直线 AP 交 BC 于点 D,则 AD 为 $\triangle ABC$ 的共轭中线.

证明 如图 60.5 所示,联结 BP,CP. 注意到 OP 为圆 OBC 的对称轴,即 OP 为该圆直径,知 $OC \perp PC$,则知 PC 为 $\triangle ABC$ 的外接圆圆 O 在点 C 的切线.

同理, PB 为圆 O 在点 B 处的切线. 因此, P 为圆 O 分别在 B,C 处两切线的交点,这便成为作法 5 中的情形了. 故 AD 为 $\triangle ABC$ 的共轭中线.

作法7 作 $\triangle ABC$ 外接圆,在点 A 处的切线与直线 BC 交于点 Q(因 $\triangle ABC$ 不是等腰三角形,即 $AB \neq AC$),过点 Q 作 $\triangle ABC$ 的外接圆另一条切线,切点为 E(显然 $E \neq A$). 联结 AE 交 BC 于点 D,则 AD 为 $\triangle ABC$ 的共轭中线.

证明 如图 60.6 所示,联结 BE,EC,设点 M 为 BC 的中点. 类似于作法 5 的证明. 由 $\triangle BAQ \backsim \triangle ACQ, \triangle BEQ \backsim \triangle ECQ$,可得
$$AB \cdot CE = AC \cdot BE$$

余下同作法 5 证明(略).

故 AD 为 $\triangle ABC$ 的共轭中线.

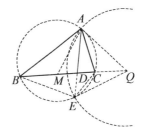

图 60.6

作法8 作 $\triangle ABC$ 的外接圆在点 A 处的切线,其与直线 BC 交于点 Q(因 $AB \neq AC$). 以 Q 为圆心, QA 为半径作圆弧交 $\triangle ABC$ 的外接圆于另一点 E,联结 AE 交 BC 于点 D,则 AD 为 $\triangle ABC$ 的共轭中线.

证明 如图 60.6 所示,由 $QA = QE$,即推知 QE 为圆 ABC 的切线.

余下同作法 7 的证明(略). 故 AD 为 $\triangle ABC$ 的共轭中线.

作法9 在 $\triangle ABC$ 中，作与 $\triangle ABC$ 的外接圆内切于点 A 的圆和 BC 相交于点 T_1, T_2（或相切于点 T），过点 T_1, T_2（或 T）作与 $\triangle ABC$ 的外接圆又切于点 E 的圆，联结 AE 交 BC 于点 D，则 AD 为 $\triangle ABC$ 的共轭中线.

证明 如图 60.7 所示，过点 A, E 分别作 $\triangle ABC$ 的外接圆的切线，则由根心定理知，这两条切线、直线 BC 共点于 Q. 这就是作法 7 的情形了，故知 AD 为 $\triangle ABC$ 的共轭中线.

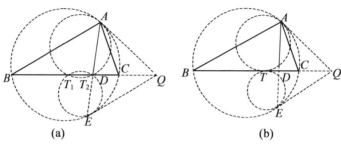

图 60.7

作法10 在 $\triangle ABC$ 中，过点 A 作 $\triangle ABC$ 的外接圆的切线 AQ 与直线 BC 交于点 Q（因 $AB \neq AC$）. 作与 AQ 平行的直线分别与射线 AB, AC 交于 K, S 两点，取 KS 的中点 L，直线 AL 交 BC 于点 D，则 AD 为 $\triangle ABC$ 的共轭中线.

证明 如图 60.8 所示，注意到 $\triangle BAQ \sim \triangle ACQ$，有 $\dfrac{BA}{AC} = \dfrac{AQ}{CQ} = \dfrac{BQ}{AQ}$.

从而 $\dfrac{AB^2}{AC^2} = \dfrac{AQ}{CQ} \cdot \dfrac{BQ}{AQ} = \dfrac{BQ}{CQ}$

过点 D 作 AQ 的平行线分别与射线 AB，AC 交于点 G, H，由 L 为 KS 的中点，以及 $GH // KS$，知 D 为 GH 的中点，且有

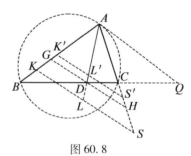

图 60.8

$$\dfrac{BD}{BQ} = \dfrac{GD}{AQ} = \dfrac{DH}{AQ} = \dfrac{DC}{CQ}$$

即 $$\dfrac{BD}{DC} = \dfrac{BQ}{CQ}$$

于是 $$\dfrac{AB^2}{AC^2} = \dfrac{BD}{DC}$$

故 AD 为 $\triangle ABC$ 的共轭中线.

作法11 在 $\triangle ABC$ 中，作过点 B, C 的圆分别与 AB, AC 交于点 F, E，作 $\square AFKE$，设直线 AK 交 BC 于点 D，则 AD 为 $\triangle ABC$ 的共轭中线.

证明 如图 60.9 所示,过点 D 作 $DE_1 /\!/ KE$ 交 AC 于点 E_1,作 $DF_1 /\!/ KF$ 交 AB 于点 F_1,联结 $EF, E_1 F_1$,则由 $\square AFKE$ 与 $\square AF_1 DE_1$ 位似,知 $E_1 F_1 /\!/ EF$,从而知 B, C, E_1, F_1 四点共圆.

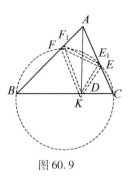

图 60.9

于是,$AB \cdot AF_1 = AC \cdot AE_1$.

又
$$AF_1 = DE_1 = AB \cdot \frac{CD}{BC}$$
$$AE_1 = F_1 D = AC \cdot \frac{BD}{BC}$$

所以
$$AB \cdot AB \cdot \frac{CD}{BC} = AC \cdot AC \cdot \frac{BD}{BC}$$

故 $\dfrac{AB^2}{AC^2} = \dfrac{BD}{DC}$. 即 AD 为 $\triangle ABC$ 的共轭中线.

作法 12 在 $\triangle ABC$ 中,作过 A, B 两点且与 AC 相切的圆圆 O_1,过 A, C 两点且与 AB 相切的圆 O_2. 设圆 O_1 与圆 O_2 交于点 E,直线 AE 交 BC 于点 D,则 AD 为 $\triangle ABC$ 的共轭中线.

证明 如图 60.10 所示,设直线 AD 交 $\triangle ABC$ 的外接圆于点 S,联结 BS, SC, BE, EC,则
$$\angle ABE = \angle CAE = \angle CBS$$
$$\angle BCS = \angle BAE = \angle ACE$$

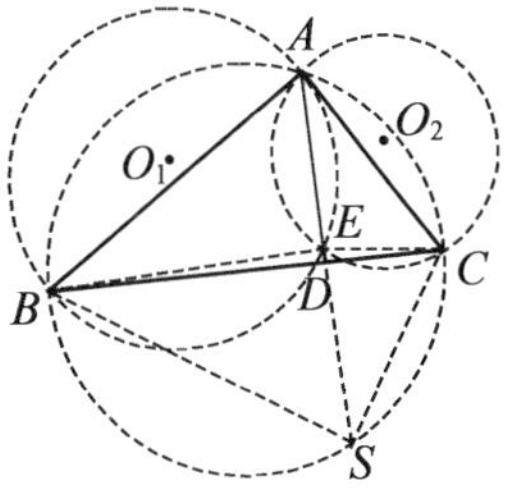

从而 $\triangle ABE \backsim \triangle CBS \backsim \triangle CAE$

于是 $\dfrac{AE}{CS} = \dfrac{AB}{CB}, \dfrac{AE}{BS} = \dfrac{CA}{CB}$

上述两式相除,有
$$\frac{BS}{CS} = \frac{AB}{AC}$$

从而 $\dfrac{AB^2}{AC^2} = \dfrac{AB \cdot BS}{AC \cdot CS} = \dfrac{S_{\triangle BAS}}{S_{\triangle ACS}} = \dfrac{BD}{DC}$

故 AD 为 $\triangle ABC$ 的共轭中线.

图 60.10

作法 13 在 $\triangle ABC$ 中,$AB > AC$,作过 A, C 两点且与 AB 相切的圆圆 O_1 交射线 BC 于点 L,过 B, L 两点也与 AB 相切的圆圆 O_2,圆 O_1 与圆 O_2 相交于 $\triangle ABC$ 内的点为 E,射线 AE 交 BC 于点 D,则 AD 为 $\triangle ABC$ 的共轭中线.

证明 如图 60.11 所示,联结 EB, EC, EL,注意到弦切角定理,有

$$\angle BAE = \angle ACE, \angle ABE = \angle BLE = \angle CLE = \angle CAE$$

于是 $\triangle BAE \sim \triangle ACE$

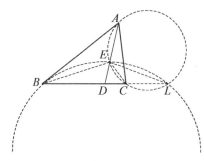

图 60.11

从而 $\dfrac{BA}{CA} = \dfrac{BE}{AE} = \dfrac{AE}{CE}$,且 AE 平分 $\angle BEC$.

故 $$\dfrac{AB^2}{AC^2} = \dfrac{BE}{AE} \cdot \dfrac{AE}{CE} = \dfrac{BE}{CE} = \dfrac{BD}{DC}$$

即知 AD 为 $\triangle ABC$ 的共轭中线.

作法 14 在 $\triangle ABC$ 中,$AB > AC$,作过 A,C 两点且与 AB 相切圆圆 O_1 交射线 BC 于点 L,取 AB 的中点 N,联结 NL 交圆 O_1 于点 E,射线 AE 交 BC 于点 D,则 AD 为 $\triangle ABC$ 的共轭中线.

证明 如图 60.12 所示,联结 EB,EC,注意到切割线定理,有

$$NE \cdot NL = NA^2 = NB^2$$

即 $\dfrac{NE}{NB} = \dfrac{NB}{NL}$

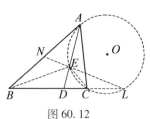

图 60.12

由 $\angle BNE$ 公用,知 $\triangle NBE \sim \triangle NLB$.

从而 $\angle NBE = \angle NLB$

于是 $\angle EAC = \angle ELC = \angle NLB = \angle NBE = \angle ABE$

由弦切角定理,有 $\angle ACE = \angle BAE$.

于是,$\triangle ACE \sim \triangle BAE$,有 $\dfrac{AC}{BA} = \dfrac{AE}{BE} = \dfrac{CE}{AE}$,且 AE 平分 $\angle BEC$.

故 $$\dfrac{AB^2}{AC^2} = \dfrac{BE}{AE} \cdot \dfrac{AE}{CE} = \dfrac{BE}{CE} = \dfrac{BD}{DC}$$

即知 AD 为 $\triangle ABC$ 的共轭中线.

作法 15 在 $\triangle ABC$ 中,$AB > AC$,分别在 AB,AC 上取点 E,F,使得 $EF // BC$,

作 $\triangle ABF$ 的外接圆与 $\triangle AEC$ 的外接圆相交于另一点 P,直线 AP 交 BC 于点 D,则 AD 为 $\triangle ABC$ 的共轭中线.

证明 如图 60.13 所示,设 BF 与 CE 交于点 Q,BC 的中点为 M,则由梯形性质知 A,Q,M 三点共线.

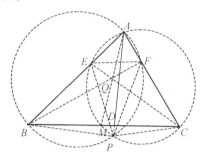

图 60.13

联结 BP,EP,CP,FP,由 A,B,P,F 及 A,E,P,C 分别四点共圆,有 $\angle BEP = \angle FCP$,$\angle EBP = \angle CFP$,从而 $\triangle PBE \backsim \triangle PFC$,亦有 $\dfrac{BE}{FC} = \dfrac{PE}{PC}$. 即

$$PC = \dfrac{PE}{EB} \cdot FC \qquad ③$$

联结 QP,由 $\angle QBP = \angle FBP = \angle FAP = \angle CAP = \angle CEP = \angle QEP$,知 E,B,P,Q 四点共圆.

于是 $\angle BEP = \angle BQP$

由 $\angle EAP = \angle QFP$,$\angle AEP = 180° - \angle BEP = 180° - \angle BQP = \angle FQP$,知

$$\triangle EAP \backsim \triangle QFP$$

亦有 $\dfrac{AE}{FQ} = \dfrac{PE}{PQ}$

即 $$PQ = \dfrac{PE}{AE} \cdot FQ \qquad ④$$

于是,由 $EF \parallel BC$,有 $\dfrac{AE}{EB} = \dfrac{AF}{FC} \Leftrightarrow \dfrac{\dfrac{PE}{EB} \cdot FC}{\dfrac{PE}{AE} \cdot FQ} = \dfrac{AF}{FQ} \overset{③④}{\Leftrightarrow} \dfrac{PC}{PQ} = \dfrac{AF}{QF}$

又由 $\angle QFP = \angle BFP = \angle BAP = \angle EAP = \angle ECP = \angle QCP$,知 Q,P,C,F 四点共圆.

知 $\angle CPQ = \angle AFQ$,从而 $\triangle CPQ \backsim \triangle AFQ$.

于是

$$\angle BAP = \angle ECP = \angle QCP = \angle QAF = \angle MAC$$

故 $\angle BAM = \angle CAD$. 获证.

注:若注意到 P 为完全四边形 $AEBQCF$ 的密克尔点,则证明更简洁.

作法 16 在 $\triangle ABC$ 中,分别以 AB,AC 为边向外作正方形 $ABEF$ 和 $CAGH$,延长 FA 交 CG 于点 L,延长 HA 交 BE 于点 N,设 $\triangle FLG$ 的外接圆与 $\triangle ENH$ 的外接圆交于点 S,且 S 在 $\triangle ABC$ 内,直线 AS 交 BC 于点 D,则 AD 为 $\triangle ABC$ 的共轭中线.

证明 如图 60.14 所示,设直线 EF 与 GH 交于点 K. 由 $\angle LFK = 90° = \angle LGK$,知 K,F,L,G 四点共圆. 同理,K,E,N,H 四点共圆. 从而知 KS 为这两个圆的根轴,由 $\angle NAB = 90° - \angle BAC = \angle LAC$,知 $\text{Rt}\triangle ABN \sim \text{Rt}\triangle ACL$,有

$$AN \cdot AH = AN \cdot AC = AL \cdot AB = AL \cdot AF$$

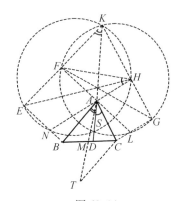

图 60.14

从而点 A 对上述两圆的幂相等,即点 A 在根轴 KS 上.

取 BC 的中点 M,过 C 作 $CT \parallel AB$ 交直线 AM 于点 T,则由 $\angle ACT = 180° - \angle BAC = \angle HAF$,及 $AC = AH, CT = AB = AF$,知 $\triangle ACT \cong \triangle HAF$,有

$$\angle MAC = \angle FHA$$

注意到 K,F,A,H 四点共圆. 则

$$\angle FHA = \angle FKA = \angle BAD$$

故 $\angle BAM = \angle CAD$,即 AD 为 $\triangle ABC$ 的共轭中线.

注:此作法由 2013 年俄罗斯数学奥林匹克竞赛题改编.

作法 17 在 $\triangle ABC$ 中,BB_2, CC_2 分别为其高线,设 B_1, C_1, B_3, C_3 分别为线段 AC, AB, BB_2, CC_2 的中点,线段 B_1B_3 与 C_1C_3 交于点 K,直线 AK 交 BC 于点 D,则 AD 为 $\triangle ABC$ 的共轭中线.

证明 如图 60.15 所示,设 AA_2 为 BC 边上的高线,A_3 为 AA_2 的中点,A_1 为

BC 的中点.

注意到中位线性质,有 $A_1B_1 // AB, B_1C_1 // BC, C_1A_1 // CA$.

由平行线比例线段定理及赛瓦定理,有
$$\frac{C_1A_3}{A_3B_1} \cdot \frac{B_1C_3}{C_3A_1} \cdot \frac{A_1B_3}{B_3C_1} = \frac{BA_2}{A_2C} \cdot \frac{AC_2}{C_2B} \cdot \frac{CB_2}{B_2A} = 1$$

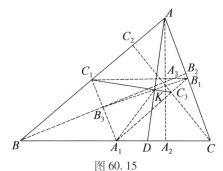

图 60.15

又由赛瓦定理的逆定理,知点 K 在 A_1A_3 上.

令 $BC=a, CA=b, AB=c$,对 $\triangle A_1B_1A_3$ 及截线 C_1KC_3,对 $\triangle A_1A_2A_3$ 及截线 AKD 分别应用梅涅劳斯定理,有
$$\frac{A_1K}{KA_3} \cdot \frac{A_3C_1}{C_1B_1} \cdot \frac{B_1C_3}{C_3A_1} = 1$$
$$\frac{A_1K}{KA_3} \cdot \frac{A_3A}{AA_2} \cdot \frac{A_2D}{DA_1} = 1$$

从而
$$\frac{A_2D}{DA_1} = \frac{AA_2}{A_3A} \cdot \frac{A_3C_1}{C_1B_1} \cdot \frac{B_1C_3}{C_3A_1} = 2 \cdot \frac{c\cos B}{a} \cdot \frac{b\cos A}{a\cos B} = \frac{2bc\cos A}{a^2}$$

将上述比值记为 r,则
$$A_2D = A_1A_2 \cdot \frac{r}{1+r}$$

又
$$a = c\cos B + b\cos C$$
$$A_1A_2 = \frac{1}{2}BC - A_2C = \frac{1}{2}a - b\cos C = \frac{c\cos C - b\cos C}{2}$$

所以
$$\frac{BD}{DC} = \frac{BA_2 - DA_2}{A_2C + DA_2} = \frac{c\cos B - \frac{r}{1+r} \cdot \frac{1}{2}(\cos B - b\cos C)}{b\cos C + \frac{r}{1+r} \cdot \frac{1}{2}(c\cos B - b\cos c)}$$

$$= \frac{2c\cos B + r(c\cos B + b\cos C)}{2b\cos C + r(\cos B + b\cos C)} = \frac{2\cos B + 2b\dfrac{\cos A}{a}}{2b\cos c + \dfrac{2b\cos A}{a}}$$

$$= \frac{c(a\cos B + b\cos A)}{b(a\cos C + c\cos A)} = \frac{c^2}{b^2} = \frac{AB^2}{AC^2}$$

于是,AD 为 $\triangle ABC$ 的共轭中线.

注:该作法由 2015 年台湾地区数学奥林匹克竞赛题改编.

最后,我们顺便指出:三角形的共轭中线与调和四边形是密切相关的.在证法 5 的式①,证法 12 的式②中等均涉及竞赛调和四边形.其实,调和四边形的对角线就是相应三角形的共轭中线.从这种意义上说,上述给出的 17 种三角形共轭中线的作法,也就给出了调和四边形的 17 种作法.

> 几何学是一门了解和掌握事物外部关系的科学,几何还使得事物的这些外部关系更易于解释、描述和传播.
>
> ——哈斯特(G. B. Halster)

刘培杰数学工作室
已出版(即将出版)图书目录——初等数学

书　名	出版时间	定　价	编号
新编中学数学解题方法全书(高中版)上卷(第2版)	2018—08	58.00	951
新编中学数学解题方法全书(高中版)中卷(第2版)	2018—08	68.00	952
新编中学数学解题方法全书(高中版)下卷(一)(第2版)	2018—08	58.00	953
新编中学数学解题方法全书(高中版)下卷(二)(第2版)	2018—08	58.00	954
新编中学数学解题方法全书(高中版)下卷(三)(第2版)	2018—08	68.00	955
新编中学数学解题方法全书(初中版)上卷	2008—01	28.00	29
新编中学数学解题方法全书(初中版)中卷	2010—07	38.00	75
新编中学数学解题方法全书(高考复习卷)	2010—01	48.00	67
新编中学数学解题方法全书(高考真题卷)	2010—01	38.00	62
新编中学数学解题方法全书(高考精华卷)	2011—03	68.00	118
新编平面解析几何解题方法全书(专题讲座卷)	2010—01	18.00	61
新编中学数学解题方法全书(自主招生卷)	2013—08	88.00	261
数学奥林匹克与数学文化(第一辑)	2006—05	48.00	4
数学奥林匹克与数学文化(第二辑)(竞赛卷)	2008—01	48.00	19
数学奥林匹克与数学文化(第二辑)(文化卷)	2008—07	58.00	36′
数学奥林匹克与数学文化(第三辑)(竞赛卷)	2010—01	48.00	59
数学奥林匹克与数学文化(第四辑)(竞赛卷)	2011—08	58.00	87
数学奥林匹克与数学文化(第五辑)	2015—06	98.00	370
世界著名平面几何经典著作钩沉——几何作图专题卷(共3卷)	2022—01	198.00	1460
世界著名平面几何经典著作钩沉(民国平面几何老课本)	2011—03	38.00	113
世界著名平面几何经典著作钩沉(建国初期平面三角老课本)	2015—08	38.00	507
世界著名解析几何经典著作钩沉——平面解析几何卷	2014—01	38.00	264
世界著名数论经典著作钩沉(算术卷)	2012—01	28.00	125
世界著名数学经典著作钩沉——立体几何卷	2011—02	28.00	88
世界著名三角学经典著作钩沉(平面三角卷Ⅰ)	2010—06	28.00	69
世界著名三角学经典著作钩沉(平面三角卷Ⅱ)	2011—01	38.00	78
世界著名初等数论经典著作钩沉(理论和实用算术卷)	2011—07	38.00	126
世界著名几何经典著作钩沉(解析几何卷)	2022—10	68.00	1564
发展你的空间想象力(第3版)	2021—01	98.00	1464
空间想象力进阶	2019—05	68.00	1062
走向国际数学奥林匹克的平面几何试题诠释.第1卷	2019—07	88.00	1043
走向国际数学奥林匹克的平面几何试题诠释.第2卷	2019—09	78.00	1044
走向国际数学奥林匹克的平面几何试题诠释.第3卷	2019—03	78.00	1045
走向国际数学奥林匹克的平面几何试题诠释.第4卷	2019—09	98.00	1046
平面几何证明方法全书	2007—08	35.00	1
平面几何证明方法全书习题解答(第2版)	2006—12	18.00	10
平面几何天天练上卷·基础篇(直线型)	2013—01	58.00	208
平面几何天天练中卷·基础篇(涉及圆)	2013—01	28.00	234
平面几何天天练下卷·提高篇	2013—01	58.00	237
平面几何专题研究	2013—07	98.00	258
平面几何解题之道.第1卷	2022—05	38.00	1494
几何学习题集	2020—10	48.00	1217
通过解题学习代数几何	2021—04	88.00	1301
圆锥曲线的奥秘	2022—06	88.00	1541

— 1 —

刘培杰数学工作室
已出版(即将出版)图书目录——初等数学

书　名	出版时间	定　价	编号
最新世界各国数学奥林匹克中的平面几何试题	2007－09	38.00	14
数学竞赛平面几何典型题及新颖解	2010－07	48.00	74
初等数学复习及研究(平面几何)	2008－09	68.00	38
初等数学复习及研究(立体几何)	2010－06	38.00	71
初等数学复习及研究(平面几何)习题解答	2009－01	58.00	42
几何学教程(平面几何卷)	2011－03	68.00	90
几何学教程(立体几何卷)	2011－07	68.00	130
几何变换与几何证题	2010－06	88.00	70
计算方法与几何证题	2011－06	28.00	129
立体几何技巧与方法(第2版)	2022－10	168.00	1572
几何瑰宝——平面几何500名题暨1500条定理(上、下)	2021－07	168.00	1358
三角形的解法与应用	2012－07	18.00	183
近代的三角形几何学	2012－07	48.00	184
一般折线几何学	2015－08	48.00	503
三角形的五心	2009－06	28.00	51
三角形的六心及其应用	2015－10	68.00	542
三角形趣谈	2012－08	28.00	212
解三角形	2014－01	28.00	265
探秘三角形:一次数学旅行	2021－10	68.00	1387
三角学专门教程	2014－09	28.00	387
图天下几何新题试卷.初中(第2版)	2017－11	58.00	855
圆锥曲线习题集(上册)	2013－06	68.00	255
圆锥曲线习题集(中册)	2015－01	78.00	434
圆锥曲线习题集(下册・第1卷)	2016－10	78.00	683
圆锥曲线习题集(下册・第2卷)	2018－01	98.00	853
圆锥曲线习题集(下册・第3卷)	2019－10	128.00	1113
圆锥曲线的思想方法	2021－08	48.00	1379
圆锥曲线的八个主要问题	2021－10	48.00	1415
论九点圆	2015－05	88.00	645
近代欧氏几何学	2012－03	48.00	162
罗巴切夫斯基几何学及几何基础概要	2012－07	28.00	188
罗巴切夫斯基几何学初步	2015－06	28.00	474
用三角、解析几何、复数、向量计算解数学竞赛几何题	2015－03	48.00	455
用解析法研究圆锥曲线的几何理论	2022－05	48.00	1495
美国中学几何教程	2015－04	88.00	458
三线坐标与三角形特征点	2015－04	98.00	460
坐标几何学基础.第1卷,笛卡儿坐标	2021－08	48.00	1398
坐标几何学基础.第2卷,三线坐标	2021－09	28.00	1399
平面解析几何方法与研究(第1卷)	2015－05	18.00	471
平面解析几何方法与研究(第2卷)	2015－06	18.00	472
平面解析几何方法与研究(第3卷)	2015－07	18.00	473
解析几何研究	2015－01	38.00	425
解析几何学教程.上	2016－01	38.00	574
解析几何学教程.下	2016－01	38.00	575
几何学基础	2016－01	58.00	581
初等几何研究	2015－02	58.00	444
十九和二十世纪欧氏几何学中的片段	2017－01	58.00	696
平面几何中考.高考.奥数一本通	2017－07	28.00	820
几何学简史	2017－08	28.00	833
四面体	2018－01	48.00	880
平面几何证明方法思路	2018－12	68.00	913
折纸中的几何练习	2022－09	48.00	1559
中学新几何学(英文)	2022－10	98.00	1562
线性代数与几何	2023－04	68.00	1633
四面体几何学引论	2023－06	68.00	1648

刘培杰数学工作室
已出版(即将出版)图书目录——初等数学

书　　名	出版时间	定　价	编号
平面几何图形特性新析.上篇	2019—01	68.00	911
平面几何图形特性新析.下篇	2018—06	88.00	912
平面几何范例多解探究.上篇	2018—04	48.00	910
平面几何范例多解探究.下篇	2018—12	68.00	914
从分析解题过程学解题:竞赛中的几何问题研究	2018—07	68.00	946
从分析解题过程学解题:竞赛中的向量几何与不等式研究(全2册)	2019—06	138.00	1090
从分析解题过程学解题:竞赛中的不等式问题	2021—01	48.00	1249
二维、三维欧氏几何的对偶原理	2018—12	38.00	990
星形大观及闭折线论	2019—03	68.00	1020
立体几何的问题和方法	2019—11	58.00	1127
三角代换论	2021—05	58.00	1313
俄罗斯平面几何问题集	2009—08	88.00	55
俄罗斯立体几何问题集	2014—03	58.00	283
俄罗斯几何大师——沙雷金论数学及其他	2014—01	48.00	271
来自俄罗斯的5000道几何习题及解答	2011—03	58.00	89
俄罗斯初等数学问题集	2012—05	38.00	177
俄罗斯函数问题集	2011—03	38.00	103
俄罗斯组合分析问题集	2011—01	48.00	79
俄罗斯初等数学万题选——三角卷	2012—11	38.00	222
俄罗斯初等数学万题选——代数卷	2013—08	68.00	225
俄罗斯初等数学万题选——几何卷	2014—01	68.00	226
俄罗斯《量子》杂志数学征解问题100题选	2018—08	48.00	969
俄罗斯《量子》杂志数学征解问题又100题选	2018—08	48.00	970
俄罗斯《量子》杂志数学征解问题	2020—05	48.00	1138
463个俄罗斯几何老问题	2012—01	28.00	152
《量子》数学短文精粹	2018—09	38.00	972
用三角、解析几何等计算解来自俄罗斯的几何题	2019—11	88.00	1119
基谢廖夫平面几何	2022—01	48.00	1461
基谢廖夫立体几何	2023—04	48.00	1599
数学:代数、数学分析和几何(10—11年级)	2021—01	48.00	1250
直观几何学:5—6年级	2022—04	58.00	1508
几何学:第2版.7—9年级	2023—08	68.00	1684
平面几何:9—11年级	2022—10	48.00	1571
立体几何.10—11年级	2022—01	58.00	1472
谈谈素数	2011—03	18.00	91
平方和	2011—03	18.00	92
整数论	2011—05	38.00	120
从整数谈起	2015—10	28.00	538
数与多项式	2016—01	38.00	558
谈谈不定方程	2011—05	28.00	119
质数漫谈	2022—07	68.00	1529
解析不等式新论	2009—06	68.00	48
建立不等式的方法	2011—03	98.00	104
数学奥林匹克不等式研究(第2版)	2020—07	68.00	1181
不等式研究(第三辑)	2023—08	198.00	1673
不等式的秘密(第一卷)(第2版)	2014—02	38.00	286
不等式的秘密(第二卷)	2014—01	38.00	268
初等不等式的证明方法	2010—06	38.00	123
初等不等式的证明方法(第二版)	2014—11	38.00	407
不等式·理论·方法(基础卷)	2015—07	38.00	496
不等式·理论·方法(经典不等式卷)	2015—07	38.00	497
不等式·理论·方法(特殊类型不等式卷)	2015—07	48.00	498
不等式探究	2016—03	38.00	582
不等式探秘	2017—01	88.00	689
四面体不等式	2017—01	68.00	715
数学奥林匹克中常见重要不等式	2017—09	38.00	845

— 3 —

刘培杰数学工作室
已出版(即将出版)图书目录——初等数学

书　名	出版时间	定　价	编号
三正弦不等式	2018—09	98.00	974
函数方程与不等式:解法与稳定性结果	2019—04	68.00	1058
数学不等式.第1卷,对称多项式不等式	2022—05	78.00	1455
数学不等式.第2卷,对称有理不等式与对称无理不等式	2022—05	88.00	1456
数学不等式.第3卷,循环不等式与非循环不等式	2022—05	88.00	1457
数学不等式.第4卷,Jensen不等式的扩展与加细	2022—05	88.00	1458
数学不等式.第5卷,创建不等式与解不等式的其他方法	2022—05	88.00	1459
不定方程及其应用.上	2018—12	58.00	992
不定方程及其应用.中	2019—01	78.00	993
不定方程及其应用.下	2019—02	98.00	994
Nesbitt不等式加强式的研究	2022—06	128.00	1527
最值定理与分析不等式	2023—02	78.00	1567
一类积分不等式	2023—02	88.00	1579
邦费罗尼不等式及概率应用	2023—05	58.00	1637
同余理论	2012—05	38.00	163
[x]与{x}	2015—04	48.00	476
极值与最值.上卷	2015—06	28.00	486
极值与最值.中卷	2015—06	38.00	487
极值与最值.下卷	2015—06	28.00	488
整数的性质	2012—11	38.00	192
完全平方数及其应用	2015—08	78.00	506
多项式理论	2015—10	88.00	541
奇数、偶数、奇偶分析法	2018—01	98.00	876
历届美国中学生数学竞赛试题及解答(第一卷)1950—1954	2014—07	18.00	277
历届美国中学生数学竞赛试题及解答(第二卷)1955—1959	2014—04	18.00	278
历届美国中学生数学竞赛试题及解答(第三卷)1960—1964	2014—06	18.00	279
历届美国中学生数学竞赛试题及解答(第四卷)1965—1969	2014—04	28.00	280
历届美国中学生数学竞赛试题及解答(第五卷)1970—1972	2014—06	18.00	281
历届美国中学生数学竞赛试题及解答(第六卷)1973—1980	2017—07	18.00	768
历届美国中学生数学竞赛试题及解答(第七卷)1981—1986	2015—01	18.00	424
历届美国中学生数学竞赛试题及解答(第八卷)1987—1990	2017—05	18.00	769
历届国际数学奥林匹克试题集	2023—09	158.00	1701
历届中国数学奥林匹克试题集(第3版)	2021—10	58.00	1440
历届加拿大数学奥林匹克试题集	2012—08	38.00	215
历届美国数学奥林匹克试题集	2023—08	98.00	1681
历届波兰数学竞赛试题集.第1卷,1949~1963	2015—03	18.00	453
历届波兰数学竞赛试题集.第2卷,1964~1976	2015—03	18.00	454
历届巴尔干数学奥林匹克试题集	2015—05	38.00	466
保加利亚数学奥林匹克	2014—10	38.00	393
圣彼得堡数学奥林匹克试题集	2015—01	38.00	429
匈牙利奥林匹克数学竞赛题解.第1卷	2016—05	28.00	593
匈牙利奥林匹克数学竞赛题解.第2卷	2016—05	28.00	594
历届美国数学邀请赛试题集(第2版)	2017—10	78.00	851
普林斯顿大学数学竞赛	2016—06	38.00	669
亚太地区数学奥林匹克竞赛题	2015—07	18.00	492
日本历届(初级)广中杯数学竞赛试题及解答.第1卷(2000~2007)	2016—05	28.00	641
日本历届(初级)广中杯数学竞赛试题及解答.第2卷(2008~2015)	2016—05	38.00	642
越南数学奥林匹克题选:1962—2009	2021—07	48.00	1370
360个数学竞赛问题	2016—08	58.00	677
奥数最佳实战题.上卷	2017—06	38.00	760
奥数最佳实战题.下卷	2017—05	58.00	761
哈尔滨市早期中学数学竞赛试题汇编	2016—07	28.00	672
全国高中数学联赛试题及解答:1981—2019(第4版)	2020—07	138.00	1176
2022年全国高中数学联合竞赛模拟题集	2022—06	30.00	1521

刘培杰数学工作室
已出版(即将出版)图书目录——初等数学

书　　名	出版时间	定　价	编号
20世纪50年代全国部分城市数学竞赛试题汇编	2017—07	28.00	797
国内外数学竞赛题及精解:2018~2019	2020—08	45.00	1192
国内外数学竞赛题及精解:2019~2020	2021—11	58.00	1439
许康华竞赛优学精选集.第一辑	2018—08	68.00	949
天问叶班数学问题征解100题.Ⅰ,2016—2018	2019—05	88.00	1075
天问叶班数学问题征解100题.Ⅱ,2017—2019	2020—07	98.00	1177
美国初中数学竞赛:AMC8准备(共6卷)	2019—07	138.00	1089
美国高中数学竞赛:AMC10准备(共6卷)	2019—08	158.00	1105
王连笑教你怎样学数学:高考选择题解题策略与客观题实用训练	2014—01	48.00	262
王连笑教你怎样学数学:高考数学高层次讲座	2015—02	48.00	432
高考数学的理论与实践	2009—08	38.00	53
高考数学核心题型解题方法与技巧	2010—01	28.00	86
高考思维新平台	2014—03	38.00	259
高考数学压轴题解题诀窍(上)(第2版)	2018—01	58.00	874
高考数学压轴题解题诀窍(下)(第2版)	2018—01	48.00	875
北京市五区文科数学三年高考模拟题详解:2013~2015	2015—08	48.00	500
北京市五区理科数学三年高考模拟题详解:2013~2015	2015—09	68.00	505
向量法巧解数学高考题	2009—08	28.00	54
高中数学课堂教学的实践与反思	2021—11	48.00	791
数学高考参考	2016—01	78.00	589
新课程标准高考数学解答题各种题型解法指导	2020—08	78.00	1196
全国及各省市高考数学试题审题要津与解法研究	2015—02	48.00	450
高中数学章节起始课的教学研究与案例设计	2019—05	28.00	1064
新课标高考数学——五年试题分章详解(2007~2011)(上、下)	2011—10	78.00	140,141
全国中考数学压轴题审题要津与解法研究	2013—04	78.00	248
新编全国及各省市中考数学压轴题审题要津与解法研究	2014—05	58.00	342
全国及各省市5年中考数学压轴题审题要津与解法研究(2015版)	2015—04	58.00	462
中考数学专题总复习	2007—04	28.00	6
中考数学较难题常考题型解题方法与技巧	2016—09	48.00	681
中考数学难题常考题型解题方法与技巧	2016—09	48.00	682
中考数学中档题常考题型解题方法与技巧	2017—08	68.00	835
中考数学选择填空压轴好题妙解365	2024—01	80.00	1698
中考数学:三类重点考题的解法例析与习题	2020—04	48.00	1140
中小学数学的历史文化	2019—11	48.00	1124
初中平面几何百题多思创新解	2020—01	58.00	1125
初中数学中考备考	2020—01	58.00	1126
高考数学之九章演义	2019—08	68.00	1044
高考数学之难题谈笑间	2022—06	68.00	1519
化学可以这样学:高中化学知识方法智慧感悟疑难辨析	2019—07	58.00	1103
如何成为学习高手	2019—09	58.00	1107
高考数学:经典真题分类解析	2020—04	78.00	1134
高考数学解答题破解策略	2020—11	58.00	1221
从分析解题过程学解题:高考压轴题与竞赛题之关系探究	2020—08	88.00	1179
教学新思考:单元整体视角下的初中数学教学设计	2021—03	58.00	1278
思维再拓展:2020年经典几何题的多解探究与思考	即将出版		1279
中考数学小压轴汇编初讲	2017—07	48.00	788
中考数学大压轴专题微言	2017—09	48.00	846
怎么解中考平面几何探索题	2019—06	48.00	1093
北京中考数学压轴题解题方法突破(第9版)	2024—01	78.00	1645
助你高考成功的数学解题智慧:知识是智慧的基础	2016—01	58.00	596
助你高考成功的数学解题智慧:错误是智慧的试金石	2016—04	58.00	643
助你高考成功的数学解题智慧:方法是智慧的推手	2016—04	68.00	657
高考数学奇思妙解	2016—04	38.00	610
高考数学解题策略	2016—05	48.00	670
数学解题泄天机(第2版)	2017—10	48.00	850

刘培杰数学工作室
已出版(即将出版)图书目录——初等数学

书　名	出版时间	定　价	编号
高中物理教学讲义	2018—01	48.00	871
高中物理教学讲义:全模块	2022—03	98.00	1492
高中物理答疑解惑65篇	2021—11	48.00	1462
中学物理基础问题解析	2020—08	48.00	1183
初中数学、高中数学脱节知识补缺教材	2017—06	48.00	766
高考数学客观题解题方法和技巧	2017—10	38.00	847
十年高考数学精品试题审题要津与解法研究	2021—10	98.00	1427
中国历届高考数学试题及解答.1949—1979	2018—01	38.00	877
历届中国高考数学试题及解答.第二卷,1980—1989	2018—10	28.00	975
历届中国高考数学试题及解答.第三卷,1990—1999	2018—10	48.00	976
跟我学解高中数学题	2018—07	58.00	926
中学数学研究的方法及案例	2018—05	58.00	869
高考数学抢分技能	2018—07	68.00	934
高一新生常用数学方法和重要数学思想提升教材	2018—06	38.00	921
高考数学全国卷六道解答题常考题型解题诀窍:理科(全2册)	2019—07	78.00	1101
高考数学全国卷16道选择、填空题常考题型解题诀窍.理科	2018—09	88.00	971
高考数学全国卷16道选择、填空题常考题型解题诀窍.文科	2020—01	88.00	1123
高中数学一题多解	2019—06	58.00	1087
历届中国高考数学试题及解答:1917—1999	2021—08	98.00	1371
2000~2003年全国及各省市高考数学试题及解答	2022—05	88.00	1499
2004年全国及各省市高考数学试题及解答	2023—08	78.00	1500
2005年全国及各省市高考数学试题及解答	2023—08	78.00	1501
2006年全国及各省市高考数学试题及解答	2023—08	88.00	1502
2007年全国及各省市高考数学试题及解答	2023—08	98.00	1503
2008年全国及各省市高考数学试题及解答	2023—08	88.00	1504
2009年全国及各省市高考数学试题及解答	2023—08	88.00	1505
2010年全国及各省市高考数学试题及解答	2023—08	98.00	1506
2011~2017年全国及各省市高考数学试题及解答	2024—01	78.00	1507
突破高原:高中数学解题思维探究	2021—08	48.00	1375
高考数学中的"取值范围"	2021—10	48.00	1429
新课程标准高中数学各种题型解法大全.必修一分册	2021—06	58.00	1315
新课程标准高中数学各种题型解法大全.必修二分册	2022—01	68.00	1471
高中数学各种题型解法大全.选择性必修一分册	2022—06	68.00	1525
高中数学各种题型解法大全.选择性必修二分册	2023—01	58.00	1600
高中数学各种题型解法大全.选择性必修三分册	2023—04	48.00	1643
历届全国初中数学竞赛经典试题详解	2023—04	88.00	1624
孟祥礼高考数学精刷精解	2023—06	98.00	1663

新编640个世界著名数学智力趣题	2014—01	88.00	242
500个最新世界著名数学智力趣题	2008—06	48.00	3
400个最新世界著名数学最值问题	2008—09	48.00	36
500个世界著名数学征解问题	2009—06	48.00	52
400个中国最佳初等数学征解老问题	2010—01	48.00	60
500个俄罗斯数学经典老题	2011—01	28.00	81
1000个国外中学物理好题	2012—04	48.00	174
300个日本高考数学题	2012—05	38.00	142
700个早期日本高考数学试题	2017—02	88.00	752
500个前苏联早期高考数学试题及解答	2012—05	28.00	185
546个早期俄罗斯大学生数学竞赛题	2014—03	38.00	285
548个来自美苏的数学好问题	2014—11	28.00	396
20所苏联著名大学早期入学试题	2015—02	18.00	452
161道德国工科大学生必做的微分方程习题	2015—05	28.00	469
500个德国工科大学生必做的高数习题	2015—06	28.00	478
360个数学竞赛问题	2016—08	58.00	677
200个趣味数学故事	2018—02	48.00	857
470个数学奥林匹克中的最值问题	2018—10	88.00	985
德国讲义日本考题.微积分卷	2015—04	48.00	456
德国讲义日本考题.微分方程卷	2015—04	38.00	457
二十世纪中叶中、英、美、日、法、俄高考数学试题精选	2017—06	38.00	783

刘培杰数学工作室
已出版(即将出版)图书目录——初等数学

书　　名	出版时间	定　价	编号
中国初等数学研究　2009卷(第1辑)	2009—05	20.00	45
中国初等数学研究　2010卷(第2辑)	2010—05	30.00	68
中国初等数学研究　2011卷(第3辑)	2011—07	60.00	127
中国初等数学研究　2012卷(第4辑)	2012—07	48.00	190
中国初等数学研究　2014卷(第5辑)	2014—02	48.00	288
中国初等数学研究　2015卷(第6辑)	2015—06	68.00	493
中国初等数学研究　2016卷(第7辑)	2016—04	68.00	609
中国初等数学研究　2017卷(第8辑)	2017—01	98.00	712
初等数学研究在中国.第1辑	2019—03	158.00	1024
初等数学研究在中国.第2辑	2019—10	158.00	1116
初等数学研究在中国.第3辑	2021—05	158.00	1306
初等数学研究在中国.第4辑	2022—06	158.00	1520
初等数学研究在中国.第5辑	2023—07	158.00	1635
几何变换(Ⅰ)	2014—07	28.00	353
几何变换(Ⅱ)	2015—06	28.00	354
几何变换(Ⅲ)	2015—01	38.00	355
几何变换(Ⅳ)	2015—12	38.00	356
初等数论难题集(第一卷)	2009—05	68.00	44
初等数论难题集(第二卷)(上、下)	2011—02	128.00	82,83
数论概貌	2011—03	18.00	93
代数数论(第二版)	2013—08	58.00	94
代数多项式	2014—06	38.00	289
初等数论的知识与问题	2011—02	28.00	95
超越数论基础	2011—03	28.00	96
数论初等教程	2011—03	28.00	97
数论基础	2011—03	18.00	98
数论基础与维诺格拉多夫	2014—03	18.00	292
解析数论基础	2012—08	28.00	216
解析数论基础(第二版)	2014—01	48.00	287
解析数论问题集(第二版)(原版引进)	2014—05	88.00	343
解析数论问题集(第二版)(中译本)	2016—04	88.00	607
解析数论基础(潘承洞,潘承彪著)	2016—07	98.00	673
解析数论导引	2016—07	58.00	674
数论入门	2011—03	38.00	99
代数数论入门	2015—03	38.00	448
数论开篇	2012—07	28.00	194
解析数论引论	2011—03	48.00	100
Barban Davenport Halberstam 均值和	2009—01	40.00	33
基础数论	2011—03	28.00	101
初等数论100例	2011—05	18.00	122
初等数论经典例题	2012—07	18.00	204
最新世界各国数学奥林匹克中的初等数论试题(上、下)	2012—01	138.00	144,145
初等数论(Ⅰ)	2012—01	18.00	156
初等数论(Ⅱ)	2012—01	18.00	157
初等数论(Ⅲ)	2012—01	28.00	158

刘培杰数学工作室
已出版(即将出版)图书目录——初等数学

书 名	出版时间	定 价	编号
平面几何与数论中未解决的新老问题	2013—01	68.00	229
代数数论简史	2014—11	28.00	408
代数数论	2015—09	88.00	532
代数、数论及分析习题集	2016—11	98.00	695
数论导引提要及习题解答	2016—01	48.00	559
素数定理的初等证明.第2版	2016—09	48.00	686
数论中的模函数与狄利克雷级数(第二版)	2017—11	78.00	837
数论:数学导引	2018—01	68.00	849
范氏大代数	2019—02	98.00	1016
解析数学讲义.第一卷,导来式及微分、积分、级数	2019—04	88.00	1021
解析数学讲义.第二卷,关于几何的应用	2019—04	68.00	1022
解析数学讲义.第三卷,解析函数论	2019—04	78.00	1023
分析·组合·数论纵横谈	2019—04	58.00	1039
Hall代数:民国时期的中学数学课本:英文	2019—08	88.00	1106
基谢廖夫初等代数	2022—07	38.00	1531
数学精神巡礼	2019—01	58.00	731
数学眼光透视(第2版)	2017—06	78.00	732
数学思想领悟(第2版)	2018—01	68.00	733
数学方法溯源(第2版)	2018—08	68.00	734
数学解题引论	2017—05	58.00	735
数学史话览胜(第2版)	2017—01	48.00	736
数学应用展观(第2版)	2017—08	68.00	737
数学建模尝试	2018—04	48.00	738
数学竞赛采风	2018—01	68.00	739
数学测评探营	2019—05	58.00	740
数学技能操握	2018—03	48.00	741
数学欣赏拾趣	2018—02	48.00	742
从毕达哥拉斯到怀尔斯	2007—10	48.00	9
从迪利克雷到维斯卡尔迪	2008—01	48.00	21
从哥德巴赫到陈景润	2008—05	98.00	35
从庞加莱到佩雷尔曼	2011—08	138.00	136
博弈论精粹	2008—03	58.00	30
博弈论精粹.第二版(精装)	2015—01	88.00	461
数学 我爱你	2008—01	28.00	20
精神的圣徒 别样的人生——60位中国数学家成长的历程	2008—09	48.00	39
数学史概论	2009—06	78.00	50
数学史概论(精装)	2013—03	158.00	272
数学史选讲	2016—01	48.00	544
斐波那契数列	2010—02	28.00	65
数学拼盘和斐波那契魔方	2010—07	38.00	72
斐波那契数列欣赏(第2版)	2018—08	58.00	948
Fibonacci数列中的明珠	2018—06	58.00	928
数学的创造	2011—02	48.00	85
数学美与创造力	2016—01	48.00	595
数海拾贝	2016—01	48.00	590
数学中的美(第2版)	2019—04	68.00	1057
数论中的美学	2014—12	38.00	351

刘培杰数学工作室
已出版(即将出版)图书目录——初等数学

书　　名	出版时间	定　价	编号
数学王者　科学巨人——高斯	2015—01	28.00	428
振兴祖国数学的圆梦之旅:中国初等数学研究史话	2015—06	98.00	490
二十世纪中国数学史料研究	2015—10	48.00	536
数字谜、数阵图与棋盘覆盖	2016—01	58.00	298
数学概念的进化:一个初步的研究	2023—07	68.00	1683
数学发现的艺术:数学探索中的合情推理	2016—07	58.00	671
活跃在数学中的参数	2016—07	48.00	675
数海趣史	2021—05	98.00	1314
玩转幻中之幻	2023—08	88.00	1682
数学艺术品	2023—09	98.00	1685
数学博弈与游戏	2023—10	68.00	1692
数学解题——靠数学思想给力(上)	2011—07	38.00	131
数学解题——靠数学思想给力(中)	2011—07	48.00	132
数学解题——靠数学思想给力(下)	2011—07	38.00	133
我怎样解题	2013—01	48.00	227
数学解题中的物理方法	2011—06	28.00	114
数学解题的特殊方法	2011—06	48.00	115
中学数学计算技巧(第2版)	2020—10	48.00	1220
中学数学证明方法	2012—01	58.00	117
数学趣题巧解	2012—03	28.00	128
高中数学教学通鉴	2015—05	58.00	479
和高中生漫谈:数学与哲学的故事	2014—08	28.00	369
算术问题集	2017—03	38.00	789
张教授讲数学	2018—07	38.00	933
陈永明实话实说数学教学	2020—04	68.00	1132
中学数学学科知识与教学能力	2020—06	58.00	1155
怎样把课讲好:大罕数学教学随笔	2022—03	58.00	1484
中国高考评价体系下高考数学探秘	2022—03	48.00	1487
数苑漫步	2024—01	58.00	1670
自主招生考试中的参数方程问题	2015—01	28.00	435
自主招生考试中的极坐标问题	2015—04	28.00	463
近年全国重点大学自主招生数学试题全解及研究.华约卷	2015—02	38.00	441
近年全国重点大学自主招生数学试题全解及研究.北约卷	2016—05	38.00	619
自主招生数学解证宝典	2015—09	48.00	535
中国科学技术大学创新班数学真题解析	2022—03	48.00	1488
中国科学技术大学创新班物理真题解析	2022—03	58.00	1489
格点和面积	2012—07	18.00	191
射影几何趣谈	2012—04	28.00	175
斯潘纳尔引理——从一道加拿大数学奥林匹克试题谈起	2014—01	28.00	228
李普希兹条件——从几道近年高考数学试题谈起	2012—10	18.00	221
拉格朗日中值定理——从一道北京高考试题的解法谈起	2015—10	18.00	197
闵科夫斯基定理——从一道清华大学自主招生试题谈起	2014—01	28.00	198
哈尔测度——从一道冬令营试题的背景谈起	2012—08	28.00	202
切比雪夫逼近问题——从一道中国台北数学奥林匹克试题谈起	2013—04	38.00	238
伯恩斯坦多项式与贝齐尔曲面——从一道全国高中数学联赛试题谈起	2013—03	38.00	236
卡塔兰猜想——从一道普特南竞赛试题谈起	2013—06	18.00	256
麦卡锡函数和阿克曼函数——从一道前南斯拉夫数学奥林匹克试题谈起	2012—08	18.00	201
贝蒂定理与拉姆贝克莫斯尔定理——从一个拣石子游戏谈起	2012—08	18.00	217
皮亚诺曲线和豪斯道夫分球定理——从无限集谈起	2012—08	18.00	211
平面凸图形与凸多面体	2012—10	28.00	218
斯坦因豪斯问题——从一道二十五省市自治区中学数学竞赛试题谈起	2012—07	18.00	196

刘培杰数学工作室
已出版（即将出版）图书目录——初等数学

书 名	出版时间	定 价	编号
纽结理论中的亚历山大多项式与琼斯多项式——从一道北京市高一数学竞赛试题谈起	2012—07	28.00	195
原则与策略——从波利亚"解题表"谈起	2013—04	38.00	244
转化与化归——从三大尺规作图不能问题谈起	2012—08	28.00	214
代数几何中的贝祖定理(第一版)——从一道 IMO 试题的解法谈起	2013—08	18.00	193
成功连贯理论与约当块理论——从一道比利时数学竞赛试题谈起	2012—04	18.00	180
素数判定与大数分解	2014—08	18.00	199
置换多项式及其应用	2012—10	18.00	220
椭圆函数与模函数——从一道美国加州大学洛杉矶分校(UCLA)博士资格考题谈起	2012—10	28.00	219
差分方程的拉格朗日方法——从一道 2011 年全国高考理科试题的解法谈起	2012—08	28.00	200
力学在几何中的一些应用	2013—01	38.00	240
从根式解到伽罗华理论	2020—01	48.00	1121
康托洛维奇不等式——从一道全国高中联赛试题谈起	2013—03	28.00	337
西格尔引理——从一道第 18 届 IMO 试题的解法谈起	即将出版		
罗斯定理——从一道前苏联数学竞赛试题谈起	即将出版		
拉克斯定理和阿廷定理——从一道 IMO 试题的解法谈起	2014—01	58.00	246
毕卡大定理——从一道美国大学数学竞赛试题谈起	2014—07	18.00	350
贝齐尔曲线——从一道全国高中联赛试题谈起	即将出版		
拉格朗日乘子定理——从一道 2005 年全国高中联赛试题的高等数学解法谈起	2015—05	28.00	480
雅可比定理——从一道日本数学奥林匹克试题谈起	2013—04	48.00	249
李天岩—约克定理——从一道波兰数学竞赛试题谈起	2014—06	28.00	349
受控理论与初等不等式:从一道 IMO 试题的解法谈起	2023—03	48.00	1601
布劳维不动点定理——从一道前苏联数学奥林匹克试题谈起	2014—01	38.00	273
伯恩赛德定理——从一道英国数学奥林匹克试题谈起	即将出版		
布查特-莫斯特定理——从一道上海市初中竞赛试题谈起	即将出版		
数论中的同余数问题——从一道普特南竞赛试题谈起	即将出版		
范·德蒙行列式——从一道美国数学奥林匹克试题谈起	即将出版		
中国剩余定理:总数法构建中国历史年表	2015—01	28.00	430
牛顿程序与方程求根——从一道全国高考试题解法谈起	即将出版		
库默尔定理——从一道 IMO 预选试题谈起	即将出版		
卢丁定理——从一道冬令营试题的解法谈起	即将出版		
沃斯滕霍姆定理——从一道 IMO 预选试题谈起	即将出版		
卡尔松不等式——从一道莫斯科数学奥林匹克试题谈起	即将出版		
信息论中的香农熵——从一道近年高考压轴题谈起	即将出版		
约当不等式——从一道希望杯竞赛试题谈起	即将出版		
拉比诺维奇定理	即将出版		
刘维尔定理——从一道《美国数学月刊》征解问题的解法谈起	即将出版		
卡塔兰恒等式与级数求和——从一道 IMO 试题的解法谈起	即将出版		
勒让德猜想与素数分布——从一道爱尔兰竞赛试题谈起	即将出版		
天平称重与信息论——从一道基辅市数学奥林匹克试题谈起	即将出版		
哈密尔顿—凯莱定理:从一道高中数学联赛试题的解法谈起	2014—09	18.00	376
艾思特曼定理——从一道 CMO 试题的解法谈起	即将出版		

刘培杰数学工作室
已出版(即将出版)图书目录——初等数学

书　　名	出版时间	定　价	编号
阿贝尔恒等式与经典不等式及应用	2018—06	98.00	923
迪利克雷除数问题	2018—07	48.00	930
幻方、幻立方与拉丁方	2019—08	48.00	1092
帕斯卡三角形	2014—03	18.00	294
蒲丰投针问题——从2009年清华大学的一道自主招生试题谈起	2014—01	38.00	295
斯图姆定理——从一道"华约"自主招生试题的解法谈起	2014—01	18.00	296
许瓦兹引理——从一道加利福尼亚大学伯克利分校数学系博士生试题谈起	2014—08	18.00	297
拉姆塞定理——从王诗宬院士的一个问题谈起	2016—04	48.00	299
坐标法	2013—12	28.00	332
数论三角形	2014—04	38.00	341
毕克定理	2014—07	18.00	352
数林掠影	2014—09	48.00	389
我们周围的概率	2014—10	38.00	390
凸函数最值定理:从一道华约自主招生题的解法谈起	2014—10	28.00	391
易学与数学奥林匹克	2014—10	38.00	392
生物数学趣谈	2015—01	18.00	409
反演	2015—01	28.00	420
因式分解与圆锥曲线	2015—01	18.00	426
轨迹	2015—01	28.00	427
面积原理:从常庚哲命的一道CMO试题的积分解法谈起	2015—01	48.00	431
形形色色的不动点定理:从一道28届IMO试题谈起	2015—01	38.00	439
柯西函数方程:从一道上海交大自主招生的试题谈起	2015—02	28.00	440
三角恒等式	2015—02	28.00	442
无理性判定:从一道2014年"北约"自主招生试题谈起	2015—01	38.00	443
数学归纳法	2015—03	18.00	451
极端原理与解题	2015—04	28.00	464
法雷级数	2014—08	18.00	367
摆线族	2015—01	38.00	438
函数方程及其解法	2015—05	38.00	470
含参数的方程和不等式	2012—09	28.00	213
希尔伯特第十问题	2016—01	38.00	543
无穷小量的求和	2016—01	28.00	545
切比雪夫多项式:从一道清华大学金秋营试题谈起	2016—01	38.00	583
泽肯多夫定理	2016—03	38.00	599
代数等式证题法	2016—01	28.00	600
三角等式证题法	2016—01	28.00	601
吴大任教授藏书中的一个因式分解公式:从一道美国数学邀请赛试题的解法谈起	2016—06	28.00	656
易卦——类万物的数学模型	2017—08	68.00	838
"不可思议"的数与数系可持续发展	2018—01	38.00	878
最短线	2018—01	38.00	879
数学在天文、地理、光学、机械力学中的一些应用	2023—03	88.00	1576
从阿基米德三角形谈起	2023—01	28.00	1578
幻方和魔方(第一卷)	2012—05	68.00	173
尘封的经典——初等数学经典文献选读(第一卷)	2012—07	48.00	205
尘封的经典——初等数学经典文献选读(第二卷)	2012—07	38.00	206
初级方程式论	2011—03	28.00	106
初等数学研究(Ⅰ)	2008—09	68.00	37
初等数学研究(Ⅱ)(上、下)	2009—05	118.00	46,47
初等数学专题研究	2022—10	68.00	1568

刘培杰数学工作室
已出版(即将出版)图书目录——初等数学

书　　名	出版时间	定　价	编号
趣味初等方程妙题集锦	2014—09	48.00	388
趣味初等数论选美与欣赏	2015—02	48.00	445
耕读笔记(上卷):一位农民数学爱好者的初数探索	2015—04	28.00	459
耕读笔记(中卷):一位农民数学爱好者的初数探索	2015—05	28.00	483
耕读笔记(下卷):一位农民数学爱好者的初数探索	2015—05	28.00	484
几何不等式研究与欣赏.上卷	2016—01	88.00	547
几何不等式研究与欣赏.下卷	2016—01	48.00	552
初等数列研究与欣赏·上	2016—01	48.00	570
初等数列研究与欣赏·下	2016—01	48.00	571
趣味初等函数研究与欣赏.上	2016—09	48.00	684
趣味初等函数研究与欣赏.下	2018—09	48.00	685
三角不等式研究与欣赏	2020—10	68.00	1197
新编平面解析几何解题方法研究与欣赏	2021—10	78.00	1426
火柴游戏(第2版)	2022—05	38.00	1493
智力解谜.第1卷	2017—07	38.00	613
智力解谜.第2卷	2017—07	38.00	614
故事智力	2016—07	48.00	615
名人们喜欢的智力问题	2020—01	48.00	616
数学大师的发现、创造与失误	2018—01	48.00	617
异曲同工	2018—09	48.00	618
数学的味道(第2版)	2023—10	68.00	1686
数学千字文	2018—10	68.00	977
数贝偶拾——高考数学题研究	2014—04	28.00	274
数贝偶拾——初等数学研究	2014—04	38.00	275
数贝偶拾——奥数题研究	2014—04	48.00	276
钱昌本教你快乐学数学(上)	2011—12	48.00	155
钱昌本教你快乐学数学(下)	2012—03	58.00	171
集合、函数与方程	2014—01	28.00	300
数列与不等式	2014—01	38.00	301
三角与平面向量	2014—01	28.00	302
平面解析几何	2014—01	38.00	303
立体几何与组合	2014—01	28.00	304
极限与导数、数学归纳法	2014—01	38.00	305
趣味数学	2014—03	28.00	306
教材教法	2014—04	68.00	307
自主招生	2014—05	58.00	308
高考压轴题(上)	2015—01	48.00	309
高考压轴题(下)	2014—10	68.00	310
从费马到怀尔斯——费马大定理的历史	2013—10	198.00	I
从庞加莱到佩雷尔曼——庞加莱猜想的历史	2013—10	298.00	II
从切比雪夫到爱尔特希(上)——素数定理的初等证明	2013—07	48.00	III
从切比雪夫到爱尔特希(下)——素数定理100年	2012—12	98.00	III
从高斯到盖尔方特——二次域的高斯猜想	2013—10	198.00	IV
从库默尔到朗兰兹——朗兰兹猜想的历史	2014—01	98.00	V
从比勃巴赫到德布朗斯——比勃巴赫猜想的历史	2014—02	298.00	VI
从麦比乌斯到陈省身——麦比乌斯变换与麦比乌斯带	2014—02	298.00	VII
从布尔到豪斯道夫——布尔方程与格论漫谈	2013—10	198.00	VIII
从开普勒到阿诺德——三体问题的历史	2014—05	298.00	IX
从华林到华罗庚——华林问题的历史	2013—10	298.00	X

刘培杰数学工作室
已出版(即将出版)图书目录——初等数学

书　名	出版时间	定　价	编号
美国高中数学竞赛五十讲.第1卷(英文)	2014—08	28.00	357
美国高中数学竞赛五十讲.第2卷(英文)	2014—08	28.00	358
美国高中数学竞赛五十讲.第3卷(英文)	2014—09	28.00	359
美国高中数学竞赛五十讲.第4卷(英文)	2014—09	28.00	360
美国高中数学竞赛五十讲.第5卷(英文)	2014—10	28.00	361
美国高中数学竞赛五十讲.第6卷(英文)	2014—11	28.00	362
美国高中数学竞赛五十讲.第7卷(英文)	2014—12	28.00	363
美国高中数学竞赛五十讲.第8卷(英文)	2015—01	28.00	364
美国高中数学竞赛五十讲.第9卷(英文)	2015—01	28.00	365
美国高中数学竞赛五十讲.第10卷(英文)	2015—02	38.00	366
三角函数(第2版)	2017—04	38.00	626
不等式	2014—01	38.00	312
数列	2014—01	38.00	313
方程(第2版)	2017—04	38.00	624
排列和组合	2014—01	28.00	315
极限与导数(第2版)	2016—04	38.00	635
向量(第2版)	2018—08	58.00	627
复数及其应用	2014—08	28.00	318
函数	2014—01	38.00	319
集合	2020—01	48.00	320
直线与平面	2014—01	28.00	321
立体几何(第2版)	2016—04	38.00	629
解三角形	即将出版		323
直线与圆(第2版)	2016—11	38.00	631
圆锥曲线(第2版)	2016—09	48.00	632
解题通法(一)	2014—07	38.00	326
解题通法(二)	2014—07	38.00	327
解题通法(三)	2014—05	38.00	328
概率与统计	2014—01	28.00	329
信息迁移与算法	即将出版		330
IMO 50 年.第1卷(1959—1963)	2014—11	28.00	377
IMO 50 年.第2卷(1964—1968)	2014—11	28.00	378
IMO 50 年.第3卷(1969—1973)	2014—09	28.00	379
IMO 50 年.第4卷(1974—1978)	2016—04	38.00	380
IMO 50 年.第5卷(1979—1984)	2015—04	38.00	381
IMO 50 年.第6卷(1985—1989)	2015—04	58.00	382
IMO 50 年.第7卷(1990—1994)	2016—01	48.00	383
IMO 50 年.第8卷(1995—1999)	2016—06	38.00	384
IMO 50 年.第9卷(2000—2004)	2015—04	58.00	385
IMO 50 年.第10卷(2005—2009)	2016—01	48.00	386
IMO 50 年.第11卷(2010—2015)	2017—03	48.00	646

刘培杰数学工作室
已出版(即将出版)图书目录——初等数学

书 名	出版时间	定 价	编号
数学反思(2006—2007)	2020—09	88.00	915
数学反思(2008—2009)	2019—01	68.00	917
数学反思(2010—2011)	2018—05	58.00	916
数学反思(2012—2013)	2019—01	58.00	918
数学反思(2014—2015)	2019—03	78.00	919
数学反思(2016—2017)	2021—03	58.00	1286
数学反思(2018—2019)	2023—01	88.00	1593
历届美国大学生数学竞赛试题集.第一卷(1938—1949)	2015—01	28.00	397
历届美国大学生数学竞赛试题集.第二卷(1950—1959)	2015—01	28.00	398
历届美国大学生数学竞赛试题集.第三卷(1960—1969)	2015—01	28.00	399
历届美国大学生数学竞赛试题集.第四卷(1970—1979)	2015—01	18.00	400
历届美国大学生数学竞赛试题集.第五卷(1980—1989)	2015—01	28.00	401
历届美国大学生数学竞赛试题集.第六卷(1990—1999)	2015—01	28.00	402
历届美国大学生数学竞赛试题集.第七卷(2000—2009)	2015—08	18.00	403
历届美国大学生数学竞赛试题集.第八卷(2010—2012)	2015—01	18.00	404
新课标高考数学创新题解题诀窍:总论	2014—09	28.00	372
新课标高考数学创新题解题诀窍:必修 1～5 分册	2014—08	38.00	373
新课标高考数学创新题解题诀窍:选修 2-1,2-2,1-1, 1-2分册	2014—09	38.00	374
新课标高考数学创新题解题诀窍:选修 2-3,4-4,4-5 分册	2014—09	18.00	375
全国重点大学自主招生英文数学试题全攻略:词汇卷	2015—07	48.00	410
全国重点大学自主招生英文数学试题全攻略:概念卷	2015—01	28.00	411
全国重点大学自主招生英文数学试题全攻略:文章选读卷(上)	2016—09	38.00	412
全国重点大学自主招生英文数学试题全攻略:文章选读卷(下)	2017—01	58.00	413
全国重点大学自主招生英文数学试题全攻略:试题卷	2015—07	38.00	414
全国重点大学自主招生英文数学试题全攻略:名著欣赏卷	2017—03	48.00	415
劳埃德数学趣题大全.题目卷.1:英文	2016—01	18.00	516
劳埃德数学趣题大全.题目卷.2:英文	2016—01	18.00	517
劳埃德数学趣题大全.题目卷.3:英文	2016—01	18.00	518
劳埃德数学趣题大全.题目卷.4:英文	2016—01	18.00	519
劳埃德数学趣题大全.题目卷.5:英文	2016—01	18.00	520
劳埃德数学趣题大全.答案卷:英文	2016—01	18.00	521
李成章教练奥数笔记.第 1 卷	2016—01	48.00	522
李成章教练奥数笔记.第 2 卷	2016—01	48.00	523
李成章教练奥数笔记.第 3 卷	2016—01	38.00	524
李成章教练奥数笔记.第 4 卷	2016—01	38.00	525
李成章教练奥数笔记.第 5 卷	2016—01	38.00	526
李成章教练奥数笔记.第 6 卷	2016—01	38.00	527
李成章教练奥数笔记.第 7 卷	2016—01	38.00	528
李成章教练奥数笔记.第 8 卷	2016—01	48.00	529
李成章教练奥数笔记.第 9 卷	2016—01	28.00	530

刘培杰数学工作室
已出版(即将出版)图书目录——初等数学

书　名	出版时间	定　价	编号
第19～23届"希望杯"全国数学邀请赛试题审题要津详细评注(初一版)	2014—03	28.00	333
第19～23届"希望杯"全国数学邀请赛试题审题要津详细评注(初二、初三版)	2014—03	38.00	334
第19～23届"希望杯"全国数学邀请赛试题审题要津详细评注(高一版)	2014—03	28.00	335
第19～23届"希望杯"全国数学邀请赛试题审题要津详细评注(高二版)	2014—03	38.00	336
第19～25届"希望杯"全国数学邀请赛试题审题要津详细评注(初一版)	2015—01	38.00	416
第19～25届"希望杯"全国数学邀请赛试题审题要津详细评注(初二、初三版)	2015—01	58.00	417
第19～25届"希望杯"全国数学邀请赛试题审题要津详细评注(高一版)	2015—01	48.00	418
第19～25届"希望杯"全国数学邀请赛试题审题要津详细评注(高二版)	2015—01	48.00	419
物理奥林匹克竞赛大题典——力学卷	2014—11	48.00	405
物理奥林匹克竞赛大题典——热学卷	2014—04	28.00	339
物理奥林匹克竞赛大题典——电磁学卷	2015—07	48.00	406
物理奥林匹克竞赛大题典——光学与近代物理卷	2014—06	28.00	345
历届中国东南地区数学奥林匹克试题集(2004～2012)	2014—06	18.00	346
历届中国西部地区数学奥林匹克试题集(2001～2012)	2014—07	18.00	347
历届中国女子数学奥林匹克试题集(2002～2012)	2014—08	18.00	348
数学奥林匹克在中国	2014—06	98.00	344
数学奥林匹克问题集	2014—01	38.00	267
数学奥林匹克不等式散论	2010—06	38.00	124
数学奥林匹克不等式欣赏	2011—09	38.00	138
数学奥林匹克超级题库(初中卷上)	2010—01	58.00	66
数学奥林匹克不等式证明方法和技巧(上、下)	2011—08	158.00	134,135
他们学什么:原民主德国中学数学课本	2016—09	38.00	658
他们学什么:英国中学数学课本	2016—09	38.00	659
他们学什么:法国中学数学课本.1	2016—09	38.00	660
他们学什么:法国中学数学课本.2	2016—09	28.00	661
他们学什么:法国中学数学课本.3	2016—09	38.00	662
他们学什么:苏联中学数学课本	2016—09	28.00	679
高中数学题典——集合与简易逻辑·函数	2016—07	48.00	647
高中数学题典——导数	2016—07	48.00	648
高中数学题典——三角函数·平面向量	2016—07	48.00	649
高中数学题典——数列	2016—07	58.00	650
高中数学题典——不等式·推理与证明	2016—07	38.00	651
高中数学题典——立体几何	2016—07	48.00	652
高中数学题典——平面解析几何	2016—07	78.00	653
高中数学题典——计数原理·统计·概率·复数	2016—07	48.00	654
高中数学题典——算法·平面几何·初等数论·组合数学·其他	2016—07	68.00	655

刘培杰数学工作室
已出版(即将出版)图书目录——初等数学

书　　名	出版时间	定　价	编号
台湾地区奥林匹克数学竞赛试题.小学一年级	2017—03	38.00	722
台湾地区奥林匹克数学竞赛试题.小学二年级	2017—03	38.00	723
台湾地区奥林匹克数学竞赛试题.小学三年级	2017—03	38.00	724
台湾地区奥林匹克数学竞赛试题.小学四年级	2017—03	38.00	725
台湾地区奥林匹克数学竞赛试题.小学五年级	2017—03	38.00	726
台湾地区奥林匹克数学竞赛试题.小学六年级	2017—03	38.00	727
台湾地区奥林匹克数学竞赛试题.初中一年级	2017—03	38.00	728
台湾地区奥林匹克数学竞赛试题.初中二年级	2017—03	38.00	729
台湾地区奥林匹克数学竞赛试题.初中三年级	2017—03	28.00	730
不等式证题法	2017—04	28.00	747
平面几何培优教程	2019—08	88.00	748
奥数鼎级培优教程.高一分册	2018—09	88.00	749
奥数鼎级培优教程.高二分册.上	2018—04	68.00	750
奥数鼎级培优教程.高二分册.下	2018—04	68.00	751
高中数学竞赛冲刺宝典	2019—04	68.00	883
初中尖子生数学超级题典.实数	2017—07	58.00	792
初中尖子生数学超级题典.式、方程与不等式	2017—08	58.00	793
初中尖子生数学超级题典.圆、面积	2017—08	38.00	794
初中尖子生数学超级题典.函数、逻辑推理	2017—08	48.00	795
初中尖子生数学超级题典.角、线段、三角形与多边形	2017—07	58.00	796
数学王子——高斯	2018—01	48.00	858
坎坷奇星——阿贝尔	2018—01	48.00	859
闪烁奇星——伽罗瓦	2018—01	58.00	860
无穷统帅——康托尔	2018—01	48.00	861
科学公主——柯瓦列夫斯卡娅	2018—01	48.00	862
抽象代数之母——埃米·诺特	2018—01	48.00	863
电脑先驱——图灵	2018—01	58.00	864
昔日神童——维纳	2018—01	48.00	865
数坛怪侠——爱尔特希	2018—01	68.00	866
传奇数学家徐利治	2019—09	88.00	1110
当代世界中的数学.数学思想与数学基础	2019—01	38.00	892
当代世界中的数学.数学问题	2019—01	38.00	893
当代世界中的数学.应用数学与数学应用	2019—01	38.00	894
当代世界中的数学.数学王国的新疆域(一)	2019—01	38.00	895
当代世界中的数学.数学王国的新疆域(二)	2019—01	38.00	896
当代世界中的数学.数林撷英(一)	2019—01	38.00	897
当代世界中的数学.数林撷英(二)	2019—01	48.00	898
当代世界中的数学.数学之路	2019—01	38.00	899

刘培杰数学工作室
已出版(即将出版)图书目录——初等数学

书　　名	出版时间	定　价	编号
105个代数问题:来自AwesomeMath夏季课程	2019-02	58.00	956
106个几何问题:来自AwesomeMath夏季课程	2020-07	58.00	957
107个几何问题:来自AwesomeMath全年课程	2020-07	58.00	958
108个代数问题:来自AwesomeMath全年课程	2019-01	68.00	959
109个不等式:来自AwesomeMath夏季课程	2019-04	58.00	960
国际数学奥林匹克中的110个几何问题	即将出版		961
111个代数和数论问题	2019-05	58.00	962
112个组合问题:来自AwesomeMath夏季课程	2019-05	58.00	963
113个几何不等式:来自AwesomeMath夏季课程	2020-08	58.00	964
114个指数和对数问题:来自AwesomeMath夏季课程	2019-09	48.00	965
115个三角问题:来自AwesomeMath夏季课程	2019-09	58.00	966
116个代数不等式:来自AwesomeMath全年课程	2019-04	58.00	967
117个多项式问题:来自AwesomeMath夏季课程	2021-09	58.00	1409
118个数学竞赛不等式	2022-08	78.00	1526
紫色彗星国际数学竞赛试题	2019-02	58.00	999
数学竞赛中的数学:为数学爱好者、父母、教师和教练准备的丰富资源.第一部	2020-04	58.00	1141
数学竞赛中的数学:为数学爱好者、父母、教师和教练准备的丰富资源.第二部	2020-07	48.00	1142
和与积	2020-10	38.00	1219
数论:概念和问题	2020-12	68.00	1257
初等数学问题研究	2021-03	48.00	1270
数学奥林匹克中的欧几里得几何	2021-10	68.00	1413
数学奥林匹克题解新编	2022-01	58.00	1430
图论入门	2022-09	58.00	1554
新的、更新的、最新的不等式	2023-07	58.00	1650
数学竞赛中奇妙的多项式	2024-01	78.00	1646
120个奇妙的代数问题及20个奖励问题	2024-04	48.00	1647
澳大利亚中学数学竞赛试题及解答(初级卷)1978～1984	2019-02	28.00	1002
澳大利亚中学数学竞赛试题及解答(初级卷)1985～1991	2019-02	28.00	1003
澳大利亚中学数学竞赛试题及解答(初级卷)1992～1998	2019-02	28.00	1004
澳大利亚中学数学竞赛试题及解答(初级卷)1999～2005	2019-02	28.00	1005
澳大利亚中学数学竞赛试题及解答(中级卷)1978～1984	2019-03	28.00	1006
澳大利亚中学数学竞赛试题及解答(中级卷)1985～1991	2019-03	28.00	1007
澳大利亚中学数学竞赛试题及解答(中级卷)1992～1998	2019-03	28.00	1008
澳大利亚中学数学竞赛试题及解答(中级卷)1999～2005	2019-03	28.00	1009
澳大利亚中学数学竞赛试题及解答(高级卷)1978～1984	2019-05	28.00	1010
澳大利亚中学数学竞赛试题及解答(高级卷)1985～1991	2019-05	28.00	1011
澳大利亚中学数学竞赛试题及解答(高级卷)1992～1998	2019-05	28.00	1012
澳大利亚中学数学竞赛试题及解答(高级卷)1999～2005	2019-05	28.00	1013
天才中小学生智力测验题.第一卷	2019-03	38.00	1026
天才中小学生智力测验题.第二卷	2019-03	38.00	1027
天才中小学生智力测验题.第三卷	2019-03	38.00	1028
天才中小学生智力测验题.第四卷	2019-03	38.00	1029
天才中小学生智力测验题.第五卷	2019-03	38.00	1030
天才中小学生智力测验题.第六卷	2019-03	38.00	1031
天才中小学生智力测验题.第七卷	2019-03	38.00	1032
天才中小学生智力测验题.第八卷	2019-03	38.00	1033
天才中小学生智力测验题.第九卷	2019-03	38.00	1034
天才中小学生智力测验题.第十卷	2019-03	38.00	1035
天才中小学生智力测验题.第十一卷	2019-03	38.00	1036
天才中小学生智力测验题.第十二卷	2019-03	38.00	1037
天才中小学生智力测验题.第十三卷	2019-03	38.00	1038

刘培杰数学工作室
已出版(即将出版)图书目录——初等数学

书　名	出版时间	定　价	编号
重点大学自主招生数学备考全书:函数	2020—05	48.00	1047
重点大学自主招生数学备考全书:导数	2020—08	48.00	1048
重点大学自主招生数学备考全书:数列与不等式	2019—10	78.00	1049
重点大学自主招生数学备考全书:三角函数与平面向量	2020—08	68.00	1050
重点大学自主招生数学备考全书:平面解析几何	2020—07	58.00	1051
重点大学自主招生数学备考全书:立体几何与平面几何	2019—08	48.00	1052
重点大学自主招生数学备考全书:排列组合·概率统计·复数	2019—09	48.00	1053
重点大学自主招生数学备考全书:初等数论与组合数学	2019—08	48.00	1054
重点大学自主招生数学备考全书:重点大学自主招生真题.上	2019—04	68.00	1055
重点大学自主招生数学备考全书:重点大学自主招生真题.下	2019—04	58.00	1056
高中数学竞赛培训教程:平面几何问题的求解方法与策略.上	2018—05	68.00	906
高中数学竞赛培训教程:平面几何问题的求解方法与策略.下	2018—06	78.00	907
高中数学竞赛培训教程:整除与同余以及不定方程	2018—01	88.00	908
高中数学竞赛培训教程:组合计数与组合极值	2018—04	48.00	909
高中数学竞赛培训教程:初等代数	2019—04	78.00	1042
高中数学讲座:数学竞赛基础教程(第一册)	2019—06	48.00	1094
高中数学讲座:数学竞赛基础教程(第二册)	即将出版		1095
高中数学讲座:数学竞赛基础教程(第三册)	即将出版		1096
高中数学讲座:数学竞赛基础教程(第四册)	即将出版		1097
新编中学数学解题方法1000招丛书.实数(初中版)	2022—05	58.00	1291
新编中学数学解题方法1000招丛书.式(初中版)	2022—05	48.00	1292
新编中学数学解题方法1000招丛书.方程与不等式(初中版)	2021—04	58.00	1293
新编中学数学解题方法1000招丛书.函数(初中版)	2022—05	38.00	1294
新编中学数学解题方法1000招丛书.角(初中版)	2022—05	48.00	1295
新编中学数学解题方法1000招丛书.线段(初中版)	2022—05	48.00	1296
新编中学数学解题方法1000招丛书.三角形与多边形(初中版)	2021—04	48.00	1297
新编中学数学解题方法1000招丛书.圆(初中版)	2022—05	48.00	1298
新编中学数学解题方法1000招丛书.面积(初中版)	2021—07	28.00	1299
新编中学数学解题方法1000招丛书.逻辑推理(初中版)	2022—06	48.00	1300
高中数学题典精编.第一辑.函数	2022—01	58.00	1444
高中数学题典精编.第一辑.导数	2022—01	68.00	1445
高中数学题典精编.第一辑.三角函数·平面向量	2022—01	68.00	1446
高中数学题典精编.第一辑.数列	2022—01	58.00	1447
高中数学题典精编.第一辑.不等式·推理与证明	2022—01	58.00	1448
高中数学题典精编.第一辑.立体几何	2022—01	58.00	1449
高中数学题典精编.第一辑.平面解析几何	2022—01	68.00	1450
高中数学题典精编.第一辑.统计·概率·平面几何	2022—01	58.00	1451
高中数学题典精编.第一辑.初等数论·组合数学·数学文化·解题方法	2022—01	58.00	1452
历届全国初中数学竞赛试题分类解析.初等代数	2022—09	98.00	1555
历届全国初中数学竞赛试题分类解析.初等数论	2022—09	48.00	1556
历届全国初中数学竞赛试题分类解析.平面几何	2022—09	38.00	1557
历届全国初中数学竞赛试题分类解析.组合	2022—09	38.00	1558

刘培杰数学工作室
已出版(即将出版)图书目录——初等数学

书　　名	出版时间	定　价	编号
从三道高三数学模拟题的背景谈起:兼谈傅里叶三角级数	2023—03	48.00	1651
从一道日本东京大学的入学试题谈起:兼谈π的方方面面	即将出版		1652
从两道2021年福建高三数学测试题谈起:兼谈球面几何学与球面三角学	即将出版		1653
从一道湖南高考数学试题谈起:兼谈有界变差数列	2024—01	48.00	1654
从一道高校自主招生试题谈起:兼谈詹森函数方程	即将出版		1655
从一道上海高考数学试题谈起:兼谈有界变差函数	即将出版		1656
从一道北京大学金秋营数学试题的解法谈起:兼谈伽罗瓦理论	即将出版		1657
从一道北京高考数学试题的解法谈起:兼谈毕克定理	即将出版		1658
从一道北京大学金秋营数学试题的解法谈起:兼谈帕塞瓦尔恒等式	即将出版		1659
从一道高三数学模拟测试题的背景谈起:兼谈等周问题与等周不等式	即将出版		1660
从一道2020年全国高考数学试题的解法谈起:兼谈斐波那契数列和纳卡穆拉定理及奥斯图达定理	即将出版		1661
从一道高考数学附加题谈起:兼谈广义斐波那契数列	即将出版		1662
代数学教程.第一卷,集合论	2023—08	58.00	1664
代数学教程.第二卷,抽象代数基础	2023—08	68.00	1665
代数学教程.第三卷,数论原理	2023—08	58.00	1666
代数学教程.第四卷,代数方程式论	2023—08	48.00	1667
代数学教程.第五卷,多项式理论	2023—08	58.00	1668

联系地址:哈尔滨市南岗区复华四道街 10 号　哈尔滨工业大学出版社刘培杰数学工作室
网　　址:http://lpj.hit.edu.cn/
邮　　编:150006
联系电话:0451—86281378　　13904613167
E-mail:lpj1378@163.com